遮蔽与拯救

——现象学中的现象与方法研究

杜战涛 著

郑州大学出版社

图书在版编目（CIP）数据

遮蔽与拯救：现象学中的现象与方法研究／杜战涛著. — 郑州：郑州大学出版社，2022.5（2024.6 重印）

ISBN 978-7-5645-8701-7

Ⅰ.①遮… Ⅱ.①杜… Ⅲ.①现象学 - 方法研究 Ⅳ.①B81-06

中国版本图书馆 CIP 数据核字（2022）第 076707 号

遮蔽与拯救——现象学中的现象与方法研究

ZHEBI YU ZHENGJIU——XIANXIANGXUE ZHONG DE XIANXIANG YU FANGFA YANJIU

策划编辑	李勇军	封面设计	孙文恒
责任编辑	刘晓晓	版式设计	苏永生
责任校对	孙精精	责任监制	李瑞卿

出版发行	郑州大学出版社（http://www.zzup.cn）
地　　址	郑州市大学路 40 号（450052）
出 版 人	孙保营
发行电话	0371-66966070
经　　销	全国新华书店
印　　刷	永清县晔盛亚胶印有限公司
开　　本	890 mm×1 240 mm　1 / 32
印　　张	8.625
字　　数	245 千字
版　　次	2022 年 5 月第 1 版
印　　次	2024 年 6 月第 2 次印刷

书　　号	ISBN 978-7-5645-8701-7	定　　价	68.00 元

本书为河南省高校哲学社会科学研究优秀学者最终成果

（2018-YXXZ-14）

目 录

导　言

在日常生活中,我们会认为现象是显现者,比如眼前的一棵树,身边的一把椅子。但在现象学家眼里,事情似乎并没有这么简单。在《存在与时间》中,海德格尔界定了现象学的任务。他认为,现象学的"现象"是"由其自身显示自身者"①,"学"(λóγoς)在于"让看到"②,"现象学"意味着让现象被看到。但由于现象通常处于"被遮蔽状态"③,因而现象学的任务便在于去除现象的遮蔽,"让显示的东西本身如其自身所显示的那样被看到"④。

那么该如何去除现象的遮蔽,让其自身显现呢? 在现象学中,这种把现象从被遮蔽状态中拯救出来的方法主要是现象学还原。现象学还原的主要操作是悬置,也就是悬置各种先入之见,使其不再发挥作用,这是因为,现象之所以不能自身显现而是处于被遮蔽状态,主要是它们被种种先入之见扭曲和遮盖,因而,悬置这些先入之见使其

---

①　Heidegger, *Being and Time*, trans by John Stambaugh, Albany: State University of New York Press, 1996, p. 51.

②　Heidegger, *Being and Time*, trans by John Stambaugh, Albany: State University of New York Press, 1996, p. 56.

③　Heidegger, *Being and Time*, trans by John Stambaugh, Albany: State University of New York Press, 1996, pp. 59–60.

④　Heidegger, *Being and Time*, trans by John Stambaugh, Albany: State University of New York Press, 1996, p. 50.

不再发挥作用便可以去除现象的遮蔽,把现象拯救出来,让其自身显现。

事实上,现象的遮蔽以及相应的揭示与拯救,并不是由海德格尔首次提出的。现象学的开创者是胡塞尔,胡塞尔其现象学的任务便是把被遮蔽的纯粹现象揭示出来,而揭示的主要方法便是现象学还原。具体说,处在自然态度之下的人们往往素朴地把世界看成是实存的,这种自然态度的先入之见遮蔽了作为世界实存之基础的先验意识。不仅如此,笛卡儿、康德的哲学也同样使意识混入了超越性,从而也遮蔽了纯粹意识。胡塞尔延续并彻底化了笛卡儿的普遍怀疑,将其改造为先验还原方法。这种还原方法的基本操作在于悬置,它试图悬置一切先入之见,彻底排除一切超越性残余,从而把我们的目光引回到悬置后的剩余物即先验纯粹意识。这就将先验纯粹意识(纯粹现象)从被遮蔽状态拯救了出来。

胡塞尔的先验还原揭示了纯粹意识现象,但却使海德格尔所关心的存在现象依然处于被遮蔽状态。在海德格尔看来,胡塞尔的先验还原成功地揭示出了纯粹意识现象包括意向性,但是,它却使意向性的存在者即此在的存在处于被遮蔽状态。于是,为了解决存在问题,海德格尔便不再沿用胡塞尔的先验还原,而是推出他的生存论还原。生存论还原的操作在于,悬置我们把存在者单纯视为存在者的态度,从而把我们的目光引回到此在这种存在者的存在上来,此在这种存在者的存在在于生存或存在领会,也就是说,此在的存在方式在于在世存在,它处在世界之中,与其周围世界中的事物打交道,并将其生存结构"何所用"投射到其周围世界的事物之上,并由此领会这些存在者的存在及存在意义。通过这种生存论还原,海德格尔便揭示了被遮蔽的存在现象。

但是胡塞尔的先验还原以及海德格尔的生存论还原是否穷尽了一切现象呢?似乎并非如此。在马里翁看来,首先,胡塞尔和海德格尔还原所揭示的现象只是特殊现象,而并未揭示出一般意义上的现象。其次，胡塞尔和海德格尔所揭示的现象只是庸常现象，除此之外，一些卓越现象如溢满现象依然有待于从被遮蔽状态中拯救出来。于是马里翁推出了他的第三个还原，揭示出了一般意义上的现象和溢满现象。此外，马里翁认为，胡塞尔和海德格尔的现象学依然囿于为现象奠基的思维模式，因而未能真正摆脱形而上学。相应地，第三个还原通过悬置根据律的思维方式，力图使现象学彻底摆脱形而上学。

我们看到，从胡塞尔、海德格尔到马里翁，现象学呈现为对遮蔽的现象进行拯救的发展路径。胡塞尔通过先验还原的方法揭示出了被遮蔽的纯粹意识现象，从而实现了现象学的突破。海德格尔则通过生存论还原的方法揭示出了被遮蔽的存在现象，从而推进了现象学。马里翁则通过他的第三个还原揭示出了一般意义上的现象和溢满现象，从而彻底化了现象学。

本书通过八个章节依次对胡塞尔、海德格尔和马里翁现象学展开论述。具体来说，第一章简述了现象学中现象的遮蔽与拯救。第二章分析了胡塞尔的认识论还原及其对先验意识现象的拯救。第三章阐释了海德格尔的生存论还原及其对存在现象的拯救。第四章探究了马里翁第三个还原的提出。第五章讨论了第三个还原对现象的拯救。第六章讨论了马里翁第三个还原中的难点问题，即还原实施者问题。第七章论述了马里翁第三个还原的转向及其通过悬置根据律超越形而上学的努力。第八章讨论了马里翁第三个还原对现象学的推进。本书着重探讨了马里翁现象学，这是因为，马里翁现象学实现了从胡塞尔和海德格尔的特殊现象学到一般现象学的转变，从而为现象学打开了更广阔的空间。

第一章

现象的遮蔽与拯救

　　"拯救现象"一词及其所代表的哲学任务并不专属于柏拉图、亚里士多德以及自然科学,它也属于现象学的核心任务。比如,法国现象学家列维纳斯在 1949 年明确提出现象学要"拯救现象"(to save the phenomena)[1],其后的施皮格伯格认为,以胡塞尔为开创者的"现象学"的"学"(λόγος),可以追溯到柏拉图把现象(不变的形式)从赫拉克利特之流中拯救出来的努力。[2]

　　拯救总是与危机相关的,而对于现象学来说,其危机主要是现象处于被遮蔽状态的危机,相应于这个危机,现象学便需要采取某些方法尤其是还原方法,把现象从被遮蔽状态中拯救出来。在这个意义上可以说,胡塞尔、海德格尔和马里翁的现象学任务都是拯救处于遮蔽状态中的现象。下文将以现象学开创者胡塞尔的现象学来例示现象的遮蔽及其拯救。

---

　　[1]　Levinas, *Discovering Existence with Husserl*, trans by Richard A. Cohen & Michael B. Smith, Evanston: Northwestern University Press, 1998, p. 33.

　　[2]　Herbert Spiegelberg, *The Phenomenological Movement*, 3rd, Dordrecht: Kluwer, 1994, p. 7.

第一节　现象的遮蔽

在胡塞尔那里，有很多词项可以来表述那遮蔽了现象的东西，比如心理主义（《逻辑研究》等）、自然态度［《纯粹现象学通论 纯粹现象学和现象哲学的观念（第一卷）》（以下简称《观念Ⅰ》）等］、实证主义、自然主义和客观主义（《危机》等）等等①。实际上，所有这些语词都指向了同一个东西：简约主义（reductionism）。

为了讨论的清晰性起见，我们先对"简约主义"一词作以明确。比如，Carl Ratner 这样来界定简约主义："简约主义持这样一种观点：把某一现象视为完全是可以由另一外现象的属性来解释的。第一种现象可以简约为第二种现象。第一种只是第二种现象的附带现象（epiphenomenon），只是第二种现象的另一个名称而已。第一种现象并没有区别性的属性，这种区别性的属性要求一种区别性的理论或方法论。"②还有，Kim Sterelny 认为，"心灵哲学中的简约主义"的基本立场是，"人类心灵是自然的物理世界中的部分。简约主义者把心灵或精神现象展示为自然现象，试图将其与自然世界结合为一体"，这是由于简约主义者受到了"科学的简约之启发：把气体的热简约为分子运动，把闪电简约为电的释放，把基因简约为 DNA 分子等等"。③

在自然科学中，简约这种做法本身并没有错。自然科学的主要

---

① 在下文中，我们将根据语境选择使用这几个词。

② http：// www. sonic. net/ ~ cr2/reductionism. htm.

③ Sterelny，Kim，*The Shorter Routledge Encyclopedia of Philosophy*，ed. Edward Craig，London：Routledge，2005，p. 891.

任务之一是对诸多纷繁乃至相互矛盾的自然现象进行解释。在解释的方式方面,约翰·维恩列举过三种解释方式,其中,"解释的最通常方式是……把复杂之物简化为简单之物,或者说,把特殊之物简化为一般之物。"[1]对于现象,可以做一系列的简约和解释。比如,对气球上升这一现象,可以解释为浮力大于重力。这是第一层解释。而且,还可以对这层解释进行继续解释,将浮力和重力解释或简约为物质和运动原理。这样,通过气球上升(特殊现象)简化为物质和运动(简单概念或一般原则)了,气球上升就得到了解释,"那个"(that,即现象)所引发的惊异或疑问,最终得到了"为什么—回溯"(why-regress)上的回答。

那么,我们如何从原则上区分正当的简约和不正当的简约主义的做法呢? John Hospers 举到这样一个例子,物理学家会把热现象(特殊)简约为分子运动(简单或一般)。在 John Hospers 看来,这种简约是正当的,原因在于,"关于热的每一命题,都能够转换为关于分子运动的命题,命题的这种转换,没有意义的丢失……因而,热力学是可以简约为(reducible)力学的"[2]。在没有丢失意义的前提下,把一个命题简约为另一命题,才是正当的,这是语言层次上的区分正当的简约和不正当的简约的标准。类似地,Gideon Rosen 则提出这样一个口号:"经过还原,真正的东西并不消失。"[3]这也可以用来区分正当的简约和不正当的简约。假若在简约之后,一个事物的本性被扭曲、改变或消失了,那么,这种简约就是不正当的。这一标准是容易理解的。理由在于,解释暗含的前提是尊重现象,依照现象的本来

---

[1] John Venn, *The Principles of Empirical or Inductive Logic*, London: Macmillan and Co. , 1889, p. 498.

[2] John Hospers, *An Introduction to Philosophical Analysis*, 4th edition, London: Routledge, 1997, p. 114.

[3] Gideon Rosen, "The reality of mathematical objects," in *Meaning in Mathematics*, ed. John Polkinghorne, Oxford: Oxford University Press, 2011, p. 122.

面目对其进行解释。这就要求,在解释现象时,要使我们找来解释现象的简单之物或普遍之物来适合于现象,而不是相反。在被解释的现象和用来解释现象的东西之间的次序,是不能颠倒的。现代科学的开创者伽利略也明确表述过同样的观点:在我们"寻找定义"等普遍之物来解释自然现象时,要使其"最好地适合于自然现象"。① 假若某种解释扭曲了现象的本性或面目,那么,这种解释就是不正当的,因为它违背了它所应当遵循的前提。

实际上,正当的简约的必要条件是,把某一现象归入其本来应当所在的范畴,或者说,把它与那些它所不是的东西区分开来,对其进行正当的分类(classification),然后再寻找适合于现象本身的解释。否则,一旦将其归入错误的范畴,就将出现范畴错误(category mistake),很容易导致对现象的解释现象与现象本身不适合(不在同一范畴之中),使现象的本性或本来面目扭曲或丧失,成为不正当的解释。

为了讨论的清晰性起见,在此,我们不妨对所要用到的"范畴错误"一词的含义作以明确。"范畴错误"最初由亚里士多德在《后分析篇》中引入:"从一个种($\gamma\acute{\epsilon}\nu o\varsigma$/genus)越度($\mu\epsilon\tau\acute{\alpha}\beta\alpha\sigma\iota\varsigma$)到另一个种,来证明一个事实,这是不可能的,比如,通过算术来证明几何命题。"② G. 赖尔则最初明确地使用了"范畴错误"③这一术语。范畴错误指的是,"把某个种类(范畴)的事物当作好像它们属于另外一个

① Galileo Galilei, *Dialogues Concerning Two New Sciences*, trans by Henry Crew & Alfonso de Salvio, New York: William Andrew Publishing, 1914, p. 160.

② Aristotle, *Posterior Analytics*, 1.2.71b17-19, in Posterior Analytics & Topica, trans by Hugh Tredennick & E. S. Forster, Cambridge: Harvard University Press, 1960, p. 61.

③ Gilbert Ryle, *The Concept of Mind*, New York: Routledge, 2009, p. 6; Robert Audi, *The Cambridge Dictionary of Philosophy*, Cambridge University Press, 2015, p. 123; Nicholas Bunnin, Jiyuan Yu, *The Blackwell Dictionary of Western Philosophy*, Wiley-Blackwell, 2009, p. 104.

种类(范畴)的事物那样呈现它们"。范畴错误的例子有:"把数字当作大的空间对象,或者把时间当作流动"①,或者,"把常人(the Average Man)置入诸如史密斯、琼斯这些现实个体的同一范畴之中"②。

在对待胡塞尔的纯粹现象这一问题上,扭曲并遮蔽纯粹现象的,正是自然主义的简约主义:先把纯粹现象错置到其所不在的范畴,然后对其进行不正当的解释,从而成为不正当的简约。下面我们对此进行具体分析。

一、自然主义的范畴错误:把纯粹现象错误地置入自然现象的范畴

对于自然现象和精神现象,密尔曾提出这样一个观点:"在任何情况下,心理事实和物理事实、内在世界和外在世界之间的差异,总是分类的问题。"③这段似乎意味着,密尔认为,两种现象的差异,或者说,二者的分类或所属范畴,是很重要的。那么,密尔是如何分类的呢?

密尔把心灵现象或精神现象分为四类:思维、情绪、意志和感觉④。他认为,第四类现象即感觉(sensations),跟情感(feelings)一样,"都必须被归类为精神现象",而且,这些"精神现象的产生机制(在身体自身之中的以及所说的外在自然之中的)全都可以被恰当地

---

① Simon Blackburn, *The Oxford Dictionary of Philosophy*, Oxford University Press, 2016, p. 58.

② Nicholas Bunnin, Jiyuan Yu, *The Blackwell Dictionary of Western Philosophy*, Wiley-Blackwell, 2009, p. 104.

③ John Stuart Mill, *The Collected Works of John Stuart Mill*, vol. 8, Toronto: University of Toronto Press, 1974, p. 849.

④ John Stuart Mill, "Thoughts, Emotions, Volitions and Sensations," in *The Collected Works of John Stuart Mill*, vol. 8, Toronto: University of Toronto Press, 1974, p. 849.

归类为物理的机制"。① 既然把这类精神现象的产生机制归为了物理的机制,那就完全可以依照物理的产生机制来解释这些精神现象,精神科学也就可以依照生理学进行解释,而且,还可以对生理学进行进一步的解释,即依照物理学对其进行解释。密尔认为,感觉和情感等"心灵状态",有"其直接的先行条件(antecedents)即身体状态",即,这些心灵状态都有"神经系统……作为其大致原因",都依赖于"物理条件";这些神经系统的规律"属于生理学的领域"。② 这也就是说,感觉和情感等精神现象,可以被简约为身体现象,身体现象则可以最终被简约为物理现象。

至于前三类精神现象所属的范畴,密尔显得有些犹疑不定。而且,他反对孔德把所有精神现象都简约为生理现象、把精神科学简约为生理学的做法;密尔甚至认为心灵科学是门独立的科学。但总体上,密尔认为,"心灵科学与生理学的关系绝不应被忽略或低估。绝不能忘记的是,心灵的规律可能是由动物生命而来的衍生规律,因而其真理可能最终依赖于物理条件"③。这意味着,精神现象或许应当被简约为生理现象并最终依照物理学来对其进行解释。

密尔的犹疑似乎暗示了这一点:他对精神现象和物理现象的差异以及相应的分类或所属范畴并不确定。那么,现在让我们回到更基本的问题上来:精神现象到底有哪些不同的特性?

其实,维恩也曾发现了精神现象和物理现象之间的差异。维恩在谈及对心灵材料进行测量时指出,对某个东西的长度的测量,需要首先确切地确定其两个端点;但是,关于感觉,虽然"在大多数情况

① John Stuart Mill, *The Collected Works of John Stuart Mill*, vol. 8, Toronto: University of Toronto Press, 1974, p. 849.

② John Stuart Mill, *The Collected Works of John Stuart Mill*, vol. 8, Toronto: University of Toronto Press, 1974, p. 850.

③ John Stuart Mill, *The Collected Works of John Stuart Mill*, vol. 8, Toronto: University of Toronto Press, 1974, p. 851.

下,我们可以从一个清晰意识到的零点位置开始……给我们带来了麻烦的另一端点;因为任何的自然停顿或停止点都是无处可寻的"①。实际上,找不到其停止点,绝不止一个测量上的困难,这是意识现象自身的特性(Venn)。

在胡塞尔看来,精神现象具有诸多与自然现象截然不同的特性。

1. 非精确性

胡塞尔说,"一般意识之特征在于,它是在不同纬度上流动着的波动……因而不能谈及它……精确的固定性"②。比如说,在意识中,作为现象(显现者)的某物"时而从这一侧显现,时而从另一侧显现,在明确性或模糊性中,在其摇摆不定的清晰性和断续的晦暗中显现,如此等等,这确实都是属于它的",由于意识的这些特性,就"不能设想,对这个和每个类似的流动的具体物,进行概念的或术语的固定"。③ 显然,意识现象的这一非精确性,与自然现象的相对固定性以及相应地可以得到数学上的精确测量的特性是完全不同的。意识的非精确性与下面要谈的一点也是相关的。

2. 三重体验视域的不可测量性

意识现象具有滞留—原印象—前摄三重视域,这三重视域永恒联结为统一的意识之流④,其间没有像自然物的可分离的点,只是交叠的不确定的模糊晕圈;否则,对于变化和连续、对于时间性的东西(比如旋律)的体验就是不可能的。意识现象的这一特性决定了,意

① John Venn, *The Principles of Empirical or Inductive Logic*, London:Macmillan and Co. ,1889,p. 462.

② Husserl, *Ideas I*, trans by F. Kerste, The Hajue:Martinus Nijhoff Publishers, 1982,p. 168.

③ Husserl, *Ideas I*, trans by F. Kerste, The Hajue:Martinus Nijhoff Publishers, 1982,p. 168.

④ Husserl, *Analyses Concerning Passive and Active Synthesis*, trans by Anthony J. Steinbock, London:Kluwer Academic Publishers,2001,p. 115, cf. Husserl, *Ideas I*, trans by F. Kerste, The Hajue:Martinus Nijhoff Publishers,1982,pp. 195–196.

识现象"既不被也不应被太阳位置、钟表或物理手段所测量"①。自然物是可以得到物理时间上的测量的,但纯粹现象则不能。

3. 外在于因果律

纯粹现象"在其'纯粹性'中……是封闭的存在关联体……没有任何东西可以侵入其中和溜出其外……它没有空间—时间的外在,也不会处在时空关联体之内,它不能经受到物理物的因果作用,也不能对物理物施加因果作用"②。这并不是毫无根据的臆想,而是说,这是由先验现象与自然现象在认识论上的地位所决定的。胡塞尔说,"伴随着世界之存在已经预设了一个在先的自在的存在基础",这个在先的自在基础便是"先验主体性"③。也就是说,外物之存在、因果律等,都是由先验主体性所构成的。先验主体性便不可能预先存在于客观世界之中然后再构造出客观世界,否则,就会产生谬误的"循环"④。在胡塞尔看来,纯粹意识自身的规律并不是因果律,而是动机引发(Motivation/Motivierung)或联结(Assoziation)等规律。

因而,在胡塞尔看来,精神现象和自然现象二者是有着根本差异的,客观的自然"异于精神之物的东西(Geistesfremdes)"⑤,相应地,精神之物即纯粹现象也是完全异于自然之物的。二者属于完全不同的

---

① Husserl,*Ideas I*,trans by F. Kerste,The Hajue:Martinus Nijhoff Publishers,1982,p.192.

② Husserl,*Ideas I*,trans by F. Kerste,The Hajue:Martinus Nijhoff Publishers,1982,p.112.

③ Husserl,*Cartesian Meditations*, trans by D. Carins, The Hague:Nijhoff,1967,p.18.

④ Husserl,*Formal and Transcendental Logic*,trans by Dorion Cairns,The Hague:Martinus Nijhoff,1969,p.253.

⑤ Husserl,*The Crisis of European Sciences and Transcendental Phenomenology*,trans by David Carr,Evanston:Northwestern University Press,1970,p.272.《欧洲科学的危机与超越论的现象学》,王炳文译,北京:商务印书馆,2009,第371页。

"范畴种"(kategorialen Gattungen)①。相应地,对于二者进行研究的学科也是完全不同的学科:对于自然科学来说,"精神科学是……异质的领域(heterogenes Gebiet),这个领域就其属而言(Gattungsmäßigen)通过一条无法超越的本质鸿沟(unübersteigliche Wesenskluft)而有别于自然"②。

由于意识现象与自然现象的这种根本差异,意识现象便不能被简约为物理现象,数学、物理学等精确科学就无法应用于意识科学,或者说,意识科学不能被简约为生理学、物理学和数学。因而,胡塞尔说,把精确科学"作为先验现象学的模型……是误导性的先入之见"③。

正如维恩所指出的那样,对于自然科学来说,"准确测量构成了真正科学的本质……除非我们'区分了量(quantities)',否则就没有完成我们的工作"④。伽利略也曾说道,物理学要"应遵循柏拉图的建议由数学开始",把"数学演证应用于自然现象的科学中"⑤。自然科学的做法是以测量上的代数上的数量来取代质。

但是,基于精神现象自身的这种非精确性,这种做法显然会失去其正当性,即这种使用在认识上会使现象自身被扭曲,其"真正的东西"或本性就消失。

但是,由于受自然主义的影响,多数自然科学家乃至精神科学

① 胡塞尔:《文章与讲演(1911—1921 年)》,倪梁康译,北京:人民出版社,2009,第 358 页。

② 胡塞尔,《文章与讲演(1911—1921 年)》,倪梁康译,北京:人民出版社,2009,第 358 页。

③ Husserl, *Ideas I*, trans by F. Kerste, The Hajue: Martinus Nijhoff Publishers, 1982, p. 169.

④ John Venn, *The Principles of Empirical or Inductive Logic*, London: Macmillan and Co., 1889, p. 433.

⑤ Galileo Galilei, *Dialogues Concerning Two New Sciences*, trans by Henry Crew & Alfonso de Salvio, New York: William Andrew Publishing, 1914, p. 91, p. 178.

家,都未能真正意识到精神现象和自然现象之间的根本差异,把精神现象也置入自然现象的范畴之中,从而出现范畴错误。这种范畴错误把精神现象也看作是处在客观自然之中的,是客观自然(尤其是身体)的一部分,因而原则是可以把适用于自然现象的因果律以及精确的数学数字运用到精神现象上来的。或者说,自然主义的错误在于:①范畴错误,即把精神现象错误地归入自然现象的范畴之中;②不正当的简约主义的错误,即将其置入客观世界之中,并把适合于自然现象的因果律和数学上的精确测量来研究和解释精神现象,把精神现象不正当地简约为自然因果性的链条或数学上的数字。下面我们具体来看第②点。

二、自然主义的简约主义把自然主义的框架加给现象: 预设和方法

1. 把形而上学预设加给现象

早在《逻辑研究》时期,胡塞尔就指出了自然主义包含的亚里士多德意义上的形而上学①预设和简约主义倾向:

> 这些形而上学的预设……是所有探讨实在现实(reale Wirklichkeit)的科学基础。例如有这样一些预设:存在着一个外在世界(Außenwelt),它在空间和时间上伸展,同时空间具有欧几里得三维流行的数学特征,时间具有正统一维流行的数学特征;所有的变化都服从因果律,等等……这些完全属于亚里士多德第一哲学框架(Rahmen)的预设(Voraussetzungen)。②

———————

① 胡塞尔也赋予了形而上学以不同于亚里士多德的用法的含义,见《现象学的观念》。若无特殊说明,本书中的形而上学指亚里士多德意义上的。

② Husserl, *Logical Investigations*, Vol. I, trans by J. N. Findlay, New York: Humanities Press, 1970, p. 59.

自然主义以这种预设来审视一切东西,也把这些框架加给了精神现象。但自然主义者完全没有意识到,纯粹现象本身并不处在物理时空的"外在世界"之中,这些预设完全不适用于纯粹现象,相反,所有这些预设都是先验意识现象的构成物。加给精神现象以这些预设的后果是,"意识主体在反思之前的所有现时体验,都不是自然客体化了的体验……然而……心理学家却将它们客体化和自然化了"①。也就是说,使用这些形而上学预设的结果是,原本非客体—自然化的意识(纯粹现象)就被客体—自然化为处在物理时空和因果性之中的心理现象了。

2. 自然科学的方法

在把现象置入形而上学的预设之下并将其异化为处在世间的心理现象之后,当然就可以按照自然科学的对待物理自然的方法那样来对待被异化的现象了。也就是说,由于心灵与身体同属于同一个客观的物理世界,"心灵之物并不是一种可以与物理之物相分离的东西","对于物理身体有效的"因果法则和精确的定位和测量方法,也可以"转用(überträgt)到心灵之物上"②。

然而,这种方法的"转用"是不正当的。原因在于,对某一研究主题或研究对象的研究方法应该是衍生于研究对象本身的,而不能是外在的。把适用于自然的方法转用到不是自然之物的纯粹意识上来,这种转用就是不正当的。胡塞尔说,研究方法上的区别"作为研究对象之区别的衍生结果而需要从研究对象之区别中推衍出来,并且因而要回溯到对象之区别上,在此意义上,方法特征本身就不应黏

---

① 胡塞尔:《文章与讲演(1911—1921年)》,倪梁康译,北京:人民出版社,2009,第 114 页。

② 胡塞尔:《文章与讲演(1911—1921年)》,倪梁康译,北京:人民出版社,2009,第 232—233 页。

附于外在"①。对精神之物(纯粹意识)的研究,"应该按照精神科学的方法来进行说明"②。但是,由于客观的自然是"异于精神之物的东西(Geistesfremdes)"③,反过来,精神(纯粹意识)也与自然是相异的,那么,对待自然的"实在的分析与精神的本质就是完全相异的(fremde)"④。因而,"那些把精神本身当作研究主题,却又要对精神做不同于纯粹精神的说明的人,是完全没有根据的……通过自然科学为精神科学奠基,并借此使其达到所臆想的精确,这就是个悖谬"。⑤

　　自然主义的简约主义的背后,应当是自然科学的思维经济原则。比如,Ernst Mach 认为,鉴于"人短暂的一生以及人有限的记忆力,除非通过最大程度的精神经济(mental economy),就无法对那些能称得上知识的东西进行储存。科学本身……在于以最少可能的思维消耗,来对事实进行最完整的可能展示"⑥。这种思维经济原则意味着高度抽象和简约。在施皮格伯格看来,思维经济原则的"典型的简约性话语"就是"'只不过是'(nothing but)"⑦。在现象学上,思维经济

---

① 胡塞尔:《文章与讲演(1911—1921 年)》,倪梁康译,北京:人民出版社,2009,第 359 页,译文有修改。

② 胡塞尔:《欧洲科学的危机与超越论的现象学》,王炳文译,北京:商务印书馆,2009,第 371 页。

③ 胡塞尔:《欧洲科学的危机与超越论的现象学》,王炳文译,北京:商务印书馆,2009,第 371 页。

④ 胡塞尔:《欧洲科学的危机与超越论的现象学》,王炳文译,北京:商务印书馆,2009,第 141 页。

⑤ 胡塞尔:《欧洲科学的危机与超越论的现象学》,王炳文译,北京:商务印书馆,2009,第 371 页。

⑥ Ernst Mach, *The Science of Mechanics: A Critical and Historical Account of Its Development*, trans by T. J. McCormack, 4th edition, Chicago: Open Court, 1919, p. 490.

⑦ Herbert Spiegelberg, *Doing Phenomenology*, The Hague: Martinus Nijhoff, 1975, p. 59.

原则会把纯粹现象说成是"只不过是"自然现象,从而导致由于追求更大的简单性而致使"对现象进行的压制"①。现象学则要"抵制以奥卡姆剃刀为名的过度简化……这种过度简化扭曲了并使我们的经验世界之图景变得贫瘠"。②

自然主义把自己的形而上学预设和自然科学的方法等作为框架(Rahmen/framework)外加给纯粹现象,迫使纯粹现象(本身并不处在客观世界也不应受自然科学方法来测度)借由此外在的框架③来显示,即显示为心理现象(处在客观的物理时空和因果链条之中并且可以得到数学上的精密测量)。纯粹现象屈从于这些外在框架(不再由其自身显示自身,因而不再符合现象的词源含义),被异化为心理现象,其被给予性被异化为"伪—被给予性"(Quasi-gegebenheiten)④,纯粹现象就被遮蔽和遗忘了。

抵制自然主义的简约主义,把不能真正显现自身即处于危机之中的现象拯救出来,正是胡塞尔时期现象学要做的工作。

---

① Herbert Spiegelberg, *Doing Phenomenology*, The Hague: Martinus Nijhoff, 1975, p. 59.

② Herbert Spiegelberg, *Doing Phenomenology*, The Hague: Martinus Nijhoff, 1975, p. 58.

③ 这里所使用的"框架"(framework)来自 William D. Blattner。Blattner 认为,"'框架'一词意指在理解现象时我们所使用的模式(model)",这个词可与康德的"可能性条件"关联起来理解,见 William D. Blattner, *Heidegger's Temporal Idealism*, Cambridge: Cambridge University Press, 1999, pp. 4–5, note 5, note 7. 由于现象总意味着显示,这种显示总在某种条件之内的显示。结合到现象学,笔者把"框架"一词的意义改造为"现象显示之可能条件"(现象之显示的预设和方法),并将其区分为外在框架和内在框架,外在框架指外加给现象的显示之可能条件,是偶然的或任意的;内在框架则指现象自身显示自身的条件,是必然的或与现象自身不可分割的显示之可能条件。

④ Husserl, *The Idea of Phenomenology*, trans by Lee Hardy, Dordrecht: Kluwer Academic Publishers, 1999, p. 35.

第二节　现象的拯救

这里需要说明的首先是"拯救现象"一词。"拯救"暗示着危机或危险，"拯救现象"则暗示着现象之危机或危险。比如，Martha C. Nussbaum 在讨论亚里士多德哲学时说，"我认为亚里士多德的现象需要拯救。这暗示着，现象处在困境之中或遭到攻击"。[1] 在现象学上，在海德格尔看来，"拯救"有两重含义：①通常看来，"拯救"（retten）意味着"抓住面临坠亡之威胁的东西"；②这个词还意味着"带到其真正的显现"[2]。显然，这已经暗示了危机或危险，而且，第二重含义明确突出了现象学的特征，因为它把拯救与现象（即显现者或显示自身者）明确关联了起来。

"拯救"意味着把现象"带到其真正的显现"，这暗示着现象并未真正显现自身，而是处于被遮蔽的危机或危险之中。这一点完全可以得到文本上的证实。在《存在与时间》中，海德格尔认为，一方面，现象（φαινόμενον）是"由其自身显示自身者"[3]，但另一方面，现象"首先与通常并不显现……它是被遮藏的（verborgen）"，或者说，处于

---

① Martha C. Nussbaum, "Saving Aristotle's Appearances," in *Language and Logos*, ed. Malcolm Schofield & Martha C. Nussbaum, Cambridge：Cambridge University Press, 1982, p. 268.

② Heidegger, *The Question Concerning Technology and Other Essays*, trans by William Lovitt, New York：Garland Publishing, 1977, p. 28.

③ Heidegger, *Being and Time*, trans by John Stambaugh, Albany：State University of New York Press, 1996, p. 51.

"被遮蔽状态"(Verdecktheit)①。现象之被遮蔽凸显了现象学的必要性。现象的"学"(λόγος)在于"让看到"(Sehenlassen)②,"现象学"则意味着让现象被看到,即去除遮蔽,"让显示的东西本身如它就其自身所显示的那样得以看到"③。这实际上是说,现象学的任务就在于拯救处于被遮蔽、不显示之危机中的现象,把现象带入它真正的显现。

这里或许会有这样一个疑问:海德格尔所理解的"现象""学""遮蔽"以及"拯救",是否也适用于胡塞尔现象学呢?回答是肯定的。

在1907年的《现象学的观念》中,胡塞尔也使用了"现象"的希腊文,并用"现象"来意指显现—显现者④这一关联体:"根据显现和显现者之间本质的相互关联,'现象'(Phänomen)一词具有双重含义。φαινόμενον 实际上叫作显现者(Erscheinende),但却首先用来表示显现(Erscheinen)本身。"⑤而且,现象首先是被自然态度或自然主义等先入之见所遮蔽的。比如,在《第一哲学》中胡塞尔说,在日常或"自然生活"(natürlichen Leben)中,纯粹的现象即先验的"意识生活、意向生活……是遮蔽的"⑥。由于这一被遮蔽了的主体性本身不只是静态的,而是也包含了发生史,因而"……主体成就的整个已发

---

① Heidegger, *Being and Time*, trans by John Stambaugh, Albany: State University of New York Press, 1996, pp. 59-60.

② Heidegger, *Being and Time*, trans by John Stambaugh, Albany: State University of New York Press, 1996, p. 56.

③ Heidegger, *Being and Time*, trans by John Stambaugh, Albany: State University of New York Press, 1996, p. 50.

④ 胡塞尔后来称之为 noesis-noema、cogito-cogitatum 或先验主体性。

⑤ Husserl, *The Idea of Phenomenology*, trans by Lee Hardy, Dordrecht: Kluwer Academic Publishers, 1999, p. 69.

⑥ 胡塞尔:《第一哲学》(下),王炳文译,北京:商务印书馆,2006,第181—182页。

生的历史……是被遮蔽的"①。类似地,在后期的《欧洲科学危机与先验现象学》一书中,胡塞尔认为,现象(显现—显现者)是"数千年来一直被遮藏的",纯粹"现象自身从(我们的)视线中消失了"。② 相应于现象之被遮蔽的危机,胡塞尔在《观念Ⅰ》中说,现象学的"目标是对一个新的科学的领域(纯粹现象领域)的揭示(Entdeckung)"③,"使先验纯粹化了的意识及其本质关系项对我们成为可见的(sichtlich)"④。

可以看出,类似于海德格尔现象学,在胡塞尔现象学中,现象也是处于被遮蔽状态的,即未显示自身的状态,因而需要拯救,需要将其揭示出来成为对我们可见的。那么,在胡塞尔现象学中,到底是什么遮蔽了现象呢？ 现象是如何被遮蔽的？ 我们将在下一章来讨论这些问题。

① Husserl, *Experience and Judgment*, trans by James S. Churchill and Karl Ameriks, London: Routledge & Kegan Paul, 1973, p. 49.

② Husserl, *The Crisis of European Sciences and Transcendental Phenomenology*, trans by David Carr, Evanston: Northwestern University Press, 1970, pp. 119–120.

③ Husserl, *Ideas I*, trans by F. Kerste, The Hajue: Martinus Nijhoff Publishers, 1982, p. 60.

④ Husserl, *Ideas I*, trans by F. Kerste, The Hajue: Martinus Nijhoff Publishers, 1982, p. XXI.

第二章

胡塞尔还原与拯救现象

G. 索弗曾指出,"胡塞尔现象学的整个倾向是反对简约主义"①,但是,G. 索弗并未明确指出胡塞尔反对简约主义的方法。法国现象学家 M. 亨利曾把还原与简约区分了开来,他说:"还原并非限制、约束、简略或'简约'(réduire),而是敞开和呈现。"②但是,亨利似乎并未明确提出,胡塞尔现象学反对简约主义的方法正是现象学还原。现象学还原(phenomenological reduction)与简约主义(reductionism)同出于"reduction"一词,但现象学还原恰好可以克服自然主义的简约主义的不正当简约。

为讨论的清晰性起见,本书采用胡塞尔最后一部现象学导论即《笛卡儿式的沉思》中对还原的界定:"先验悬置这一现象学基本方法——如果它引回到(zurückleitet)先验的存在基础的话——就称之为先验现象学的还原。"③可以看出,这一界定明确包含了"悬置"和

---

① Gail Soffer, "Phenomenology and Scientific Realism: Husserl's Critique of Galileo," in *Review of Metaphysics* 44 (Sep. 1990):67–94.

② M. 亨利:《现象学的四条原理》,王炳文译,《世界哲学》1993 年第 2 期,译文略有修改。

③ Husserl, *Cartesian Meditations*, trans by D. Carins, The Hague: Nijhoff, 1967, p. 21.

"引回到"：通过"悬置"来排除自然主义外加给现象的框架（即形而上学的预设和自然科学的方法），进而把纯粹现象（即先验的存在基础①）"引回到"其正当的范畴，把现象真正"引回到"我们的目光之中，带入其真正的显现，将其从被遮蔽状态中拯救出来。

第一节　悬置及其对自然主义框架的排除

为了排除自然主义的形而上学的诸预设，在《逻辑研究》中，胡塞尔提出了"无预设性（Voraussetzungslosigkeit）原则"②。"无预设性"意味着"纯粹于"或脱离于形而上学的诸预设：

> 纯粹性禁止以任何别的方式越出行为的本质内容之外，它禁止我们对这些行为本身作出自然的统摄和设定，即把它们设定为心理学的实体，设定为自然中或某个自然中某种"有心灵生物"的状态。③

也就是说，纯粹现象学的研究要排除对意识现象的形而上学预

---

① 世界存在的先验基础是先验主体性即纯粹现象，"伴随着世界之存在已经预设了一个在先的自在的存在基础"，这个在先的自在基础便是"先验主体性"。见 Husserl, *Cartesian Meditations*, trans by D. Carins, The Hague：Nijhoff, 1967, p. 18.

② Husserl, *Logical Investigations*, Vol. II, trans by J. N. Findlay, New York：Humanities Press, 1970, p. 263.

③ Husserl, *Logical Investigations*, Vol. II, trans by J. N. Findlay, New York：Humanities Press, 1970, p. 256.

设,不要预先把意识行为或意识材料设定为:处于客观世界之中属于自然的人的一部分,并因而与身体和世界有着心理—物理因果关系的东西;或者说,不把"与身体、世间之物的关系"①纳入研究之中,而是仅只在意识活动(如知觉、感受、判断)自身之内,进行描述和研究。

然而,在《逻辑研究》时期,胡塞尔对形而上学预设的排除并不彻底,因而这个时期胡塞尔所说的"纯粹现象学"事实上处在纯粹心理学阶段。纯粹心理学不把意识活动及其内容设定为实存着的、与身体和世界发生着关系的东西,它排除意识活动与身体和其他世间之物的关系,而仅只在意识自身的范围内对意识进行描述。但是,纯粹心理学并未完全排除客观世界的存在,它对意识活动进行的描述依然处在客观世界之实存的基础之上。因而,所谓的"纯粹"现象并不完全纯粹,依然是整个自然世界之中的一个"小片段"(Endchen),依然有笛卡儿式的"先验实在论"②的阴影。

在后来的《观念Ⅰ》中,胡塞尔明确提出,现象学"要求最完全的无预设性"③。这一点是通过彻底的悬置来实现的。胡塞尔说,"我们使属于自然态度之本质的总设定失去作用,我们把该设定包含着与存在相关的所有一切都置入括号"④,"现象学悬置……使我完全隔绝于任何关于时空实存的判断"⑤。

除了对形而上学的预设进行排除,胡塞尔也对自然科学及其方

---

① Husserl, *Formal and Transcendental Logic*, trans by Dorion Cairns, The Hague:Martinus Nijhoff,1969,p. 254.

② Husserl, *Cartesian Meditations*, trans by D. Carins, The Hague: Nijhoff, 1967,p. 24.

③ Husserl,*Ideas Ⅰ*,trans by F. Kerste,The Hajue:Martinus Nijhoff Publishers, 1982,p. 148.

④ Husserl,*Ideas Ⅰ*,trans by F. Kerste,The Hajue:Martinus Nijhoff Publishers, 1982,p. 61.

⑤ Husserl,*Ideas Ⅰ*,trans by F. Kerste,The Hajue:Martinus Nijhoff Publishers, 1982,p. 61.

法进行了排除。胡塞尔说,"与此(自然)世界相关的一切理论和科学"也都将"遭到被置入括号的命运"[1]。这显然也排除了自然科学的方法。由于"范畴种"上的根本差异,把精确科学"作为先验现象学的模型……是误导性的先入之见"[2]。因而,"人们必须中止使自己受到'精确'科学的理念和调节的观念和方法的迷惑,似乎精确科学的'自在'(An-sich)是关于对象存在和真理的现实的绝对规范"[3]。这意味着,把自然科学的方法外在地加诸于纯粹现象之上的做法,也失效了。因而,整个外在于纯粹现象的框架(预设和方法),都被悬置彻底排除了。

第二节　还原与拯救现象

自然主义的简约主义的错误首先是范畴错误,即未意识到纯粹现象与物理自然的根本差异,从而将其附属于物理自然的范畴。

实际上,这里有个自然主义的循环(circle):"在自然态度中只能看到自然世界。"[4]在自然主义的简约主义之下,我们只能看到作为整个自然世界的一小部分且作为其附带现象的心理学意义上的现

[1]　Husserl, *Ideas I*, trans by F. Kerste, The Hajue: Martinus Nijhoff Publishers, 1982, p. 6.

[2]　Husserl, *Ideas I*, trans by F. Kerste, The Hajue: Martinus Nijhoff Publishers, 1982, p. 169.

[3]　Husserl, *Formal and Transcendental Logic*, trans by Dorion Cairns, The Hague: Martinus Nijhoff Publishers, 1969, p. 278.

[4]　Husserl, *Ideas I*, trans by F. Kerste, The Hajue: Martinus Nijhoff Publishers, 1982, p. 66.

象,无法看到真正意义上的纯粹现象。如果这个循环不被打破,或者说,"只要现象学态度的可能性未被认识到……现象学世界就必然是未被认识到的,甚至是未被觉察的"①。

为了打破这个循环,就要排除自然主义的外在框架,发现纯粹现象与物理自然之根本差异,即将其引回到其真正所处的范畴,从而看到纯粹现象。依照海德格尔在希腊词源上的追溯,"范畴"(κατηγορία)的动词形式含有"在明确的观视中,使某物作为它所是的东西而得以公开和显示"②的意义。实际上,只有把某物置于其真正所在的范畴之内,才可能让其得到真正的显示。通过悬置排除自然主义的框架,将其引回到其真正所在之范畴,纯粹现象或"先验主体性就会步入到我们的视野中"③,真正被揭示出来。

因而,还原的消极意义在于,通过悬置排除自然主义的外在框架,克服其对现象的简约和遮蔽;积极意义在于,把纯粹现象"引回到"其应当所在的范畴,让其真正就其自身或者说以自身为条件显示出来。

胡塞尔开发出了许多条还原路径,其中最早出现也是最重要的路径之一是笛卡儿式的还原路径。这条路径是,通过笛卡儿式的普遍怀疑,排除自然世界之实存的预设,把我们的注意力从自然实存转离开来,从而"挑选出某些注意点"④,即单独挑选意识作为我们注意点,对其进行详尽的考察;或者,如利科所说,把意识从"自然主义的

---

① Husserl,*Ideas I*,trans by F. Kerste,The Hajue:Martinus Nijhoff Publishers,1982,p. 66.

② Heidegger,*Nietzsche*,Vol. IV,trans by Frank A. Capuzzi,San Francisco:Harper & Row,1982,p. 36.

③ 胡塞尔:《第一哲学》(下),王炳文译,北京:商务印书馆,2006,第189页.

④ Husserl,*Ideas I*,trans by F. Kerste,The Hajue:Martinus Nijhoff Publishers,1982,p. 58.

框架"中"分离出来"①,然后对意识进行考察。

经过考察,我们会发现,意识与自然有着诸多根本差异,比如,①构成与被构成的差异:自然是被意识所构成的,意识的"意义给予"(Sinngebung)构成了自然。②"存在方式的原则上的差异"②:自然之存在是可以怀疑的,而意识之存在是不可怀疑的。自然的显现方式是侧显(Abschattungen),相应地,对于它的经验则是不相合的(inadäquat),其存在有可能被后来的经验否定,或者说,其存在经不起严格的"可设想的怀疑"③。相比而言,体验自身的显示方式不是侧显,它总是相合的,因而其存在是不可怀疑的。③精密性与非精密性的差异(这一点前文已经讨论过,在此不再赘述)。以上这些差异确证了这一点:在排除了自然主义的框架之后,我们发现,这个分离出来的"现象学剩余物"即意识领域,并不是自然现象的一个部分或附带现象,而是说,二者属于完全不同的"范畴种",意识现象是与自然现象完全不同的"独特的存在区域"(eigenartige Seinsregion)④。

在排除了自然主义的外在框架并把现象置入其真正所属的范畴之后,就要依照那些适合于现象的框架对其进行研究。

首先,在预设方面,现象学把纯粹自我当作研究对象,那么,"超出纯粹自我这一框架之外的与自我有关的理论都应排除"⑤。这种消极的主张暗示了积极的主张:仅只以现象自身为条件即内在条件

---

① Paul Ricoeur, *A Key to Husserl's Ideas I*, trans by Bond Harris & Acqueline Bouchard Spurlock, Milwaukee: Marquette University Press, 1996, p. 94, p. 108.

② Husserl, *Ideas I*, trans by F. Kerste, The Hajue: Martinus Nijhoff Publishers, 1982, p. 90.

③ Husserl, *Cartesian Meditations*, trans by D. Carins, The Hague: Nijhoff, 1967, p. 16.

④ Husserl, *Ideas I*, trans by F. Kerste, The Hajue: Martinus Nijhoff Publishers, 1982, p. 65.

⑤ Husserl, *Ideas I*, trans by F. Kerste, The Hajue: Martinus Nijhoff Publishers, 1982, p. 133.

来研究现象自身,要让现象自身由其自身给出自身,显示自身。

对此,海德格尔曾于 1923 年对布伦塔诺和胡塞尔现象学做了如下评论:对现象的研究,应当"汲取于事物自身(Sachen selbst)……从对事物自身的研究中,从事物自身如何显示它们自身中得到"。① 这其实体现了现象学的根本指向是"现象指向"(phenomena-orientation),即排除外在的预设,让现象由其显示自身,即以现象的自身给出、自身的如何(Wie)显现为唯一条件(内在条件),而这种指向恰恰也符合于现象的词源含义(由其自身显示自身者)。

其次,在方法方面,正如前文所引述过的胡塞尔本人的观点,对现象的研究方法,只能衍生于现象,是与现象必然相关的,是内在于现象的。在次序上,被研究的现象在先,方法在后;而非先给出方法,然后再加给现象。M.亨利基于对胡塞尔的《现象学的观念》的解读曾提出,现象学的"方法……无非就是通达研究对象的方式……这一方式要基于研究对象自身而得到规定",甚至,"现象学(也要)依照其研究对象……来理解现象学自身"②。其实,方法(method)一词已暗示了这一点:method 的拉丁词是 *methodos*,由 *meta* -("after")和 *hodos*(a traveling,way)组成,合在一起意味着追踪、追随("pursuit,a following after")③。

例如,现象学的方法有直观、意向性描述等。①关于直观(明见或看),胡塞尔提出,"一切都在纯粹的看中进行"④。原因在于,在直

① Heidegger,*Ontology:The Hermeneutics of Facticity*,trans by John van Buren,Bloomington:Indiana University Press,1999,p. 55.

② Michel Henry,*Material Phenomenology*,trans by Scott Davidson,New York:Fordham University Press,2008,p. 43.

③ http:// www. etymonline. com/index. php? allowed_in_frame = 0&search = method&searchmode = none,2014－8－11.

④ Husserl,*The Idea of Phenomenology*,trans by Lee Hardy,Dordrecht:Kluwer Academic Publishers,1999,p. 43.

观中,"对象之物本原地被给予……对象自身,作为它所是的,出现于我们眼前"①,或者说,"按照这些直观,属于该领域中的对象是自身被给予(Selbstgegebenheit)的"②。②关于意向性,由于纯粹意识现象之不同于自然的一个重要特征是意向性,那么,现象学研究就要"在意向性的框架内"③或"Noesen-Noemen 的框架内"④进行描述和研究。纯粹现象的非精确性要求,现象学不能够采用自然科学的精确测量的方法,而应当依照 Noesis-Noema 的结构进行描述。但必须强调的是,为了克服自然主义对现象的不正当简约以及相应的遮蔽,现象学对纯粹现象的研究和揭示,都要在还原之下进行,由还原来克服自然主义的框架:还原是"在一切方法之前……就需要(的)一种方法"⑤。

第三节　还原的目的和环节

作为方法,现象学还原必然服务于现象学本身的某种目的。只

---

① Husserl, *Logical Investigations*, Vol. I, trans by J. N. Findlay, New York: Humanities Press, 1970, p. 226.

② Husserl, *Ideas I*, trans by F. Kerste, The Hajue: Martinus Nijhoff Publishers, 1982, p. 5.

③ Husserl, *Ideas I*, trans by F. Kerste, The Hajue: Martinus Nijhoff Publishers, 1982, p. 226, note 32.

④ Husserl, *Ideas I*, trans by F. Kerste, The Hajue: Martinus Nijhoff Publishers, 1982, p. 275.

⑤ Husserl, *Ideas I*, trans by F. Kerste, The Hajue: Martinus Nijhoff Publishers, 1982, p. 148.

有清楚了现象学家使用还原的目的,我们才会更清楚还原的本性。接下来,我们首先考察胡塞尔还原的目的,然后考察海德格尔还原的目的。由于马里翁在讨论胡塞尔的还原以及提出第三个还原时,所谈及的主要是胡塞尔的先验还原而未谈及本质还原,因而本节我们主要讨论先验还原。

对于胡塞尔现象学来说,还原是其核心方法。马里翁所频频引用的胡塞尔《现象学的观念》的编者比梅尔说,"现象学还原构成了导向先验考察方式的道路,它使得向'意识'的回返成为可能"①。之所以向"意识"即纯粹意识回返,是因为胡塞尔想要解决认识可能性的问题。要解决认识可能性的问题,大体就预设了这一点:我们已然对世界有了某种认识。正因为我们已然对世界有了某种认识,哲学家才会着手对认识之可能性问题进行考察。这个问题类似于康德的问题,即我们已然有了各种判断,于是哲学问题便是:这些判断是如何可能的。

胡塞尔认为,为了解决这个问题,就需要以某种自明的或绝对不可怀疑的东西作为起点,然后由此出发,来考察认识可能性的问题。胡塞尔仿效了笛卡儿的道路。但胡塞尔认为,笛卡儿经过普遍怀疑所得到的我思,已经暗含了超越性(世界存在或实存)。如果笛卡儿以本身包含了超越性的我思为出发点,来论证超越性问题,那就是一种循环论证。② 胡塞尔摆脱这种循环的方法是通过"认识论悬置"(erkenntnistheoretische ἐποχή)③来排除一切超越性,从而得到纯粹

---

① 胡塞尔:《现象学的观念》,倪梁康译,北京:人民出版社,2007,第2页,译文略有修改。

② Husserl, *The Idea of Phenomenology*, trans by Lee Hardy, Dordrecht: Kluwer Academic Publishers, 1999, p. 37; Husserl, *Cartesian Meditations*, trans by D. Carins, The Hague: Nijhoff, 1967, p. 24.

③ Husserl, *The Idea of Phenomenology*, trans by Lee Hardy, Dordrecht: Kluwer Academic Publishers, 1999, p. 37.

化了的被给予性。或者,正如邓晓芒教授所说,"胡塞尔的悬置是为了最终能从一个可靠的基础上将被悬置的存在推出来,使之得到非独断的、合理的解释"①。

此外,类似于笛卡儿,胡塞尔也特别强调直观。直观(行为)是为了保障所意指的东西是自身被给予的或亲身被给予的。他认为,在笛卡儿那里,正是直观或"清楚分明的知觉"保障了"我思故我在"的这种可以作为论证起点的被给予性。如果一个现象所意指的"不是在现象中自身被给予的东西",那么,"去怀疑它是否存在或如何存在"就是正当的,但是,对那些"在直观中被把握到的东西"进行怀疑,就是无意义的。② 类似于笛卡儿的做法,现象学的认识可能性研究也应当坚持直观原则:"直观、对自身被给予之物的把握,如果它作为现实的直观展示了现实的自身被给予性,而非某种非被给予物的被给予性,那么它就是最终之物。这是一种绝对的自明性。"③胡塞尔对直观的强调,自《逻辑研究》时期便开始了。主体认识的结果要以概念、判断和推论等方式表达出来。认识如果是真的,是得到确保的(是这样而非别样),那么其概念和判断就必须是有根基的,必须是亲身被给予的。这种亲身的被给予,必须在清楚分明的直观中得到。相比而言,那些无根的概念和判断,是不足采信的。因而,胡塞尔才要强调回到直观,回到概念和判断之所出的根源。

总体来讲,胡塞尔的起点所强调的是悬置和直观的结合。悬置是为了保障对超越性的排除,通过纯粹性来保障被给予物在认识可能性研究上的正当性;直观则是为了保障被意指物的自身被给予或亲身被给予,排除那种在含糊或错觉等意指方式中所出现的非自身

---

① 邓晓芒:《胡塞尔现象学导引》,《中州学刊》1996 年第 6 期。

② Husserl, *The Idea of Phenomenology*, trans by Lee Hardy, Dordrecht: Kluwer Academic Publishers, 1999, p. 38.

③ Husserl, *The Idea of Phenomenology*, trans by Lee Hardy, Dordrecht: Kluwer Academic Publishers, 1999, p. 38.

被给予或亲身被给予的情况。但直观需要悬置的先行,在胡塞尔看来,悬置是现象学首要的方法,因为我们必须首先进入一个排除了超越性的领域,避开论证上的循环,然后再具体地研究认识可能性的问题。

在胡塞尔最后一部现象学导论《笛卡儿式的沉思》(§§3-8)中,胡塞尔认为,现象学应该效仿笛卡儿的做法,使哲学成为绝对奠基的科学,这就要求有一个彻底的起点,在这个起点上,任何的存在信念、现有的一切科学,都必须被排除,并回到绝对确定的最终基础即我思的领域。这便需要还原的实施,即排除一切前见,回到我思领域。

但无论是《现象学的观念》中的观点还是《笛卡儿式的沉思》中的观点,胡塞尔所强调的都是一个绝对的起点,这个起点已排除了任何的预先被给予的关于存在信念或预先被给予的科学的东西,而且,这个起点是绝对被给予性的尤其是自身被给予性的我思领域。只有在此基础上,才可能进行认识可能性的研究或为一切科学进行奠基的研究。现象学还原的目的,便是在于满足这样一个研究要求。

关于还原(reduction),Richard H. Jones 这么说,当我们对某个现象作出解释时,会"把它拆开来看那使它运作的东西,或者,我们把现象之发展回溯(来自拉丁文 *reducere*,'引回')到其根源"。① 胡塞尔的还原,主要是在回溯的意义上使用的。

胡塞尔在《笛卡儿式的沉思》中说,"先验悬置这一现象学基本方法——如果它引回到存在之先验基础的话——就称之为先验现象学的还原"②。《笛卡儿式的沉思》是胡塞尔最后一部现象学导论,因而可以说,胡塞尔在此对先验还原的界定较好地代表了他的成熟

---

① Richard H. Jones, *Reductionism: Analysis and the Fullness of Reality*, London: Associated University Press, 2000, p. 13.

② Husserl, *Cartesian Meditations*, trans by D. Carins, The Hague: Nijhoff, 1967, p. 21.

观点。

首先，从上面这句话可以看出，单单"先验悬置"本身并不足以称为"先验现象学的还原"，除非它能够满足一个条件，即它能够引回到存在之先验基础。在此，"引回到"（zurückleitet）一词，与"还原"（Reduktion）的词法构成上的含义是一致的。还原（Reduktion）由 re- 和 duktion 组成，分别意味着"回"（back/backwards）和"引"（to lead），两者结合起来意味着"引回"或"引回到"。也就是说，胡塞尔对还原的界定，使用了"还原"一词的字面含义。这种字面含义包含着方向，即"回溯地""回返式的""朝后"，而非"向前"（forwards）。

其次，在现象学意义上，还原意味着引回到"存在之先验基础"。这里的"存在"指的是我在日常态度中所谈及的客观存在的世界。对于日常态度的我来说，我常常会谈到这个世界，我相信它是存在着的，甚至说，它的存在是如此地明确或明白，以至于我几乎不会说"世界是存在的"这么一句话。但是，对于胡塞尔来说，在认识论上，这个客观世界的存在，预设了另外一种存在（Sein），即纯粹自我及其思维，纯粹自我及其思维先于客观世界的存在，是客观世界存在的先验基础或前提。也就是说，还原所包含的方向即"回溯式的"或"回返式的"也并不是任意的，而是要回溯或回返到某种东西的基础、根据或前提。

胡塞尔为什么要做这种引回呢？原因在于其认识论态度或先验态度。在日常态度中，客观世界之存在是确定的，是日常生活中各种行为的基础，我们几乎不会怀疑它的存在，否则便有可能受到惩罚。客观世界之存在是一种事实，一种基本事实或基础事实，或者说，是已然被给予的（given）事实。

胡塞尔并不否认世界是存在的。只不过，胡塞尔先验现象学要为客观世界之存在寻找认识论上的根据或基础。也就是说，胡塞尔先验现象学要回答这样一个问题：我为什么或如何认定世界是存在的？

由于这样一个问题,悬置(世界之存在)就是必要的。也就是说,当我为世界之存在进行认识论奠基,即为世界之存在提供某种认识论上的论证时,倘若我同时又承认(往往是暗中承认)世界之存在,那便犯了循环论证的谬误。正是在这个意义上,胡塞尔称笛卡儿为"荒谬的先验实在论的鼻祖"①。胡塞尔认为,笛卡儿通过普遍怀疑得到"我在"(ego sum),然后又通过"我在"证明世界存在,但是,这个"我"(ego)已预先被设定为处在客观世界之中的心灵,它是客观世界的一个"小片段"(Endchen)②,因而这种先验实在论的证明方式是循环论证式的。类似地,在这个问题上,心理学也会把处在客观世界之中的自然的人预先当作前提接受下来,然后从处在客观世界之中的自然的人出发,去论证客观世界之存在问题,这便导致了循环。为了避免循环论证,悬置必须是彻底的,它必须对于客观世界是否存在这个问题完全排除。

悬置意味着对世界存在不执态,即不去相信世界之存在、不去否认世界之存在,也包括不去怀疑世界之存在(笛卡儿)等,或者说,中止对世界的各种存在信念。但是,对世界存在不执态,并不足以得到(引回到)纯粹自我及其意识活动。或者说,作为一个先验研究者,单单对存在不执态,并不足以使纯粹自我及其思维活动出现于我的研究目光之中。单单对存在不执态,只是一个消极步骤,它本身并没有积极成果。胡塞尔本人也这么说,"中止判断当然不是获得认识的方法,它至多是方法的组成部分。中止判断只能是暂时的和过渡的……否则我们就没有获得一丁点认识,遑论一门整体的认识论"③。或者,用

---

① Husserl, *Cartesian Meditations*, trans by D. Carins, The Hague: Nijhoff, 1967, p. 24.

② Husserl, *Cartesian Meditations*, trans by D. Carins, The Hague: Nijhoff, 1967, p. 24.

③ 胡塞尔:《逻辑学与认识论导论(1906—1997 年讲座)》,郑辟瑞译,北京:商务印书馆,2016,第 234 页。

胡塞尔常用的目光隐喻来说,悬置意味着停止把目光指向于客观世界存在。但是,单纯这种停止本身并没有什么积极成果,因而是不够的。这样的话,就必须加上一个关键环节,即引回,也就是说,把目光引向并聚集于纯粹自我及其思维。只有把目光引回到存在之先验基础即纯粹自我及其思维上,然后才有可能基于这种先验基础来回答认识如何可能的问题。

因而,虽然我们也可以说,悬置就是先验还原,但是,这必定已然把积极行为即"引回"包括在内了。但是,为了讨论的清晰性和便利性,更好的做法是,把先验还原分为两个环节,即悬置和引回。而且,把悬置等同于先验还原,或者直接把胡塞尔的先验还原称为悬置,很容易导致一种误解,即忽略掉"还原"一词所包含的"回溯"或"回返"的方向,以及这种"回溯"或"回返"的指向并不是任意的,而是某个东西的基础、根据或前提。

前文说到,在日常态度中,客观世界之存在是一种被给予的事实,或者说,世界存在是被给予的。但是,在胡塞尔先验现象学的起始考察阶段中,这种被给予物(the given)是准—被给予性(Quasi-gegebenheiten)①,它掺入了各种未经充分奠基的自然存在或客观存在的信念,它并未得到认识论奠基,或者说,是有待奠基的,因而,这种被给予物便不能正当地接受下来。或者换个角度说,预先接受这种被给予物,然后再去论证世界存在,便犯了循环论证的错误。

因而,为了给世界存在做先验奠基,就要找到另一种被给予物,这种被给予物本身是自明的,它自身为客观存在或自然存在进行奠基且它本身不需要再进行奠基,或者说,它本身必须不包含任何预设或包含了自然存在或客观存在的信念。在方法上说,如果对客观存在或自然存在的信念进行悬置,使其不发挥作用,也就是说,把所有

---

① Husserl, *The Idea of Phenomenology*, trans by Lee Hardy, Dordrecht: Kluwer Academic Publishers, 1999, p. 35.

超越性的东西都排除出去,或者说,把那些不是"绝对自明性的研究材料""过滤"掉,①那么剩下的东西便是经过纯粹化了的被给予物,也就是纯粹自我意识领域。或者以目光隐喻来说,原来被包含了自然存在或客观存在信念的自然态度遮蔽的先验主体性领域,便呈现于目光之中,也就是被揭示了。

也就是说,胡塞尔的先验还原包含了两个环节,即悬置和引回,而且,引回并不是任意的,而是要回溯到某个基础性或根源性的东西上。同时,还原也有揭示的作用。

第四节　先验还原作为第一原则

先验还原作为胡塞尔现象学开端的方法原则,把纯粹意识领域从自然态度的遮蔽下揭示了出来,由此使得纯粹意识领域依照其他诸原则得以被探究成为可能。下面,笔者将分三个部分对先验还原作为胡塞尔现象学的第一原则作以论述。

一、先验还原与揭示功能和纯粹化功能

1. 先验还原与揭示功能

一种可能的误解是,沉思着的现象学家通过还原对自然经验进行变样(Modifikation)所得到的纯粹意识,是现象学家主动创造的成就,或者说,现象学家通过对自然经验的变样,创造出了纯粹意识领

---

① 张廷国:《胡塞尔现象学的方法论及其意义》,《武汉大学学报(人文社会科学版)》2000 年第 1 期。

域。但实际上,现象学家所做的工作,只是使得先验主体性得以被揭示出来。① 也就是说,不是通过变样得到了纯粹意识,而是通过变样行为揭示了纯粹意识,使纯粹意识显现了出来。因为在胡塞尔看来,纯粹意识的存在先于世界存在,并且独立于世界存在,是自在的。"伴随着世界的实存预设了一个在先的自在的存在基础"②,也就是说,在笛卡儿式还原的道路上,世界实存并不是科学判断的存在根基,而所有科学的真正的和最终的存在根基是先验主体性,这种先验主体性在世界实存的信念之前,就已经被预设了,就已经自在存在了。因此,胡塞尔说:"先验主体性并不意味着任何一种思辨构造的结果,而是指具有其先验体验、能力、功能的一个绝对特殊的直接经验领域,虽然由于一些重要原因它迄今为止仍然是一个未曾达到的领域。具有自身理论的和首先是描述的目的的先验经验,只有通过彻底转变,那种由自然的、世间的经验所采取的态度才可能获得,这种态度的转变作为先验现象学领域的研究方法,可称之为'现象学还原'。"③获得先验主体性的方法就是揭示,这种揭示的方法就是先验还原。可以说,还原的作用就在于揭示在自然态度中被遮蔽的这种先验主体性,使其成为可见的。在《观念Ⅰ》§32中胡塞尔说,"我们的目的是对一个新的科学的领域的揭示(Entdeckung),这个领域应通过加括号方法得到"④。在《第一哲学》中,胡塞尔更明确地说:"我强调揭示(Ich betone entdecken.)……先验主体性首先必须被揭示,

---

① 先验现象学意义上的纯粹意识被称为先验意识,参《观念Ⅰ》§33;先验主体性等义于先验意识领域。为行文方便,本书将根据语境使用纯粹意识、先验意识和先验主体性,如无特殊说明,纯粹意识等义于先验纯粹意识。

② E. Husserl:*Cartesianische Meditationen und Pariser Vortrage*,Hau I,§7,S.58.

③ 胡塞尔:《纯粹现象学通论》著者后记,李幼蒸译,北京:中国人民大学出版社,2004,第344页。

④ E. Husserl,*Ideen zur einer reinen Phänomenologie und phänomenologischen Philosophie*,Erstes Buch:*Allgemeine Einführung in die reine Phänomenologie*,Hau III/1,§32,S.56.

每一个人都必须为自己本身将它揭示出来,而且必须首先、一举揭示出来。并且,他只有通过将他从自然生活的动机强制中解脱出来的方法才能揭示它。"①

胡塞尔意识到了长期囿于自然态度的人们容易误解或难于真正理解崭新的现象学。胡塞尔说:"为什么这个区域和与其相关的这门新科学必然还是未被认识到的。在自然态度中只能看到自然世界。只要现象学态度的可能性未被认识到⋯⋯现象学世界就必然是未被认识到的,甚至是未被觉察的。"②而自然态度下的自然科学,也使得先验主体性被遮蔽:"自然科学按照其特有的意义而具有进行抽象概括的障眼物(Blende),正是它使一切主体之物,一切精神,都暗淡了(abgeblendet),而这个主体的全体本来应成为普遍精神科学的主题。"③胡塞尔对难于理解现象学的原因也从类型和动机上作了现象学上的简要说明:人们从儿童时期起,就处在自然态度的诸动机中,这些动机为我们构造了在类型上来理解的客观世界,人们也并逐渐能够从事这些类型的认识的、实践的客观活动,并依照已有的这些类型来理解不熟悉的崭新的东西,当然也包括以自身已有的自然态度来理解崭新的现象学。④

先验主体性无法自行显示,因此需要一种方法来将其从自然态度的遮蔽下揭示出来。然而,对先验主体性的揭示并非一蹴而就,这种揭示过程是渐进的、历史的过程。笛卡儿在对世界存在和所有预先给予的科学进行普遍怀疑的时候,就已经使得先验主体性以不成熟的方式初步显现出来。也就是说,当我在进行普遍怀疑的时候发现,世界实存是可怀疑的,只有"我怀疑"是不可怀疑的。在实施了普遍怀疑的行为以后,我思(ego cogito)作为绝对不可怀疑的东西得以

---

① E. Husserl, *Erste Philosohpie* (ZweiterTeil), Hau VIII, S. 78−9.

② E. Husserl, *Ideen* I, Hau III/1, §33, S. 59.

③ E. Husserl, *Erste Philosohpie* (ZweiterTeil), Hau VIII, S. 286.

④ E. Husserl, *Erste Philosohpie* (ZweiterTeil), Hau VIII, S. 121−124.

显露。但是笛卡儿得到的我（ego）依然是自然态度下的思维实体。导致这个结果的一个重要原因在于，笛卡儿对世界存在进行的怀疑依然是存在设定的诸模态中的一种，他并未彻底摆脱对存在的兴趣。在笛卡儿那里，真正的先验主体性依然处在遮蔽之中。

胡塞尔把笛卡儿的绝对不可怀疑的批判作了彻底化，即中止所有的存在执态，包括怀疑的、猜测的、否定的等等。也就是说，禁止对世界存在方面的相信，禁止存在执态，同时，我这个人作为处于世界中的存在者的存在设定也失去了有效性。那么，所剩下的就是我流动着的纯粹意识生活了。在《第一哲学》中，胡塞尔对这种笛卡儿式的还原道路作了简要描述："简要地说，如果我们禁止对世界存在的任何兴趣，先验主体性就会步入我们的视野中。"①

先验还原的揭示功能是毋庸置疑的。胡塞尔说，"现象学还原的一般学说……这种学说使先验纯粹化了的意识及其本质相关项成为我们可见的和可通达的（sichtlich und zugänglich）"②。利科也在评论胡塞尔的现象学还原时说，"现象学的艰苦工作……使先验'我'从世界'我'中显现出来"③。下文将会看出，先验还原的这种揭示作用是通过对自然意识变样从而对其进行纯粹化来实现的。

2. 先验还原与纯粹化功能

现象学家研究的领域是先验纯粹意识。现象学是"一门纯粹描述的学科，通过纯粹直观对先验纯粹意识领域进行研究的学科"④，而"先验的还原……'纯粹化'了心理现象"⑤，揭示了先验现象学的研究领域，即纯粹意识。先验现象学所要描述的意识内容与心理学

① E. Husserl, *Erste Philosohpie* (ZweiterTeil), Hau VIII, S. 127.

② E. Husserl, *Ideen* I, Hau III/1, Einleitung, S. 5.

③ Paul Ricceur, *A Key To Husserl's Idea I*, trans. by Bond Harris & Acqueline Bouchard Spurlock, Marquette University Press, 1996, p. 42.

④ E. Husserl, *Ideen* I, Hau III/1, §59, S. 113.

⑤ E. Husserl, *Ideen* I, Hau III/1, Einleitung, S. 4.

所要描述的意识内容可以是一致的,但唯一的不同也是本质的不同在于,心理学所要描述的意识内容必须通过先验还原对其进行纯粹化,才可以成为先验现象学所要研究的意识内容。胡塞尔设想了两条主要的还原道路:第一条是《观念 I 》和《笛卡儿式的沉思》中的笛卡儿式的还原,第二条是《第一哲学》中论及的从心理学还原到先验还原的道路。

首先是笛卡儿式的道路。这条道路的大体思路是利用世界不存在的可能性,把现象学的纯粹经验揭示出来。一切还原都要从素朴的自然态度下的自然经验开始,包括笛卡儿式的道路和第二条道路。在素朴的自然态度中,"通常每个'我看见这个客体'形式的陈述,都同时一起意味着,'我相信,这个客体是现实的'"①。对世界的经验也是如此,我们经验到这个世界,就会得出"世界实存着"(Die Welt existert),并认为在自然经验中所确信的世界存在是不可怀疑的。这种不可怀疑甚至达到了这样的地步,以至于没有人要去用一句话把它表述出来。但这只是经验的不可怀疑,而不是确真的不可怀疑,它经不起确真批判(apodiktischen Kritik)。因为对世界的经验不是相即的经验(adäquaten Erfahrung),因此世界实存是可以怀疑的。世界实存既然不是绝对的不可怀疑,它就不符合第一哲学所要求的为一切科学也包括为自身进行"绝对奠基"的理念。那么,我就可以采取自由的行为,即在对象侧,把世界放入括号;在主体侧,中止对世界存在采取任何模态的态度,包括相信的、否定的、怀疑的、猜测的等等。这就是胡塞尔的"悬搁"($\varepsilon\pi o\chi\eta$),即中止判断或判断中止(Urteilsenthaltung)。

对于胡塞尔的悬搁这个比较难于理解的概念,我们可以从它与古希腊的中止判断相关的意义上来理解。首先,"对存在采取态度"是"在最广泛意义上的判断(Urteilen)"②,而中止对存在采取态度,也

① E. Husserl, *Erste Philosohpie*(ZweiterTeil),Hau VIII,S. 92.
② E. Husserl, *Erste Philosohpie*(ZweiterTeil),Hau VIII,S. 95.

就是一种判断的中止。中止判断的直接结果是世界存在被排除,然后,由于自然态度下所理解的世间的人也在世界之中包含,所以,世间的人也一同被排除。其次,由于预先被给予的客观科学作为所有客观判断(aller objektiven Urteile)的总和,作为前判断或先入之见(Vor-Urteil),都是以世界存在为基础并与世界存在相关的,也都在排除之列。这样,就达到了胡塞尔意义上的中止判断:中止所有的存在执态(作为广义的一种判断活动),排除所有的预先给予的客观科学(作为前判断),从而达到了现象学所要求的无前设性。

类似于古希腊皮浪派哲学家通过"悬搁"而要达到心灵的宁静,胡塞尔的悬搁则是为了通过悬搁而引回到"心灵"(纯粹意识领域)。对超验的世界的存在、世间中的人的存在、所有预先给予的客观科学进行排除以后,并不意味着世界不存在了,①也不意味着现象学家所面对的是虚无,而是达到了作为诸现实的和可能的纯粹意识的无限领域。我不再对世界的实存(以及在世界之中的存在者的存在)感兴趣,而只对世界在我的具体的意识方式中的被给予性感兴趣。世界经过了加括号的变样,就成了我纯粹意识的相关项。我也不再对与世界存在相关的预先给予的客观科学感兴趣,从而摆脱了这些前设。经过普遍的现象学还原,现象学家便得到了先验的纯粹意识。因此,经过悬搁以后的纯粹意识的"纯粹"有两重消极含义,其一是不再对存在感兴趣;其二是抛开所有预先给予的客观科学,达到无前设性。

其次,第二条道路开始于这样的问题:有没有一条更简易的道路可以通向普遍还原呢?其思路是:不必从对世界经验的确真批判开始,而是将悬搁直接运用到某个个别的朴素的经验行为上,然后再将这种悬搁普遍运用到所有的意识生活上来,这样也将获得普遍的纯

---

① 在实行悬搁之后,现象学要在纯粹意识领域内探究世界及世界中的存在者是如何在意识中得到其存在意义,即先验和超验的关系问题。对此问题,比如《观念Ⅰ》第四部分和"第三沉思"进行了较为具体的探讨。

粹意识。这条道路的实行是开始于直接的素朴的自然经验,并通过对素朴的自然经验的反思来进行的。

　　胡塞尔认为,有两个层次的行为。第一个层次的行为是素朴的、直接的(或直向的,gerade)行为,比如我对面前的房子的感知行为。在这个直接的感知行为中,我同时相信这个房子是现实存在着的。第二个层次的行为是反思行为,也就是对第一个层次的直向的行为的反思,将这个直向的行为当作把握的对象。反思层次的行为有自然的反思和先验的反思的区分。自然的反思行为并不中止这个层次上对客体存在的执态,而先验的反思则要中止存在设定,由此便实施了类似于笛卡儿式的悬搁。自我于是分裂为两个,也就是在对存在感兴趣的素朴的自我之上建立了一个对存在不感兴趣的现象学自我。现象学的自我便将目光指向这个变样后所得到的纯粹意识。①此后的问题就是如何将这种对个别行为实施的悬搁普遍地实行于所有的现实对象和可能对象和行为上来。这一点是通过意向隐含(intentionale Implication)的环节来完成的,意向隐含是诸行为(现实的与可能的)以及诸对象(现实的、可能的与观念的)之间的视域的普遍指示关系。我的整个生活关系到所有这些行为与对象的存在设定,因此我可以对我的生活中的所有存在设定一举中止,由此就实行了普遍的悬搁。这时,就得到了纯粹化了的先验意识。也就是说,通过普遍的先验还原,所有的现实和可能的意识生活乃至其他单子的意识生活都被纯粹化了。

　　以上两条还原道路的目的都是通过还原对素朴的自然经验进行纯粹化,从而揭示并得到先验现象学要研究的纯粹意识。由于先验现象学的研究领域是纯粹意识,而只有实施先验还原才能得到纯粹

---

　　① 对个别行为所实行的还原所得到的肯定是个别的纯粹意识,但是不是已经是先验的纯粹意识,对此,胡塞尔本人尚有犹豫。因为他也倾向于认为对个别行为的还原是同时处在普遍的还原运动中的。参 E. Husserl, *Erste Philosophie* (ZweiterTeil), Hau VIII, S. 317.

意识,这也就意味着先验还原必然先行于一切其他的现象学方法。

二、先验还原作为第一原则

经过《现象学的观念》时期的准备,在《观念Ⅰ》中,先验还原作为方法原则被比较成熟和系统地提了出来。这条方法原则成了胡塞尔现象学的第一原则。本书是在以下意义上称之为第一原则的。

1. 关于"第一"

"第一"在亚里士多德那里有三重意义:"一个事物在几种意义上被说成是第一的——①在定义上;②在认识的次序上;③在时间上。"①对于现象学而言,在以上这三重意义上,先验还原都可以称为是第一的。

在①方面,先验现象学的定义、现象的定义,以及把现象学界定为描述科学、本质科学,都必然包含着先验还原。

在《观念Ⅰ》中,胡塞尔对现象和现象学做了这样的界定:"先验现象学的现象将被刻画为非实在的(irreal)……我们的现象学不应是实在(realer)现象的本质科学,而应是被先验还原了的(transzendental reduzierter)现象的本质科学。"②现象学必须首先做出两种区分:事实和本质、实在和非实在。先验还原首先使得心理现象(real)被还原为现象学意义上的纯粹现象(irreal)。其次,就现象学作为本质科学而言,"在本质学的态度中,没有任何来自自然存在论的前提"③。本质学不承认任何自然存在论的前提,而恰恰是先验还原为本质学排除了所有的自然态度的先入之见(Vor-Urteil),也就是说,现象学作为本质学已经包含了先验还原。

此外,就现象学是"第一哲学"或科学而言,在《观念Ⅰ》中,胡塞

---

① 亚里士多德,《形而上学》,1028a。参 Loeb Classical Library 本;汉译参吴寿彭译本,北京:商务印书馆,1959,第125—126页。

② E. Husserl, *Ideen* I, Hau III/1, Einleitung, S. 4.

③ E. Husserl, *Erste Philosohpie* (ZweiterTeil), Hau VIII, S. 499.

尔说:"现象学按其本质必须要成为'第一'哲学……因此它要求最完全地摆脱前提。"①这个定义已经包含了经过还原而达到的现象学的无前提性。"悬搁将我从先入之见中解放出来。"②在《第一哲学》中,胡塞尔说:"第一的和真正的科学,奠基科学,是对先验主体性之本质和存在实行普遍的理论思考,对先验主体性就其在本真存在上作为意识—成就进行理论的—描述的反思。"③而这种最普遍的理论沉思和描述是"以现象学还原开始的,并且只有借助于这种还原才能具有对它来说是本质的方法上的意义和进程的普遍的而且首先是真正彻底的思考"④。这就是说,先验还原包含在现象学作为第一哲学的定义中,并先行于现象学的其他理论思考和描述活动。

胡塞尔在"第四沉思"中也给了现象学以明确的界定:"除了现象学还原之外,本质直观也是所有特殊的先验方法的基本形式,这两者确切地规定了先验现象学的正当意义。"⑤可见,现象学必然包含了先验还原。

在②方面,即在认识的次序上,先验还原也是第一的。

首先,先验现象学要想实现对自身纯粹现象的认识就必须先对先验还原进行正确的认识。正如前文所说,纯粹意识领域受到了自然态度以及自然态度下的科学的长期遮蔽,很难出现于研究者的目光之中,也很难得到正确的认识。把纯粹意识领域揭示出来的唯一途径就是实行先验还原。只有认识到了先验还原,才能意识到认识主体长期受到的遮蔽以及什么是真正的纯粹意识。胡塞尔早在《逻辑研究》时期就指出,意识分析和描述的"所有困难的根源都在于现

---

① E. Husserl, *Ideen* I, Hau III/1, § 63, S. 121.

② E. Husserl, *Erste Philosohpie* (ZweiterTeil), Hau VIII, S. 448.

③ E. Husserl, *Erste Philosohpie* (ZweiterTeil), Hau VIII, S. 465.

④ E. Husserl, *Erste Philosohpie* (ZweiterTeil), Hau VIII, S. 461.

⑤ E. Husserl, *Cartesianische Meditationen und Pariser Vortrage*, § 34, S. 106.

象学分析所要求的那种反自然(widernatürlichen)的直观方向和思维方向"①。基于此,胡塞尔在《观念Ⅰ》中对先验还原做了大量的说明。胡塞尔说:"对于现象学方法(并因此对于一般先验哲学研究方法)来说,我们在此试图概述的整个现象学还原的系统学说,具有极大的重要性。"②而在《观念Ⅰ》发表以后,先验现象学所遭到的误解使胡塞尔更为清醒地意识到朴素的自然态度所具有的诱惑力,这种诱惑力很容易使人把目光重新指向自然经验。此后,胡塞尔的《第一哲学》下部所涉及的内容都是在阐明现象学还原,其目的就在于使崭新的现象学还原得到正确的认识。

其次,先验还原并不外在于先验现象学,而是先验现象学一个必然的组成部分。先验现象学作为彻底的、无前提的普遍科学,必须要求知识的自足,要求拥有自在最初者(Ansich-Erstes)的东西,这种东西就是纯粹意识,而只有实行现象学还原才能获得这种意识,借此,现象学哲学的自身思考才有可能开始。所以,现象学还原以及这种彻底性的要求,都属于现象学自身思考、自身认识的一个部分。③此外,先验还原不仅属于方法论,还属于认识论。现象学不仅是关于存在论的科学,更是认识论的科学:"不是直向地朝向存在论,而恰恰是研究可能世界的认识方式。"④而先验现象学所涉及的方法论原则,又都是认识论的:"一切彻底的科学的工作方式都是'认识论'的。"⑤现象学的方法论和认识论是统一的。现象学的目的是达到明晰性,

---

① E. Husserl, *Logische Untersuchungen*, Zwiter Band: *Untersuchungen zur Phänomenologie und Theorie der Erkenntnis*, Erster Teil. Hau XIX/1, S. 14;译文见《逻辑研究》第二卷第一部分,引论§3,倪梁康译,上海:上海译文出版社,2006,第010-011页。

② E. Husserl, *Ideen* I, Hau III/1, §61, S. 115.

③ 胡塞尔:《纯粹现象学通论》著者后记,李幼蒸译,北京:中国人民大学出版社,2004,第351—352页。

④ E. Husserl, *Erste Philosohpie* (ZweiterTeil), Hau VIII, S. 502.

⑤ E. Husserl, *Erste Philosohpie* (ZweiterTeil), Hau VIII, S. 503.

而首先要求的就是认识论和方法论的明晰性。胡塞尔说,现象学作为第一哲学,"其固有的本质是,实现关于其固有本质的因而是关于其方法原则的完善的明晰性"①。而作为现象学的一切方法之先的方法,先验还原也必须是明晰的,也必须得到清晰的阐明,并要首先得到清晰的认识。

在③方面,即在时间上,先验还原必然先行于一切其他的先验现象学操作。

从本书第一部分在论及先验还原的揭示作用时已经可以看出这一点,即只有先验还原才能揭示出一个普遍的先验纯粹意识领域,才能使得现象学研究得以开始,因此先验还原先于一切其他的现象学方法。在先验现象学的领域中,有多种多样的不同种类和形式的、现实的和可能的体验,相应地,其相关项也是不可穷尽的。只有首先实行现象学还原才能揭示和获得这个复杂多样的无限的纯粹意识领域,然后才能对此领域进行具体的描述和探究,比如在《笛卡儿式的沉思》中依次论及的以下这些分析,如意向性结构、综合和同一、内时间意识、视域结构、构造问题、被动发生和主动发生、交互主体性等等。

因此,在《观念Ⅰ》中,胡塞尔强调,"……在规定实事的一切方法之前已经需要一种方法,以便一般地将先验纯粹意识的实事领域带到把握的目光之下"②。利科也评论道:"还原是最初的自由行为。"③

2. 关于"原则"

先验还原是先验现象学的方法原则之一。"原则"(Prinzip)的形容词形式"原则的"(prinzipiell)在胡塞尔那里有两重含义,即普遍性

---

① E. Husserl, *Ideen* Ⅰ, Hau Ⅲ/1, §63, S. 121.

② E. Husserl, *Ideen* Ⅰ, Hau Ⅲ/1, §63, S. 121.

③ Paul Ricceur, *A Key To Husserl's Idea I*, trans by Bond Harris & Acqueline Bouchard Spurlock, Milwaukee: Marquette University Press, 1996, p. 43.

和必然性："在此处和全书各处我们都在严格意义上使用原则的
（prinzipiell）这个词，它指最高的和最根本的本质普遍性或本质必然
性。"①先验还原具有这种普遍性和必然性。为了获得普遍的先验纯
粹意识，"我就必须实行普遍的现象学还原"②，在这句话中，已经集
中强调了先验还原对于先验现象学的普遍性和必然性。

先验还原的必然性和普遍性是先验现象学自身的必然要求。先
验现象学的核心问题之一就是先验与超验的问题，即先验主体性与
超验的世界的实存问题。"在自身之中把世界作为有效意义而承担
起来并把自己这个方面必然预设为这种有效意义的前提的自我本
身，在现象学意义上就是先验的；而由这种相关性生成的哲学问题就
称为先验哲学的问题。"③胡塞尔认为，笛卡儿要通过我在（ego sum）
来证明世界的存在，但这个 ego 已经预先被设定为在世界之中的心
灵，而这个心灵已经是世界的一部分，因此这种先验实在论的证明方
式是荒谬的，笛卡儿也被胡塞尔称为先验实在论的鼻祖。笛卡儿以
后的洛克乃至一切自然主义的方式也犯了类似的错误，因为他们都
把自然的人、自然的科学已经预先当作有效的前提，然后又基于这个
前提再去询问客观世界和客观科学的有效性问题。

如果先验现象学的理念是普遍的、绝对奠基的科学，就不能遵循
这些错误的做法，它必须从一开始就把主体性建立在世界之外，并排
除一切预先给予的科学，在此基础上才能对世界存在和所有已经给
予的科学的有效性进行批判，并展开普遍的自身认识。这就意味着
先验还原的必然性和普遍性。所以，胡塞尔指出，"全部先验现象学

①　E. Husserl, *Ideen* I, Hau III/1, §42.
②　E. Husserl, *Erste Philosohpie* (ZweiterTeil), Hau VIII, S. 317.
③　Edmund Husserl, *Cartesianische Meditationen und Pariser Vortrage*, Hau I, §11, S. 65.

的研究被捆绑在(angebunden)对先验还原的坚定不移的遵守上"①，"……现象学还原的普遍性，借助于这种普遍性就得到了彻底沉思的根本方法"②。由于对先验还原的普遍性和必然性的严格要求，胡塞尔才能够发现笛卡儿式的还原的不足，并进一步设想第二条道路。笛卡儿式的道路虽然把现实世界、在世界中的人以及预先给予的客观科学全部实行了悬搁，但对于可能世界、观念世界乃至其他单子的悬搁还需要进一步的实施。而第二条道路则通过普遍的意向隐含，一下子把所有现实世界、可能世界、理念世界以及其他单子进行了普遍的还原。

三、先验还原与其他原则

胡塞尔在其思想发展的不同阶段，提出了许多原则。在第一原则方面，这些原则似乎是可以与还原原则相抗衡的，但并非如此。下面笔者将对这些原则与先验还原的关系进行分析。事实上，可以用一句话来概括这些原则与先验还原的关系：先验现象学研究所要求的是意识的纯粹性，或者说是纯粹意识，这就必然决定了，其他所有的原则就都必须以先验还原为先行条件。

1. 面向实事本身的原则

"面向实事本身"是现象学最为著名的原则之一。对于"面向实事本身"或"返回实事本身"，在《观念Ⅰ》§19 中胡塞尔做了明确的表述："合理地或科学地判断实事，就是面向实事(nach den Sachen selbst)，或从语言和意见返回实事本身(auf die Sachen selbst zurückgehen)，在其自身被给予性(Selbstgegebenheit)中询问实事并摆脱一切不符合实事的先入之见(Vorurteile)。"③在此，胡塞尔的出发

①　Edmund Husserl, *Cartesianische Meditationen und Pariser Vortrage*, Hau I, §14, S.71.

②　E. Husserl, *Erste Philosohpie* (ZweiterTeil), Hau VIII, S.462.

③　E. Husserl, *Ideen* I, Hau III/1, §19, S.35.

点是判断,或者说什么是正当的(或合法的,recht)判断,以及如何为诸科学的判断找到正当的基础。在胡塞尔看来,科学的判断是对实事的判断,而判断的最终正当性在于摆脱一切先入之见,回到实事的自身被给予性上来。如何理解这种自身被给予性呢? 在《观念Ⅰ》§1(标题为"自然认识与经验")中,胡塞尔说:"与每个科学相对应的有作为其研究领域的对象区域;与它的一切认识,在此即与它的一切正当陈述相对应的有作为其正当性根基的主要源泉的某些直观,在这些直观中,属于该领域中的对象自身被给予(Selbstgegebenheit),而且至少其中有一部分原初被给予(originärer Gegebenheit)。第一位的、'自然的'认识领域以及其所有科学的这种给予性的直观,就是自然的经验;原初给予性的经验是感知。"①从这段文字看,在直观中,对象自身被给予,而在一部分直观中——即感知中——对象是原初被给予的。可以说,从主体侧来看,直观将实事自身给予出来;从对象侧来看,实事自身通过直观被给予出来。对于经验科学而言,最原初的被给予性就是在感知中的实事的被给予性,最原初的直观的给予行为就是感知。只有通过直观这种意向类型,主体才能够把握到实事自身,这种经验才具有正当性,才能够作为科学判断的基础。

按照《观念Ⅰ》行文的顺序,胡塞尔以上的这些文字出现在先验还原之前,而且胡塞尔这一部分的讨论主要是针对自然主义的;此外,更为复杂的是,本章主要内容是要驳斥自然的经验主义对本质之物的偏见,而不仅仅是针对自然主义和先验现象学的区分。那么,第一个问题就是,"面向实事本身"是不是也是现象学的原则呢? 第二个问题,如果"面向实事本身"是一般地即既针对自然认识又针对现象学的认识而提出的,那么,这个原则是否就无须先验还原先行?

就第一个问题而言,胡塞尔并不否认"面向实事本身"是现象学的原则,这一点可以从他在《观念Ⅰ》§19对自然的经验主义的驳斥

---

① E. Husserl, *Ideen* I, Hau III/1, §1, S.7.

看出来。胡塞尔认为其错误有二：第一，出于偏见，自然的经验主义只承认感性经验，否认本质之物；同时也把感性经验当作唯一的实事自身被给予的方式，从而否认了本质直观。第二，它把"实事"（Sachen）与自然实事（Natursachen）等同起来，而没有意识到在自然实事之外还有一些实事，这些实事也是自身被给予的。胡塞尔认为自然的经验主义所认为的"面向实事本身"是片面的，真正的"面向实事本身"应该是既要承认本质之物也是实事，非自然的实事即先验的纯粹实事也是实事。这就意味着，"面向实事本身"不仅是自然科学的原则，也可以是先验现象学的原则，它是一个一般的原则。

就第二个问题而言，对于先验现象学来说，"面向实事本身"必须要先验还原先行。对于自然科学而言，自然经验中的实事的自身被给予性是合法的认识源泉。但自然科学中的这种自然实事的自身被给予性决不能为先验现象学所使用，相反，必须将这种自然实事的自身被给予性和先验现象学的实事的自身被给予性严格作以区分。由于人们容易囿于自然态度，现象学在开始的时候就遇到了自然实事的自身被给予性和先验现象学的实事的自身被给予性这两种"被给予性相混淆的威胁"。① 对于先验现象学而言，这种掺杂了对世界存在的设定的自然实事的自身被给予性绝不是先验现象学自身所要求的正当的纯粹实事的自身给予性。作为第一哲学的现象学，其理念或目标是提供"绝对的科学奠基"（absoluter Wissenschaftsbegründung）②，那么，它就不能接受预先给予的任何自然科学乃至哲学，它必须重新开始，实行自然科学、社会科学、形式科学乃至哲学的悬置（《观念 I》§18），将其作为先入之见全部加以排除，同时，作为这些自然科学的认识基础的自然实事的被给予性同样也必定在排除之中。因此，现

---

① E. Husserl, *Ideen* I, Hau III/1, §63, S. 121.

② E. Husserl, *Cartesianische Meditationen und Pariser Vortrage*, Hau I, §3, S. 49.

象学的"排除性的悬搁作用扩大到形式逻辑以及全体科学一般,在这方面,我们作为现象学家要遵循规范的正当性:仅只接受我们在意识自身中、在纯粹内在性中能够本质地洞见到的东西"①。

可以说,对于先验现象学而言,"面向实事本身"意味着必须首先实行先验还原,然后面向还原之后的纯粹的实事的自身被给予性。就《观念Ⅰ》§19而言,实事的自身被给予性又是在直观中给予的,因此,本文将转到《观念Ⅰ》§24所提出的"一切原则中的原则",即直观原则的讨论上来。

2.一切原则之原则——直观原则

"一切原则之原则"是《观念Ⅰ》§24的标题,这一节所讨论的直观原则也是胡塞尔现象学最为著名的原则之一。其表述是:"每一原初给予的直观都是认识的正当来源,在直观中原初地(可以说是在其亲身的现实中)(leibhaften Wirklichkeit)提供我们的东西,只应按其所给予的那样,而且也只在它给予的限度内接受。毕竟我们看到,每一理论只能从原初的被给予性(originären Gegebenheiten)中汲取其真理本身。"②如同"面向事实本身"一样,这个原则也是涉及科学的判断或陈述的基础:"每一个陈述现实地都是绝对的开端(科学的绝对开端),只要这个陈述仅只通过对被给予性的说明并通过与被给予性完全一致的意义赋予这些被给予性以表达。"③上文说到,"面向实事本身"已经引向了直观原则。当胡塞尔说"按照这些直观,属于该领域中的对象是自身被给予(Selbstgegebenheit)的",这就意味着直观原则无非是对"面向实事本身"从主体侧(即直观)来复述的。其不同之处在于,在此胡塞尔追溯到了原初给予的直观。④

① E. Husserl, *Ideen* I, Hau III/1, §59, S. 113.
② E. Husserl, *Ideen* I, Hau III/1, §24, S. 43–44.
③ E. Husserl, *Ideen* I, Hau III/1, §24, S. 44.
④ 至于"原初给予的直观"包含了哪些类型的直观,胡塞尔在其思想发展中有所变化,也不是本书的核心问题,限于本书篇幅,不再展开讨论。

　　同"面向实事本身"一样,按照次序来看,直观原则也是出现在先验现象学还原之前,也是讨论自然科学与先验现象学要共同遵循的一般原则。但"现象学的特征恰恰在于,它是一种在纯粹直观的考察范围内、在绝对被给予性的范围内的本质分析和本质研究"①,而"只有通过……现象学的还原,我才能获得一种绝对的、不提供任何超越的被给予性"②。也就是说,先验现象学自身领域只接受先验还原后的纯粹直观,以及呈现在纯粹直观中的绝对的被给予性。

　　在此就出现了三种被给予性,即自身被给予性、原初被给予性和绝对的被给予性,以及给予的直观(gebende Anschauung)。实事的(或广义的对象的)自身被给予性是处在直观中的,原初被给予性是自身被给予性的一种;但从认识的正当性的层次来看,实事的原初被给予性高于自身被给予性,因为它是在原初的直观中即感知中的。但是,自身被给予性和原初被给予性又可区分为自然的和先验的。实行先验还原以后,自然的自身被给予性和原初被给予性被变样为纯粹的,也就是绝对的被给予性,而现象学研究的范围就是这种绝对的被给予性。

　　以上两个原则,即"面向实事本身"和"直观原则",都是为了给认识找到一个合法的起点,或者最原初的起点,也就是对象自身被给予出来,甚至原初地被给予出来。无论此处胡塞尔所使用的"直观",还是在《笛卡儿式的沉思》中所使用的"明见",都是通过回溯到某种卓越的主体的认识方式来达到对对象自身的把握,从而达到认识的最终根基。胡塞尔说:"必须强调,我们一直求诸洞见(明见,或者直观),不论在此处还是别处,都不是一个用词问题;仅仅是说,在导论

---

　　① E. Husserl, *Die Idee der Phänomenologie* (Fünf Vorlegungen), Hau II, S. 51;译文见胡塞尔:《现象学的观念》,倪梁康译,北京:人民出版社,2007,第44页。
　　② E. Husserl, *Die Idee der Phänomenologie* (Fünf Vorlegungen), Hau II, S. 44;译文见胡塞尔:《现象学的观念》,倪梁康译,北京:人民出版社,2007,第37页。

部分的意义上,返回到一切认识中的最终物(Letzte)。"①②胡塞尔不承认有独立于认识主体意义上的独立自在的对象,那么对象就必须以与认识主体相关的方式,通过主体的某种认识方式被给予出来,这种认识方式就是直观,在直观中乃至在原初的直观方式中,对象自身被给予出来或者原初地被给予出来。在这种直观中,实事或对象自身被给予,而主体把握到了对象自身。由此,才可以为下一步的判断活动奠定合法的根基。而这对于自然科学乃至于先验现象学都是有效的。但重要的是,对于先验现象学而言,其自身揭示的源泉只能是先验纯粹的或者说是绝对的自身被给予性。

3. 我思—我思对象(cogito-cogitatum)的方法原则

在《笛卡儿式的沉思》§15中,胡塞尔明确把"我思—我思对象"(cogito-cogitatum)称为方法论原则。我思—我思对象是意向性结构即 noesis-noema 的另一种表述方式。而对意向性结构的揭示似乎在先验还原之前就实现了的,这似乎对作为第一原则的先验还原提出了挑战:对意向性结构无须先验还原的先行。但通过下文的分析我们会发现情况并非如此。

关于意向性,《观念Ⅰ》§84中这样说:"在本书第二编有关一般意识的准备性的本质分析中(当时还处于现象学门槛之前……),我们必须已经完成关于意向性一般以及'行为'、'我思思维'的区分的一系列普遍规定。"③其理由在于,意向性属于一般体验的纯粹固有本质,所以在先验还原之前也可以通过意识分析得出意向性结构。但在《观念Ⅰ》以后,胡塞尔坚持说意向性结构是在先验还原之后才

①　E. Husserl, *Ideen* I, Hau III/1, §79, S. 157.

②　在此顺便提及"明见原则"(Evidenz)。胡塞尔在《笛卡儿式的沉思》§5和《第一哲学》下(S. 32-33)中提到过"明见原则"。但明见原则坚持的依然是"自身被给予性"(参《笛卡儿式的沉思》§5-6、§24;《经验与判断》§4等),因此就又回到了前文对实事本身和直观原则的讨论,这意味着先验还原也必须先行于明见原则。

③　E. Husserl, *Ideen* I, Hau III/1, §84, S. 168.

得到的。比如,他在《第一哲学》中说:"我思(ego cogito)作为借助于还原而得到的先验组成的普遍标题。"①在《巴黎演讲》中他继承了《第一哲学》中的观点:"……自我—我思—我思对象作为现象学还原的结果。"②可见,从其思想的前后变化来看,胡塞尔对于意向性结构与先验还原的先后关系还是有所不同,《观念Ⅰ》中的看法只是其思想变化中的一种看法而已。

但是,更重要的问题在于,仅只得出抽象的意向性结构对于要对具体意识进行描述的现象学(包括现象学—心理学意义上的现象学和先验现象学)任务来说是无其益处的,因为意向性结构作为方法原则,必须实现其对意识进行具体描述的功能。全新的先验现象学不仅要排除世界的存在和所有先入之见,还要在其研究领域——意识领域——实施不同于自然科学的研究方法,这种方法就是基于 cogito-cogitatum 结构的描述方法。数学化的自然科学把世界以及在世界之中的存在者(包括意识,因为意识也被自然科学客体化了)当作自在的、固定不变的和可通过固定的概念和最终要素分析方法来研究的客体,但这种方法对于变动不居的意识之流是完全不适用的。③ 对于一般意识来说,必须基于 cogito-cogitatum 双侧结构来对其进行具体的描述。所以说,"如果我们遵循这个关于我思—思维对象(作为思维对象)的这一两侧标题的方法原则,那么,首先展示出来的就是,要进行普遍的、相关于每个这些我思,在其关联的方向上的描述"④。

按照胡塞尔在《笛卡儿式的沉思》§17 中的说法,意向性"既是

① E. Husserl, *Erste Philosohpie* (ZweiterTeil), Hau Ⅷ, S. 305.

② E. Husserl, *Cartesianische Meditationen und Pariser Vortrage*, Hau Ⅰ, S. 26.

③ E. Husserl, *Ideen* Ⅰ, §115; *Cartesianische Meditationen und Pariser Vortrage*, §20.

④ E. Husserl, *Cartesianische Meditationen und Pariser Vortrage*, Hau Ⅰ, §15, S. 74.

先验—哲学的,也是自然的、心理学的"①意识理论的描述方法。意向性作为描述意识的一般方法,既可以用于先验纯粹意识,又可用于心理学的意识。虽然在描述内容上,纯粹的意识心理学和先验现象学是平行的,但纯粹的意识心理学依然没有脱离世界存在的根基。而对先验现象学而言,其"先验"的含义就决定了先验意识一定不在世界之中,它必须摆脱存在设定,否则就会犯笛卡儿式的先验实在论的错误。因此,对于先验现象学的描述任务而言,其要描述的对象(既包括 cogito 一侧,又包括 cogitatum 一侧,它在反思行为中成为反思的对象)必须是实行了先验还原以后的先验纯粹现象。因此,对于先验现象学描述任务而言,意向性结构的功能要想发挥,就必须建立在先验还原之上,在这个意义上,先验还原这一原则依然先行于意向性结构这一方法论原则。虽然胡塞尔说"现象学以意向性问题开始"②,但这种开始并非意味着先验现象学自身的开端,而是现象学描述任务的开始,因为它要从 cogito-cogitatum 两侧进行描述的纯粹被给予性都必须以还原来保障。因此,胡塞尔说:"力争在绝对的、未受影响的永恒的自我论的存在领域内,即在作为被还原的纯粹无偏见性的意谓领域内——达到普遍的描述。"③

　　或许可以用这样一个柏拉图式的比喻:如果说现象学研究是眼睛的话,那么,在它和它看的对象(即现象学要探究的普遍的纯粹意识领域)之间,就预设了光,这个光就是先验还原。纯粹的行为、纯粹的对象以及这个领域所包含的一切,都必须在还原之光下才能被看到。先验还原的功能在于揭示在自然态度下被遮蔽的纯粹意识领域,即通过变样对自然意识进行纯粹化。它在定义上、认识顺序上和

---

　　①　E. Husserl, *Cartesianische Meditationen und Pariser Vortrage*, Hau I, §17, S.79.

　　②　E. Husserl, *Ideen* I, Hau III/1, §146, S.303.

　　③　E. Husserl, *Cartesianische Meditationen und Pariser Vortrage*, Hau I, §15, S.74.

时间上是第一的;而且,必然和普遍的先验还原的实行是先验现象学的自身要求。并且,它必然先行于所有其他诸原则,如面向实事本身、直观原则、明见原则、意向活动—意向对象等等。在这个意义上,应当说,先验还原是胡塞尔现象学的第一原则。

第五节　胡塞尔拯救现象的不彻底性

如果说,胡塞尔引入先验还原,努力拯救出了纯粹意识(现象),但是,现象是否因此得到了彻底的拯救呢? 回答是否定的。这里有两个问题,首先,为什么说胡塞尔对现象的拯救是不彻底的? 其次,不彻底的根源又是什么?

一、为什么说胡塞尔对现象的拯救是不彻底的

胡塞尔拯救出了被自然主义遮蔽的纯粹意识现象,但是,还有许多不同于纯粹意识现象的其他种类的现象依然处在遮蔽之中。在这个意义上,我们说,胡塞尔拯救现象的工作并未彻底完成。对此,笔者从以下两个角度进行讨论:

(1)从事实的角度来看,在胡塞尔之后,海德格尔、列维纳斯、M. 亨利和马里翁(Jean-Luc Marion)等人,都分别拯救出了某种不同于 cogito-cogitatum 的现象。

比如,海德格尔拯救出了被胡塞尔认识论现象学遮蔽的存在以及与存在相关的无(Nichts)。在胡塞尔认识论现象学中,现象要以对象性的方式或至少以对象性为基础而显现。但海德格尔所揭示出的存在和无,都不以对象性的方式或以对象性为基础而显现,比如,关

于存在："存在不能像存在者那样，以对象性的方式被表象和建立。"①另外，关于无："在畏中，无揭示它自身，但不是作为存在者而揭示它自身。它也不是作为对象而被给予的。"②

此外，列维纳斯所揭示的伦理或道德这种"具体和原初的现象"（le phénomène concret et originel）③，也不以对象性（整体主义）的方式显示自身。还有，马里翁揭示出了与胡塞尔纯粹经验不同的"反—经验"（la contre-expérience）即溢满现象，其显现也"不依照于对象性"，相反，它"抵制着对象性的条件"④。此外，M.亨利所揭示的自行感发（auto-affection pathétique）的生命现象，也是如此。这些都是现象即"由其自身显示自身者"的特殊种类。

（2）从学理的角度看，胡塞尔犯了范畴错误，把现象本身（由其自身显示自身者）混同为纯粹意识现象，把现象本身简约为了纯粹意识现象，从而遮蔽了现象本身以及其他种类的现象，比如存在、无、伦理现象、溢满现象与生命现象等。

其实，这里的问题很简单：是否"由其自身显示自身者"只能是纯粹意识现象？或者说，是否唯有纯粹意识现象才是"由其自身显示自身者"？

显然并非如此。纯粹意识现象分有了"由其自身显示自身者"这一特征，因而可以称为"现象"，但是，分有了"由其自身显示自身者"

① Heidegger, *Pathmarks*, ed. William McNeill, New York: Cambridge University Press, 1998, p. 233. "Das Sein läßt sich nicht gleich dem Seienden gegenständlich vor- und herstellen."

② Heidegger, *Pathmarks*, ed. William McNeill, New York: Cambridge University Press, 1998, p. 89. "Das Nichts enthüllt sich in der Angst—aber nicht als Seiendes. Es wird ebensowenig als Gegenstand gegeben."

③ Levinas, *Totality and Infinity*, trans by Alphonso Lingis, Pittsburch: Duquesne University Press, 1969, p. 235.

④ Jean-Luc Marion, *Being Given*, trans by Jeffrey L. Kosky, Stanford: Stanford University Press, 2002, p. 215.

这一特征的东西,并不是只有纯粹意识现象一种。如果把"由其自身显示自身者"混同于纯粹意识现象,就是把一般和特殊混同了起来,就犯了范畴错误。这类似于前文所举到的范畴错误的例子,把常人(the Average Man)这个通名所指称的普遍之物混同于约翰、琼斯这些专名所指称的个体(把一般与个别混同起来了)。

下面,让我们通过《现象学的观念》中的一段话[1],具体来看胡塞尔的范畴错误。胡塞尔说:"根据显现和显现者之间本质的相互关联,'现象'(Phänomen)一词具有双重含义。φαινόμενον 实际上叫作显现者(Erscheinende),但却首先用来表示显现(Erscheinen)本身。"[2]

从语词上来说,把"现象"与"显现"关联起来,这种做法并没有太大问题,因为现象的核心词义就是显现。但是,胡塞尔对"现象"的扩展,即从"显现者"扩展到"显现"(即意识活动),则是值得注意的。这种扩展是依照意向性之关联体(cogito-cogitatum)来进行的,而意向性正是意识的基本特征。这实际上意味着,胡塞尔把现象(由其自身显示自身者)等同于纯粹意识现象了。但事实上,纯粹意识现象只是现象(由其自身显示自身者)之下的诸特殊现象中的一种而已。

通过扩展,胡塞尔就把现象本身(由其自身显示自身者、现象一般或形式的现象)混同于特殊现象(纯粹意识现象),在二者之间做了越度(μεταβαίνω)。这跟海德格尔把现象本身(由其自身显示自身者或形式的现象)"去形式化"(entformalisiert)[3]等同于存在现象(特殊现象)的做法是极其相似的。

---

[1] 与此相似的文本,还出现在 Husserl, *On the Phenomenology of the Consciousness of Internal Time*, trans by J. B. Brough, London: Kluwer, 1991, p. 348.

[2] Husserl, *The Idea of Phenomenology*, trans by Lee Hardy, Dordrecht: Kluwer Academic Publishers, 1999, p. 69.

[3] Heidegger, *Being and Time*, trans by John Stambaugh, Albany: State University of New York Press, 1996, p. 59.

　　这种范畴错误同时意味着简约,即其他可能的现象也都被简约为了主体性—对象性现象,即,所有"由其自身显示自身者"都被等同于 cogito-cogitatum 现象了,其他不同于 cogito-cogitatum 的可能现象,都被遮蔽了。即现实性(现实已揭示出来的纯粹认识现象)完全取代了可能性(所有其他可能的现象)。现象本身即"由其自身显示自身者"属于艾多斯(εἶδος, *eidos*)。艾多斯与"先天"(a priori)是同义的,意味着"可能性",而非"现实性"①。胡塞尔把现象本身混同于纯粹意识现象,就以现实性取代并遮蔽了可能性,使除了纯粹意识(现实已被揭示出来的现象)之外的其他可能现象被遮蔽而不能显现。

　　胡塞尔一方面揭示了纯粹意识现象(特殊现象),另一方面又遮蔽了现象本身,以及不以主体性—对象性的方式显现自身的其他特殊现象(如存在、无等)。因而,胡塞尔评价伽利略的那句话完全可以用在胡塞尔本人身上:"既是揭示的天才也是遮蔽的天才。"②

　　那么,又是什么导致了胡塞尔不正当的简约以及由此而来的拯救现象的不彻底性呢?

二、胡塞尔拯救现象的不彻底性的根源在于其认识论框架

　　吴增定教授曾指出:"对胡塞尔来说,现象学归根到底是一种认识论。"③对于现象学,胡塞尔确实持有一种根深蒂固的认识论倾向。

　　在《现象学的观念》中,胡塞尔把现象扩展为显现—显现者这一关联体,又把显现—显现者等同为"被展示出来的对象"和"展示对

---

　　① 倪梁康:《胡塞尔现象学概念通释(修订版)》,北京:生活·读书·新知三联书店,2007,第 55 页。

　　② Husserl, *The Crisis of European Sciences and Transcendental Phenomenology*, trans by David Carr, Evanston: Northwestern University Press, 1970, p. 52.

　　③ 吴增定:《胡塞尔的笛卡尔主义辨析》,《北京大学学报(哲学社会科学版)》2013 年第 5 期。

象的认识行为"。① 这实际上就把现象牢牢地束缚在认识论的框架之内了。实际上,早在《逻辑研究》时期,基于质性(Qualität)和质料(Materie)的区分,胡塞尔就这样强调过:"任何一个意向体验要么是对象化行为,要么以对象化行为为'基础',就是说,在后一种情况下,它自身必然具有一个对象化行为作为其组成部分。"②对此,列维纳斯评论说:"胡塞尔现象学并未摆脱认识论……胡塞尔所详述的具体的现象学分析,都完全地属于认识的现象学。"③胡塞尔把意向性都限定在对象性或"表象化"(représentation)上的做法,"在胡塞尔以后所有著作中都是一个强迫性的东西(obsession)"④。

胡塞尔对现象学所持有的认识论框架,可以追溯到他对一般现象学和特殊现象学的理解。一方面,胡塞尔提出了一般现象学的设想,例如在《观念Ⅰ》中,胡塞尔说,一般现象学包括"一切知识和科学"⑤。除了认识论现象学之外,比如,"一般现象学还必须解决评价和价值的相互关系的平行问题"⑥。另一方面,胡塞尔又把认识论现象学作为"一般现象学首要和基础的部分"⑦。实际上,把认识论现象学作为一般现象学乃至所有其他特殊部门的现象学的基础的这一

① Husserl, *The Idea of Phenomenology*, trans by Lee Hardy, Dordrecht: Kluwer Academic Publishers, 1999, p. 69.

② Husserl, *Logical Investigations*, Vol. II, trans by J. N. Findlay, New York: Humanities Press, 1970, p. 648.

③ Levinas, *The Theory of Intuition in Husserl's Phenomenology*, trans by André Orianne, Evanston: Northwestern University Press, 1963, p. 134.

④ Levinas, *Totality and Infinity*, trans by Alphonso Lingis, Pittsburch: Duquesne University Press, 1969, p. 122.

⑤ Husserl, *Ideas I*, trans by F. Kerste, The Hajue: Martinus Nijhoff Publishers, 1982, p. 226, note 32. p. 142.

⑥ Husserl, *The Idea of Phenomenology*, trans by Lee Hardy, Dordrecht: Kluwer Academic Publishers, 1999, p. 70.

⑦ Husserl, *The Idea of Phenomenology*, trans by Lee Hardy, Dordrecht: Kluwer Academic Publishers, 1999, p. 19.

倾向,早已在胡塞尔《逻辑研究》中所提出的"任何一个意向体验要么是对象化行为,要么以对象化行为为'基础'"中表现出来了。

胡塞尔的认识论倾向把认识论框架加给了现象本身,使主体性—对象性成为现象显示之框架,导致了其他可能的现象都被简约为 cogito-cogitatum。实际上,我们可以把胡塞尔批评自然主义者的循环的那句话改写以后用到胡塞尔身上:在认识论框架下,只能看到认识现象(纯粹意识现象)。

对于现象本身来说,认识论框架并不是正当的。虽然在认识论现象学范围内,对于纯粹认识现象来说,认识论框架是正当的,是内在的,但是,由于现象本身是"由其自身显示自身者",这就意味着,认识论框架并不真正内在地属于现象本身。从形式或词义上看,现象本身的"由其自身显示自身",意味着它独立于所有外在框架,而仅只以自身为条件(内在条件)来显示自身。因而,对于以忠实于现象为前提的现象学研究来说,就要最彻底地实施还原,彻底排除外在于现象的框架,让现象由其自身显示自身,从而拯救出被各种框架遮蔽的现象。

在胡塞尔之后,其他现象学家继续了拯救现象的工作。比如,海德格尔提出了存在论还原,力图拯救出被胡塞尔认识论框架遮蔽的存在现象(特殊现象),让存在现象由其自身显示自身。马里翁则提出了纯粹形式的还原,力图通过彻底的还原,把被认识论框架、存在论框架和伦理学框架遮蔽的现象本身拯救和揭示出来。

第三章

海德格尔还原与拯救现象

在胡塞尔之后,海德格尔意识到了胡塞尔的简约主义对现象之异化和遮蔽,并采取了相应的拯救行动。

海德格尔明确意识到了胡塞尔的认识论框架,以及把现象等同于主体性—对象性的简约主义。正如 Pol Vandevelde 所说:"海德格尔改变了研究之框架:海德格尔不再着重于感知意向或意指意向,而是把行动或日常关切之世界视为现象学研究的真正落脚点。"①实际上,这种研究框架的改变,背后是对现象的界定的改变。

前文已论述过,海德格尔追溯了"现象"的词源学定义,即"由其自身显示自身者",并把现象学界定为"让显示的东西本身如它就其自身所显示的那样得以看到"②。海德格尔所提出的现象的词源定义(即形式定义)已经暗示了海德格尔似乎有要揭示出被胡塞尔的简约主义遮蔽的现象自身的意图。但是,海德格尔重点要揭示的并不是现象自身,而是特殊现象,即存在。

---

① Paul Ricoeur, *A Key to Husserl's Ideas I*, trans by Bond Harris & Acqueline Bouchard Spurlock, Milwaukee: Marquette University Press, 1996, p. 19.

② Heidegger, *Being and Time*, trans by John Stambaugh, Albany: State University of New York Press, 1996, p. 50.

海德格尔说,"现象学还原是指,把现象学的目光从对存在者的把握引回到对该存在者的存在的领会",或者说,是"使目光从存在者向存在引回"。① 这里的还原其实已经包含了悬置或排除环节。海德格尔说,要"把存在者置入括号之中……对超越的课题进行现象学的排除",是因为"现象学考察所要探究的,仅仅是对存在者本身的存在进行规定"。②

这里的"排除"正是胡塞尔式的,即对非正当的框架进行彻底的排除。为了能借由此在使存在显现出来,海德格尔强调,"不允许把任何随意的存在观念与现实观念纯凭虚构和教条安到这种存在者头上,无论这些观念是多么'不言而喻';同时,也不允许未经存在论考察就把用这类观念先行描绘出来的'范畴'强加于此在"③。这就意味着要排除所有阻碍存在借由此在显示出来的外在框架。可以说,海德格尔的还原所排除的,不仅仅是胡塞尔的认识论框架,也包括了认识论框架所暗含的把一切都是为存在者的框架。在排除了存在者和主体性—对象性的框架之后,存在本身才初步被引回了目光之后或被揭示了出来。在存在被初步揭示出来以后,早期海德格尔力图以此在为途径让存在自身显示自身,后期则力图直接通过对存在的研究让存在自身显示出来。这体现了海德格尔拯救存在(特殊现象)的努力。

但是,海德格尔的现象学依然是简约主义的。在《存在与时间》中,在追溯了"现象"的词源学定义之后,海德格尔很快地把现象的"就其自身显示自身者"这一形式规定脱去了形式化,并把它等同于了存在。海德格尔说,"形式的现象概念(formale Phänomenbegriff)要

① Heidegger, *The Basic Problems of Phenomenology*, trans by Albert Hofstadter, Bloomington：Indiana University Press, 1982, p. 21.

② Heidegger, *History of Concept of Time*, trans by Theodore Kisiel, Bloomington：Indiana University Press, 1985, p. 99.

③ 海德格尔：《存在与时间》(修订译本),陈嘉映、王庆节合译,北京：生活·读书·新知三联书店,2006,第19—20页。

去形式化(entformalisiert)而成为现象学的现象概念"①,即"存在者的存在和这个存在的意义、变样和衍生物"②。也就是说,现象本身在海德格尔这里转瞬即逝,很快就被简约为了存在,然后就被海德格尔现象学忽略和遗忘了。而且,其他不同于存在的特殊现象(比如伦理现象),也被此框架异化和遮蔽了。

把现象本身简约为存在,是由海德格尔本人的存在论框架所决定的。如果说,胡塞尔只是把他的认识论现象学视为"一般现象学的第一位的和基础的部分"③,海德格尔则走得更远,他直接把现象学混同于存在论。这种混同表现在主题和方法两个方面:"就研究主题而言,现象学是存在者的存在的科学,即存在论"④;就方法而言,"现象学是一种方法……是存在论方法的名称"⑤。

第一节 存在论还原与拯救现象

在《存在与时间》的扉页中,海德格尔引用了柏拉图的《智者篇》

---

① Heidegger, *Being and Time*, trans by John Stambaugh, Albany: State University of New York Press, 1996, p. 59.

② Heidegger, *Being and Time*, trans by John Stambaugh, Albany: State University of New York Press, 1996, p. 60.

③ Husserl, *The Idea of Phenomenology*, trans by Lee Hardy, Dordrecht: Kluwer Academic Publishers, 1999, p. 19.

④ Heidegger, *Being and Time*, trans by John Stambaugh, Albany: State University of New York Press, 1996, p. 61.

⑤ Heidegger, *The Basic Problems of Phenomenology*, trans by Albert Hofstadter, Bloomington: Indiana University Press, 1982, p. 20.

中的一段话:"当你们用到'存在'这样的表达,显然你们早已很熟悉它的意味,然而,虽然我们也曾以为我们是领会了的,但现在却困惑不安。"①在海德格尔看来,在古希腊,"存在究竟意味着什么"这个问题,曾经是富于活力的,但自亚里士多德之后,这一富于活力的问题便沉寂了,以至于我们甚至没有意识到这个问题已经沉寂了。人们以哲学史上所传承下来的回答来理解存在,比如亚里士多德的回答"存在是最普遍的概念"、帕斯卡的回答"存在是不可定义的",以及存在是自明的概念,等等。② 我们置身于传统之中,存在问题及其真正意义一直为传统所传递下来的解释遮蔽。

既然存在本身及其意义的问题一直被传统之力量遮蔽,那么,为什么不能够从某种对存在的直接经验开始对存在问题的研究呢? 这便是海德格尔所提出的研究途径。海德格尔说:"这些(传统的)思考所得出的结果,在某种程度上是起着支配作用的;然而,这些思考结果所由以得出的那个基础,却并未保持在清晰的寻问性的经验中,或者并未被带入这种经验。这些思考结果虽然盛行,但却没有澄清问题之全部活力,也就是说,没有寻问性的经验以及对其阐明之活力,而这些范畴正是由此而产生的。"③可以说,海德格尔的路径与胡塞尔的路径是类似的。胡塞尔是要从范畴、语词等回到这些范畴、语词的起源,海德格尔则为了寻问存在本身的问题,抛开传统所传递下来的回答,回溯到传统思考所由以产生的基础,也就是源初的寻问经验。

在海德格尔看来,对存在的寻问,必须就某种存在者之存在作为线索。这种存在者的存在方式便包含着对存在已然有所领会。这种

---

① Plato, *Sophist*, 244a.

② Heidegger, *Being and Time*, trans by John Stambaugh, Albany: State University of New York Press, 1996, pp. 22–23.

③ Heidegger, *History of the Concept of Time*, trans by Theodore Kisiel, Bloomington: Indiana University Press, 1985, p. 129.

存在者便是海德格尔所提出的存在问题的三元结构中的为之所问即此在。海德格尔说:"为了通过寻问来探寻存在者之存在,就必须着眼于其存在来寻问这种存在者本身。为此,为之所问(即此在)就必须就其自身而被经验。"①对于这种存在者即我们所是的存在者,必须将其"带入现象的水准,也就是说,以其就其自身显示自身的方式来经验它,以便我们可以从此在之现象的被给予性(phänomenalen Gegebenheit des Daseins)中,得到一些基本结构,这些基本结构足以使存在的具体问题成为透明的"②。

可以看出,海德格尔也是要进行回溯,回溯至存在问题可能得以真正回答的源初经验之中,也就是此在之存在方式。

第二节　海德格尔还原的环节

在《现象学之基本问题》中,海德格尔这样来描述他的导师胡塞尔的还原:"对于胡塞尔来说……现象学还原是这样一种方法……把现象学目光,由生活于事物和人格之世界中的人的自然态度,引回到意识之先验生活及其思维活动—思维对象的体验,在这体验中,对象被构成为意识之相关项。"③

---

① Heidegger, *History of the Concept of Time*, trans by Theodore Kisiel, Bloomington: Indiana University Press, 1985, p. 145.

② Heidegger, *History of the Concept of Time*, trans by Theodore Kisiel, Bloomington: Indiana University Press, 1985, p. 149.

③ Heidegger, *The Basic Problems of Phenomenology*, trans by Albert Hofstadter, Bloomington: Indiana University Press, 1982, p. 21.

在上段话之后,海德格尔提出了他自己所认为的现象学还原:"对我们来说,现象学还原指的是,把现象学的目光从对存在者的把握引回到对该存在者的存在的领会",或者简单说,是"使目光从存在者向存在引回"。① 类似于胡塞尔,海德格尔在此所强调的也是还原的词根义即引回或回返。而且,这里所要回返到的东西,也不是任意的,而是回返向基础或根据。海德格尔说,"存在及其规定性以某种方式为存在者奠基,并且先行于存在者,因而是 πρότερον(在先者),即在先者"②,或者说,存在构成存在者的"意义与根据"③。

此外,甚至他所提出的解构(Destruktion)方法,也是要进行引回:"解构是一种批判,在这种批判中,那些首先必定得到应用的传统概念,被拆除至它们的产生源泉。"④依照 Theodore Kisiel 的追溯,早在《存在与时间》之前的 1919—1920 时期,海德格尔所使用的解构"反对客体化这种普遍倾向",并"通过对前概念的分析而回归至源泉";而且,这种做法应当是受到了胡塞尔影响的,因为海德格尔在一封信中说:"我自己的工作是非常集中的、基本的和具体的:现象学方法论的基本问题,脱离已获得观点之残留,不断冒险尝试进入真正的源泉……在我和胡塞尔的交往中不断学习。"⑤因而,类似于胡塞尔要从语词、概念和客体回溯到它们由之而来的源泉(基础或根据)即纯粹意识领域,海德格尔也在拆解传统概念,并回溯至这些概念的产生

---

① Heidegger, *The Basic Problems of Phenomenology*, trans by Albert Hofstadter, Bloomington: Indiana University Press, 1982, pp. 20–22.

② Heidegger, *The Basic Problems of Phenomenology*, trans by Albert Hofstadter, Bloomington: Indiana University Press, 1982, p. 20.

③ Heidegger, *Being and Time*, trans by John Stambaugh, Albany: State University of New York Press, 1996, p. 59.

④ Heidegger, *The Basic Problems of Phenomenology*, trans by Albert Hofstadter, Bloomington: Indiana University Press, 1982, p. 23.

⑤ Theodore Kisiel, *The Genesis of Heidegger's Being and Time*, Oakland: University of California Press, pp. 116–117. 原文如此。

源泉,也即"源初给出的领域"(domain of originary giving)。①

而且,海德格尔也使用了悬置或加括号。在《时间概念史导论》中,海德格尔说:

> 把存在者置入括号之中,并未从存在者本身那里夺走任何东西,也不意味着假定存在者不存在。毋宁说,这种目光转变在根本上具有使存在者的存在特征呈现出来的意义。对超越的课题进行现象学的排除,其唯一的功能在于,着眼于存在者的存在②使存在者呈现出来……现象学考察所要探究的,仅仅是对存在者本身的存在进行规定。③

在这段话中,首先,很明显的是,海德格尔也使用了胡塞尔的悬置即"置于括号""对超越的排除"。其次,海德格尔强调,置入括号并未从存在者本身那里夺走任何东西,这与胡塞尔对悬置的刻画也是类似的。比如,胡塞尔在《笛卡儿式的沉思》中说,经过悬置,"我和我的生活……未受任何触动"④,也就是说,就内容而言,悬置并未夺走任何东西,因为悬置只是中止了存在信念。

把海德格尔的这些论述结合起来,可以看出,海德格尔的还原要悬置的是对存在者本身的把握,把目光引回到存在本身上来。而且,

---

① Theodore Kisiel, *The Genesis of Heidegger's Being and Time*, Oakland: University of California Press, p. 117.

② 海德格尔也说,"着眼于那使存在者成为存在者的东西,着眼于它'存在着(ist)'……即存在者之存在",Heidegger, *The Fundamental Concepts of Metaphysics*, trans by William McNeill & Nicholas Walker, Bloomington: Indiana University Press, 1995, p. 358.

③ Heidegger, *History of Concept of Time*, trans by Theodore Kisiel, Bloomington: Indiana University Press, 1985, p. 99.

④ Husserl, *Cartesian Meditations*, trans by D. Carins, The Hague: Nijhoff, 1967, p. 25.

海德格尔认为,存在是存在者之基础或根基,那这就意味着,海德格尔的还原与胡塞尔的还原的做法是一样的,都是首先悬置某个东西,然后引回到某个东西的基础或根据上来。

在海德格尔的现象学还原中,向基础或根据回溯,依然是十分重要的。无非是说,海德格尔和胡塞尔所讨论的主题不同,因而要向之引回的那种基础或根据不同,而且,两个还原并非没有任何关系,而是有着推进关系。胡塞尔现象学要讨论的核心问题是认识问题,他的现象学还原要向之引回的基础是先验基础,即纯粹自我及其思维。但胡塞尔现象学还原所引回到的先验基础,即纯粹自我及其思维,依然属于存在者。海德格尔现象学要讨论的是存在论,因而他的现象学还原要从存在者引回到存在。

具体说,在胡塞尔那里,在从自然态度到现象学态度的转换过程中,"我认识到世界与对它进行认识的主体性之关联",它们中的"每一个都是存在者(Jedes ist Seiendes)"。① 而且,即便是胡塞尔现象学所要研究的形式存在论和区域存在论中的共相,也都是存在者。因而可以说,胡塞尔现象学及其还原依然囿于存在者。

不同于胡塞尔,海德格尔发现了存在论差异(ontologische Differenz),"存在本身不是存在者(Seiendes)"②,二者的关系是,"那使存在者成为存在者的东西……是存在者之存在"③,或者说,存在构成存在者的"意义与根据"④。而且,海德格尔还认为,这种存在论差异也可以表述为:"存在者之被揭示性"(*Entdecktheit eines*

① 胡塞尔:《第一哲学》(下),王炳文译,北京:商务印书馆,2006,第604页。

② Heidegger, *The Basic Problems of Phenomenology*, trans by Albert Hofstadter, Bloomington:Indiana University Press,1982, p.78.

③ Heidegger, *The Fundamental Concepts of Metaphysics*, trans by William McNeill & Nicholas Walker, Bloomington:Indiana University Press,1995, p.358.

④ Heidegger, *Being and Time*, trans by John Stambaugh, Albany:State University of New York Press,1996, p.59.

Seienden)以及这个存在者"它的存在之被展示性"(*Erschlossenheit seines Seins*)之间的差异。前者指的是某个存在者在知觉等认识样式中被认识,后者则是指对存在者之存在方式的领会。海德格尔认为,二者之间的关系是,后者给予了前者以"可能性的根据、基础";在这里,存在为存在者提供根据或基础,意味着,只有当我领会到某个存在者之存在时,存在者才会被揭示,即以知觉或其他认知方式而被认知。① 也就是说,在海德格尔看来,胡塞尔式的现象学中的认识(最首要的认识模式是知觉)之前提或根据,是对存在者之存在的领会。

如果海德格尔上述所说为真,那也便可以说,海德格尔现象学还原比胡塞尔现象学还原的引回或回溯更为深入。原因在于,还原意味着向基础、根据或前提引回,胡塞尔还原所引回到的纯粹自我及其思维是存在者,而存在者之被知觉或认知,其根据或基础乃对存在者之存在的领会。

在海德格尔眼里,"哲学不是关于存在者的科学,而是关于存在的科学或者存在论"②,但如果要寻问出存在本身存在之意义,那该借由什么途径呢?

这个问题的难处在于,当我们问起来,什么是存在者或哪些是存在者时,我们知道,诸如眼前的这棵苹果树、手头的这个玻璃水杯,都是存在者,但是,如果问起来,什么是存在,我们便茫然无头绪了。存在好像就是个无。但海德格尔还是提出了一条可能的途径:由于"存在总是存在者之存在",因而"只有先从某种存在者开始,存在才是可以通达的",因而,必须把"那把握性的现象学的目光必须指向于这种存在者,而且应以这种方式,即这种存在者之存在得以展露并得到可

---

① Heidegger,*The Basic Problems of Phenomenology*,trans by Albert Hofstadter,Bloomington:Indiana University Press,1982,p. 72.

② Heidegger,*The Basic Problems of Phenomenology*,trans by Albert Hofstadter,Bloomington:Indiana University Press,1982,p. 11.

能的主题化"。①

　　海德格尔认为,这种存在者便是人,"人领会存在"。② 但在海德格尔现象学中,这种领会着存在的存在者并未用传统称呼即 human being 来指称,而是被称为此在(Dasein)。在日常德语中,此在意味着实存、实在等。但海德格尔借用它的构词即它由 da(这儿、那儿)和 Sein(存在)构成,赋予了它新的含义。海德格尔以此在这个词区别于传统的词项如人(human being),尤其是生物学意义上的人,以及人的组成部分如心灵、身体,或者某些抽象性质如理性、道德性等等,以避免这些传统术语对他所要表述的此在的误解。海德格尔所要表述的此在并不指什么(What),而主要是指(How),即它如何在世界之中行为,如何与存在发生关联,即如何领会到存在者之存在或存在之意义。

　　在海德格尔看来,此在这种存在者会对存在进行发问,而且也以"对存在有所领会的方式存在着"③,并且已然对存在有所领会(尽管这种领会只是含混而非清晰确定的领会)。海德格尔甚至把此在对存在之领会规定为此在在存在上的规定:"对存在之领会本身,就是此在的存在规定(Seinsbestimmtheit)。"④此在对存在之意义进行发问,并已然有所领会(已在某种程度上通达了存在),那么,存在论就可以正当地把此在作为寻问存在之意义的起点。在这个意义上,海德格

　　① Heidegger, *The Basic Problems of Phenomenology*, trans by Albert Hofstadter, Bloomington: Indiana University Press, 1982, p. 21.

　　② Heidegger, *Introduction to Metaphysics*, trans by Gregory Fried and Richard Polt, New Haven: Yale University Press, 2000, p. 89.

　　③ Heidegger, *Being and Time*, trans by John Stambaugh, Albany: State University of New York Press, 1996, p. 32.

　　④ Heidegger, *Being and Time*, trans by John Stambaugh, Albany: State University of New York Press, 1996, p. 32.

尔要引回到实际此在的"实际经验和经验的可能性领域"①,将其作为存在论研究的开端。

或者说,海德格尔对存在本身或存在意义的寻问是这样一个回溯过程:"只有真理存在,存在才被给出。只有那开启着、展示着的存在者生存着(existiert),真理才存在……我们自己便是这样一种存在者。"②也就是说,存在之给予要回溯到真理,而真理又要回溯到开启并展示着的此在。这样的话,存在论最终就必须回溯到此在。

类似地,前文我们也引用过海德格尔的话,存在作为"现象通常是未被给予的(nicht gegeben),所以才需要现象学"③,而"只有此在存在,也就是说只有存在之领会在存在者层次上的可能性存在,才'有'(gibt es,或译为"它给出")存在"④。也就是说,只有此在有可能领会存在时,存在才会被给出。施皮格伯格认为,海德格尔这段话听起来像是"最强程度上的观念论"。⑤ 因而可以说,在寻问存在本身或存在意义方面,此在是存在之被给予的先行条件,或者说是要回溯到的最终条件。

总体看来,海德格尔的现象学还原呈现这样的结构:由于海德格尔的核心问题是寻问存在本身,实际上,这样,他就要悬置对存在者本身的把握,引回到存在本身或存在意义上来。进而,为了寻求存在意义,又引回到了存在意义之发生场所即此在,展开了对此在之存在

① Heidegger, *The Basic Problems of Phenomenology*, trans by Albert Hofstadter, Bloomington: Indiana University Press, 1982, p. 22.

② Heidegger, *The Basic Problems of Phenomenology*, trans by Albert Hofstadter, Bloomington: Indiana University Press, 1982, p. 18.

③ Heidegger, *Being and Time*, trans by John Stambaugh, Albany: State University of New York Press, 1996, p. 51, p. 60.

④ Heidegger, *Being and Time*, trans by John Stambaugh, Albany: State University of New York Press, 1996, p. 255.

⑤ Herbert Spiegelberg, *The Phenomenological Movement*, 3rd, Dordrecht: Kluwer, 1994, p. 365.

的考察,便有可能使存在或存在之意义得到揭示或被给予。或者,我们套用形而上学的术语说,一方面,存在是此在的"存在根据"(*ratio essendi*),另一方面,此在是存在的"认识根据"(*ratio cognoscendi*)。相应于这两种根据的,便是海德格尔的存在论还原和生存论还原。

从存在者引回到存在,又引回到此在,这会使人觉得海德格尔的还原与胡塞尔的还原是类似的,即最终都引回到了主体性(广义的)。其实海德格尔并不否认这一点,甚至说,海德格尔明确确认了这一点。海德格尔认为,哲学问题的研究途径,自巴门尼德说存在与思维是同一的,到后来的赫拉克利特说存在是被理性、精神、自我意识引导,甚至到康德哲学,都说明这一点:"哲学寻问已经以某种方式领会到,基本哲学问题能够且必须得自于对'主体'的充分阐明。"①在海德格尔看来,"向自我、心灵、意识、精神和此在的回溯是必然的"②。尤其对于存在问题,海德格尔说,在现象学研究中,要"回溯至人之此在来阐明存在概念"③。可以看出,在某种意义上,虽然问题不同,但海德格尔与胡塞尔的路径大体是相同的,都回溯到了某种主体性(广义的)。

从上述对还原的讨论可以看出,一方面,胡塞尔现象学还原和海德格尔现象学还原所服务的主题是不同的,即分别服务于认识问题和存在问题。另一方面,两种现象学还原却有着相同的结构和功能:①还原包括悬置和引回两个环节;②还原是有方向的,即它是回溯的而非前进的;③它所要向之回溯的东西并不是任意的,而是基础、根据或前提性的东西。

---

① Heidegger, *The Basic Problems of Phenomenology*, trans by Albert Hofstadter, Bloomington: Indiana University Press, 1982, p. 312, p. 73.

② Heidegger, *The Basic Problems of Phenomenology*, trans by Albert Hofstadter, Bloomington: Indiana University Press, 1982, p. 73.

③ Heidegger, *The Basic Problems of Phenomenology*, trans by Albert Hofstadter, Bloomington: Indiana University Press, 1982, p. 74.

第三节　还原所引向的被给予性
与拯救现象的不彻底性

对于胡塞尔现象学的被给予性,海德格尔是持批评态度的。海德格尔认为,无论是先验论还是实在论,其中的被给予性已经不是原初的了,因为它是对周围世界的理论反思。但这并不意味着,海德格尔反对被给予性概念本身。而是说,海德格尔通过还原最终要引回的东西,也是被给予性。

早在 1919 年,海德格尔就批评了胡塞尔的被给予性概念,指出其被给予性概念固执于理论,妨碍了人们得到周围世界直接被给予之物。海德格尔举到讲台的例子。关于讲台,问题是:"什么直接被给予了呢?"① 海德格尔认为,当我走进教室,看到讲台,直接被给予的并不是胡塞尔所说的其颜色、广延、形状和数目,也不是一个箱体,而是我要在上面讲话的讲台,这个讲台对我来说有些过高了;听众看到的则是我已经在此讲过话的讲台。② 胡塞尔所说的颜色、广延、形状等被给予物,已经是"对周围世界的理论反思",胡塞尔的"被给予性"已经是一种"理论形式",它把周围世界变成了"单纯的物",物所具有的物性(Dinghaftigkeit)并不是原初的,而是从周围世界中以理论

---

① Heidegger, *Towards the Definition of Philosophy*, trans by Ted Sadler, New York:Continuum,2008,p. 66.

② Heidegger, *Towards the Definition of Philosophy*, trans by Ted Sadler, New York:Continuum,2008, §14, §.17.

方式"蒸馏出来的",因而"被给予性"是对周围世界的"对象化的触动"。①

在海德格尔看来,真正的被给予性应是未被触动或改动的。既然理论上的被给予性已然被改动或触动了,那么,就需要抛开理论,寻回到那种未被理论触动的被给予性。只有这种被给予性,对于要求彻底性的现象学的描述性才是真正的正当之物。比如,海德格尔强调说,"在实事领域,适合的只有对事实进行展示性的'描述'","描述不容忍任何改变或改造"。② 在这个意义上,甚至可以说,描述已经要求了对一切先入之见(包括理论)排除。如果胡塞尔的现象学描述已然"对直接之物有着理论式的触碰"③,那么,就必须排除这种先验理论态度,才能寻回到真正的直接的被给予性。

当然,这种寻回如果是要有意义的,就不能是人为的,而是事物自身的回指关联。海德格尔说:"理论之物的优先性(Primat)必须被打破,但这不是为了宣告实践之物的优先性,也不是为了引入别的东西,这个东西可以从新的方面来展示问题,而是因为理论之物本身就指回了前理论之物。"④只有依照于事物本身的回指关联,作为现象学家的引回(还原)操作,才是正当的。

为了回到真正的被给予性,海德格尔对胡塞尔的直观原则做了重新解释,将其从理论态度中解放出来,"现象学态度的原则之原则:对一切在直观中原初给出的东西,要如其自身给出的那样去接受。任何一种理论本身都不能改变这一点,因为这个原则之原则本身不

① Heidegger, *Towards the Definition of Philosophy*, trans by Ted Sadler, New York:Continuum,2008,pp. 74-75.

② Heidegger, *Towards the Definition of Philosophy*, trans by Ted Sadler, New York:Continuum,2008,p. 48.

③ Heidegger, *Towards the Definition of Philosophy*, trans by Ted Sadler, New York:Continuum,2008,p. 161.

④ Heidegger, *Towards the Definition of Philosophy*, trans by Ted Sadler, New York:Continuum,2008,p. 47.

再是理论之物"①；以及，"'东西'的原初意义必须以现象学方式纯粹地被直观"，这种直观并非是理论性的，而是"前理论的"直观或看②。

传统哲学(包括先验现象学)把人与世界的关系首先并主要视为认识关系。但海德格尔认为，认识只是"此在的一种存在方式，以至于这种存在方式在存在者层次上奠基于其基本建构，即在世界之中存在"，或者说，"每一个认识行为，都已然发生于我们所说的在之中一存在(In-Sein)的这种此在存在方式的基础上了"。③ 此在的认识活动被传统哲学认为是人"在世界之中存在的典范的(exemplarisch)方式"④，但实际上，这可能更多地是认识着世界的科学式的存在方式。如果我们排除这种科学式的态度，我们便会发现，主体性一对象性的关系，并不是人一物关联体的典范，更不是人一物关联体的原初形态，它只是个变式(modification)而已，甚至是一种"匮乏"⑤样式。

相对于科学式的"看"或直观，海德格尔说，我们要以"'自然的'(natürlichen)知觉"方式或以"纯粹的素朴(Naivität)"去"看"或直观，如果我们能做到这一点，便可以"如同其显示自身的那样把握直接被给予物"。⑥ 比如，看到一把椅子，科学式的态度在观察之后会说：这把椅子是硬的。而"纯粹的素朴"的态度则会说：这把椅子坐起

① Heidegger, *Towards the Definition of Philosophy*, trans by Ted Sadler, New York: Continuum, 2008, p. 161.

② Heidegger, *Towards the Definition of Philosophy*, trans by Ted Sadler, New York: Continuum, 2008, p. 164.

③ Heidegger, *History of the Concept of Time*, trans by Theodore Kisiel, Bloomington: Indiana University Press, 1985, p. 161.

④ Heidegger, *History of the Concept of Time*, trans by Theodore Kisiel, Bloomington: Indiana University Press, 1985, p. 187.

⑤ Heidegger, *Being and Time*, trans by John Stambaugh, Albany: State University of New York Press, 1996, p. 88.

⑥ Heidegger, *History of the Concept of Time*, trans by Theodore Kisiel, Bloomington: Indiana University Press, 1985, pp. 38-39.

来会不舒服。在这种情况下，我是十分自然地描述这把椅子的，这里没有任何的建构或预先的训练和准备，椅子便"就其自身给出自身"，而且是"亲身被给予"。①

在海德格尔看来，正因为从一开始起，此在之基本建构即在世界之中存在，"已然处在我们眼前"了，因而，只要我们摒弃"先前哲学的先入之见"，便可以把此在之在世界之中存在、共在、操心等真正源初的现象，"带入无扭曲的被给予性"。② 只有在这种无扭曲的被给予性中，才能得到此在之存在的基本结构，从而找到回答存在问题的真正途径，最终可能得出存在之意义。因而海德格尔说，我们应"被现象的被给予性所昭示的东西所指引和决定"，去赢取"现象的最终的和直接的被给予性"。③

由上述讨论可以看出，海德格尔也强调被给予性，要排除那些先入之见，从而看到此在的在世界之中存在的被给予性，从而让存在之意义最终可能被给予出来。而且，与胡塞尔"自身被给予""亲身被给予"的用法类似，海德格尔也多是在被动意义上使用"给予"一词的。

对于"给予（主动的）"一词的使用，海德格尔也主要是在显现或行为一侧，比如，感性直观"给出椅子本身"，范畴直观"给出范畴本

① Heidegger, *History of the Concept of Time*, trans by Theodore Kisiel, Bloomington: Indiana University Press, 1985, pp. 40–41.

② Heidegger, *History of the Concept of Time*, trans by Theodore Kisiel, Bloomington: Indiana University Press, 1985, p. 241.

③ Heidegger, *History of the Concept of Time*, trans by Theodore Kisiel, Bloomington: Indiana University Press, 1985, p. 87. 在这句话中，海德格尔原文是"被意向性上现象的被给予性所昭示的东西所指引和规定"，但海德格尔这里的"意向性"指的并不是胡塞尔的认识论意义上的意向性，而是此在之自身指向（Sich-richten-auf），即已然处在世界之中与物打交道，也就是此在的基本存在方式。参 Heidegger, *History of the Concept of Time*, trans by Theodore Kisiel, Bloomington: Indiana University Press, 1985, p. 37, p. 164 等处。

身"。① 但是,对于给予(主动的),相比于胡塞尔的《现象学的观念》,比如,海德格尔的《时间概念史导论》在显现者一侧使用的要多。比如,椅子作为被意指物"就其自身给出自身","在多层级行为中作为对象而给出自身者","在范畴直观中那给出自身的对象性","现象学考察应从自然态度出发,从那如其首先给出自身的存在者出发","被经验者给出自身",等等。② 另外,在关于现象的含义的讨论中,海德格尔说,"那作为表征(Symptom)而给出自身的是现象",以及,"'现象'有两种基本含义,第一种是显现者,它显示自身;第二种是它将自身呈现为显现者,但只是以显象(Schein)的方式给出自身"。③

但上述对给出(giving)的使用并不显得十分突出,更为突出的使用,体现在海德格尔后期的思想中。

第四节　后期海德格尔的给予性

海德格尔后期着重考察过存在的自身给出或自身发送。在海德格尔看来,存在的"另一个名称是逻各斯(λóγος)",在逻各斯的意义上,存在意味着"最初者","由之,在场者在场"。④ 也就是说,从存在

① Heidegger, *History of the Concept of Time*, trans by Theodore Kisiel, Bloomington: Indiana University Press, 1985, p. 40, p. 59, pp. 49–50.

② Heidegger, *History of the Concept of Time*, trans by Theodore Kisiel, Bloomington: Indiana University Press, 1985, p. 39, p. 41, p. 72, p. 107, p. 117.

③ Heidegger, *History of the Concept of Time*, trans by Theodore Kisiel, Bloomington: Indiana University Press, 1985, pp. 82–83.

④ Heidegger, *The Principle of Reason*, trans by Reginald Lilly, Bloomington: Indiana University Press, 1991, p. 109.

这个"最初者"中,在场之物才得在场;存在是存在者之在场或显现之基础或根据。以海德格尔本人的例子来说,在春天,草地发绿了,在绿色草地(存在者)的显现中,闪现出自然(即存在)的力量。但在草地的显现中,存在并未明确地或完全地将自身显现出来,而是说,存在一方面在存在者(绿色草地)中将自己发送出来,另一方面回撤自身或隐匿自身。①

这意味着,存在是自身给出自身的,给出是属于存在这一侧的。存在之自身给出,便意味着存在者之显现,因为是存在使存在者显现。但另一方面,存在并不是完全被给予的,它在发送(给出)自身之际,便自行回撤或隐匿自身。

另外一个令海德格尔着迷的是"Es gibt"("有"或"它给出")一词。在"Es gibt"中包含着"给出"(gibt),对于这个"Es gibt",海德格尔从早期到后期都是比较关注的。

比如,在 1919 年,海德格尔说:"在问题之开端'有……?'(Gibt es …?)中便已有什么东西了(gibt es etwas)。"②海德格尔说,当问"Gibt es…?"这个问题时,便已体验到了这个问题。对于这种体验,不应将其解释为心理之物或心理过程,不应将其实物化,而应"将其视为它本身,它给出自身"。③

当海德格尔后期离开了力图从此在来抵及存在的道路之后,便更多地诉诸给出与存在的关系了。

海德格尔在《存在与时间》§8 中提出,存在问题的视域是时间:

---

① Heidegger, *The Principle of Reason*, trans by Reginald Lilly, Bloomington: Indiana University Press, 1991, p. 54.

② Heidegger, *Towards the Definition of Philosophy*, trans by Ted Sadler, New York: Continuum, 2008, p. 51. "Es gibt…"意为"有"(There is…),但也可以把 Es 和 gibt 分开译为"它给出"。

③ Heidegger, *Towards the Definition of Philosophy*, trans by Ted Sadler, New York: Continuum, 2008, p. 53.

"基于时间性来解释此在,把时间阐明为存在问题的先验视域。"①时间,不仅对于揭示此在的存在方式是至关重要的,而且,关于存在的意义问题,也必须以时间作为视域。在《存在与时间》§8 中,海德格尔把写作计划分为两部,第一部的第三篇涉及的是"时间与存在",但是,这一篇的内容(以及第二部的全部内容)并未在《存在与时间》中得到讨论。也就是说,时间与存在的关系并未得到较为充分的讨论。因而,海德格尔在第一部第二篇的最后两句话(同时也是《存在与时间》全书的最后两句话)这样来问:"是否有一条道路可以从源始时间通向存在的意义呢? 时间自身是否自身显示为存在的视域呢?"②这预示着,海德格尔以后还会继续对此问题进行思考。

在《时间与存在》中,关于存在与时间的关系,海德格尔放弃了《存在与时间》中借由此在生存论来思考存在和时间的路径,而是采取了"不就存在者而思考存在"③的路径,径直对存在和时间的关系进行分析。海德格尔认为,存在与时间是互属的或相互规定的。首先,关于存在,西方思维从一开始就把存在解释为在场(Anwesen),在场又指向了当下(Gegenwart),而当下与过去和未来则一起构成了时间的特征,因而,存在,就被时间规定为"在场"。④ 其次,关于时间,时间本身是在流逝着的,但在这种流逝中,时间仍然作为时间而留存(Bleiben),也就是说时间并未消失,即它是在场的,因而,时间就是被

① Heidegger, *Being and Time*, trans by John Stambaugh, Albany: University of New York Press, 1996, p. 63.

② Heidegger, *Being and Time*, trans by John Stambaugh, Albany: University of New York Press, 1996, p. 488.

③ Heidegger, *On Time and Being*, trans by Joan Stambaugh, New York: Harper & Row Publishers, 1972, p. 2.

④ Heidegger, *On Time and Being*, trans by Joan Stambaugh, New York: Harper & Row Publishers, 1972, pp. 2–3.

存在所规定的。① 因此可以说,"存在和时间相互规定"。②

海德格尔认为,只有对于存在者,我们才会说:它存在(es ist)。对于存在和时间,我们却不能这么说,因为存在和时间都不是存在者。那么,对于不是存在者的存在和时间,我们就该这样说"它给出存在,它给出时间"。③ 从语言角度看,"它给出存在,它给出时间"这句话,会涉及以下几个问题:①如何来思考被给出的"存在"和"时间"呢? ②"给出"意味着什么呢? ③"它给出"的"它"又该怎么来刻画呢?

关于问题①,海德格尔认为,不能像《存在与时间》时期那样,基于存在和存在者的关系——存在是存在者的根基——来思考存在,而是要依照存在自身来思考存在,或者,依照存在和给出的关系来思考存在。从这个新的角度来思考存在的话,存在等同于在场(Anwesen),而相对于在场者而言,在场意味着让在场(Anwesenlassen),而让在场则意味着解蔽和带入敞开之中。同时,从存在和给予性的关系来看,存在是"给出"所给出的礼物(Gabe),存在属于这个"给出",它被那个尚未得到刻画或规定的"它"所给出:"作为这个'它给出'的礼物,存在属于给出。"④这是对存在的初步的规定。而另一个被给出的礼物,本真的时间,被规定为四维的:"本真的时间是四维的",即将来、

---

① Heidegger,*On Time and Being*,trans by Joan Stambaugh,New York:Harper & Row Publishers,1972,p. 3.

② Heidegger,*On Time and Being*,trans by Joan Stambaugh,New York:Harper & Row Publishers,1972,p. 3.

③ Heidegger,*On Time and Being*,trans by Joan Stambaugh,New York:Harper & Row Publishers,1972,p. 5. "Es gibt Sein und es gibt Zeit." 由于 es gibt 类似于英文中的 there is,因而这句话就具有双重含义:第一,"它给出存在,它给出时间";第二,"有存在,有时间"。

④ Heidegger,*On Time and Being*,trans by Joan Stambaugh,New York:Harper & Row Publishers,1972,p. 6.

曾在和当前,以及分开它们并使得它们相互切近的达到(Reichen)。①

关于问题②,海德格尔认为,西方思维从一开始就对存在进行了思想,但是,对于"它给出"自身却并未进行过思想。"它给出"的特征就在于隐退:"为了它所给出的礼物,后者(它给出)隐退了(entzie-hen)。"②"它给出"隐退了,而"它给出"所给出的礼物——存在(以及时间),得到了西方思维对它的思想,而且主要是在与存在者的关系方面得到思考的。但是,海德格尔并未对"给出"(Geben)做更多的刻画,而是很快把"给出"等同于了"遣送"(Schicken):给出"在给出中抑制它自身并隐退,我们把这个给出称为遣送"。③ 把给出等同于遣送,是与存在的历史性相关的。存在在历史中以不同的方式显现出来,比如相(柏拉图)、绝对理念(黑格尔)、强力意志(尼采)等等。存在在历史中所显现出来的这些不同样式,都是存在自身被遣送的结果。或者说,是"它给出"的东西,是被遣送的东西。④ 在不同的时代,存在以不同的方式显现,而遣送以及遣送着的"它"则都抑制自身(anhalten),因为希腊词"时代"(epoche)本身就意味着抑制自身。这是海德格尔对与存在相关的给出(Geben)所做的规定。相关

① Heidegger, *On Time and Being*, trans by Joan Stambaugh, New York:Harper & Row Publishers,1972,p. 15. 鉴于时间并不是此处要讨论的重点,在此从略。

② Heidegger, *On Time and Being*, trans by Joan Stambaugh, New York:Harper & Row Publishers,1972,p. 8.

③ Heidegger, *On Time and Being*, trans by Joan Stambaugh, New York:Harper & Row Publishers,1972,p. 8.

④ Heidegger, *On Time and Being*, trans by Joan Stambaugh, New York:Harper & Row Publishers,1972,p. 8. 笔者把 Lichtung 译为清明,力图使其涵盖清理、照明和照亮的含义。依照 Françoise Dastur 的追溯,Lichtung,在《存在与时间》中与光(Licht)、照亮、照明是相关的,而在《哲学的终结和思的任务》中则是与另一个意义完全不同的动词 lichten 相关的,lichten 并不意味着照亮或照明,而是意味着"清理出一片自由的空间",见 Françoise Dastur, *Heidegger and the Question of Time*, trans by Françoise Raffoul & David Pettigrew, New York:Humanity Books, 1999,p. 66.

于时间的给出,则被规定为清明着的—遮蔽着的达到(lichtend-verbergende Reichen)。[1]

关于问题③,海德格尔认为,应该基于给出(Geben)来规定"它"。海德格尔说:"'它'依然是未规定的,神秘的……要从上面已经描述了的给出来规定这个给出着的'它'。这个给出显现为存在的遣送,显现为清明着的达到的意义上的时间。"[2]在"它给出存在,它给出时间"这个表述中,只有四个语词成分:存在和时间(被给出的礼物)、给出和它。因而,在海德格尔看来,只能从给出来规定它。而给出,意味着对相关于存在的遣送(Schicken)和相关于时间的清明着的达到(lichtenden Reichen),那么,这个神秘的它,只能基于遣送和清明着的达到而得到规定。而实际上,作为遣送和清明着的达到就被限定在了存在和时间上,因而,海德格尔对这个神秘的"它"的规定已经被限定在了存在和时间之上。

进一步地,海德格尔把这里的"它"认定为"成己"(Ereigenis)[3]:"因而,在'它给出存在','它给出时间'中的那个给出的它,就表明为成己。"[4]成己是这样的一种东西:"那规定了存在与时间入于其本己亦即入于其互属之中的东西,我们称之为:成己。"[5]也就是说,是成己使得存在成为存在自身,使得时间成为时间自身,并且使得存在与时间相互归属。

---

① Heidegger,*On Time and Being*,trans by Joan Stambaugh,New York:Harper & Row Publishers,1972,p. 16.

② Heidegger,*On Time and Being*,trans by Joan Stambaugh,New York:Harper & Row Publishers,1972,p. 17.

③ 关于把 Ereigenis 译为"成己"的说明,见邓晓芒:《论作为"成己"的Ereignis》,《世界哲学》2008 年第 3 期。

④ Heidegger,*On Time and Being*,trans by Joan Stambaugh,New York:Harper & Row Publishers,1972,p. 19. "Demnach bezeugt sich das Es,das gibt,im 》Es gibt Sein《,》Es gibt Zeit《,als das Ereignis."

⑤ Heidegger,*On Time and Being*,trans by Joan Stambaugh,New York:Harper & Row Publishers,1972,p. 19.

接下来海德格尔要追问的是,什么是成己呢? 海德格尔认为,消极地说,成己不是神,不是把存在与时间涵盖于其下的一般概念,也不是通常所理解的事情(Vorkommnis)或事件(Geschehnis)。

积极地说,成己有两个特征:第一个特征是隐退。海德格尔在论及给出时已经指出,给出(存在的遣送)的特征是自身隐退。因而,基于给出(Geben)来规定成己(或它/Es)的话,成己的特征也会是抑制自身和自身隐退。海德格尔说:"成己使得那最自性的东西从无边的无蔽中隐退……成己自我剥夺……自我剥夺属于成己。通过自我剥夺或自我否定,成己并未放弃自身,而是保留了自性。"①成己的这一特征表明了,成己在给出并成全了存在和时间并使得其二者相互归属的同时,成己抑制自身,剥夺自身,而这种自我抑制和自我剥夺,并不意味着成己不再是其自身,而恰恰是说,成己保有了其自性。成己的第二个特征是与人相关的。成己把人带到它的本己上来,如果人站在本真的四维时间中的话,就听到了存在,人以此方式属于成己。②这是海德格尔对成己所做的一些刻画。但是,由于成己并不是可以对象化或表象化的东西,因而,对它而言,传统的表象性思维是不能胜任的。它是自身同一之物,对于它,我们只能说:"成己成己着。"③

关于海德格尔后期的思路,概括地说,在《时间与存在》的演讲中,海德格尔思考存在与时间的路径是,撇开存在与存在者(主要是此在)的关系,单独从语言("它给出存在和时间")的角度来考察存在与时间的关系。这个过程是以海德格尔惯用的"回返"(Schritt

---

① Heidegger, *On Time and Being*, trans by Joan Stambaugh, New York: Harper & Row Publishers, 1972, pp. 22–23.

② Heidegger, *On Time and Being*, trans by Joan Stambaugh, New York: Harper & Row Publishers, 1972, p. 23.

③ Heidegger, *On Time and Being*, trans by Joan Stambaugh, New York: Harper & Row Publishers, 1972, p. 24, "Das Ereignis ereignet."

zurück）①方式进行的，即从被给出的"存在"和"时间"，回溯到"给出"，再回溯到"它"，最终把"它"认定为"成己"这个原初概念，然后在"成己"与"存在"和"时间"的关系中重思"存在"与"时间"。

早期海德格尔力图从存在者回溯到存在者的基础或根据，而为了理解存在之意义或抵及存在本身，又回溯到领会着存在意义的此在之被给予性。后期海德格尔则从被给予的存在（以及时间）出发，回溯至"给出"，然后回溯到那给出存在（以及时间）的"它"。在胡塞尔那里，还原所回溯到的，主要是被动的给予（被给予性）。而在海德格尔这里，被动的给予（被给予性）以及主动的给予（给出），甚至那给出着的它，都得到了更为详细的讨论。

胡塞尔通过现象学还原揭示出了被遮蔽的先验意识现象，海德格尔则揭示出了存在现象。但这是全部现象吗？马里翁的答案是否定的。接下来我们将详细讨论马里翁第三个还原对现象的揭示。

---

① Heidegger, *On Time and Being*, trans by Joan Stambaugh, New York: Harper & Row Publishers, 1972, p. 28.

第四章

马里翁第三个还原的提出

第一节　马里翁对"还原"概念在使用上的不严格性

在胡塞尔和海德格尔的现象学还原之后,马里翁推出了他的第三个还原,试图更彻底地拯救现象。但首先必须说明的是,马里翁对还原的使用是不够严格的。这种不严格性体现在两个方面。首先,他常常把(现象学)还原与简化混同起来使用。其次,他对还原的使用是没有确定方向的,也就是说,胡塞尔和海德格尔的还原是回溯式的,是向后引回的,或者说引回到基础或根据,但马里翁对还原的使用则不然。我们接下来依次看这两个方面。

一、还原与简化的混同

还原(reduction)一词是歧义的。除了上文我们所讨论的(现象学)还原的含义之外,在日常使用以及科学使用中,还原(reduction;

84

为表示区别,在此译为简化)还意味着:某物(B)最终"无非是"(is nothing but)别的东西(A)——A 要么是 B 的组成部分,要么是更为基础的某个东西。[①] 简化的这个含义,重在强调"无非是",也就是把 B 最终等同于 A,也就是,B 并不是最终的实在,作为 B 的组成部分的 A 或比 B 更为基础性的 A,才是最终的实在。

还原与简化的相同之处在于,从构词(re-加上 duction)上看,二者都意味着由某物(B)引回到另外之物(A)。二者的不同之处在于,简化把 B 最终等同为 A,从而消解掉 B 的实在性。但还原并不包含把 B 与 A 等同起来。比如,在胡塞尔那里,还原要从超越性(B)引回到内在性(A),但超越性与内在性是有着根本差异的。在海德格尔的还原中,存在依然是不同于存在者的。相反,还原是要克服那种粗糙的或欠考虑的等同。比如,自然主义把内在性(意识)等同于超越性(自然或物理因果性);在海德格尔之前,存在被等同于存在者。现象学所做的工作,正是克服简化。

按照施皮格伯格所说,"简单性原则或思维经济原则",是"有害的",是"先入之见",现象学方法是对简化主义的"反抗"。[②] 在现象学方法中,还原、直观、描述,都在扮演着反抗简化主义的角色。还原的功能更为首要,因为它首先反对的便是那种肤浅而虚假的先入之见,正是由于这些先入之见,才导致了种种的简化或等同。亨利显然也同意这种观点。亨利在评价马里翁的第三个还原时说:"还原绝非限制、约束、省略或者'简化'('réduire'),还原意味着敞开和给出。"[③]在这段话中,或是为了把还原与简化区分开来,亨利特地把简

① Richard H. Jones, *Reductionism: Analysis and the Fullness of Reality*, London: Associated University Press, 2000, p. 13.

② Herbert Spiegelberg, *The Phenomenological Movement*, 3rd, Dordrecht: Kluwer, 1994, pp. 680-681.

③ Michel Henry, "The Four Principles of Phenomenology," in *Continental Philosophy Review*, Mar 2015, Vol. 48 Issue 1, pp. 1-21, esp. p. 9.

化加了引号。

现象学还原既然作为现象学的重要方法,那么在术语的使用上,就应当将其与简化区分开来,比如可以用 simplify/simplification 来代替 reduce/reducton。在马里翁的使用中,多处把还原和简化混同起来,或者至少有混同起来的嫌疑。下面我们来看一些把还原与简化明显混同起来的例子。

这里不用精挑细选,我们试举几例。比如在《还原与给予性》中,马里翁说:"'还原了的现象',胡塞尔常常这么说;……当然,通过还原,我们得到了这种现象,但是……现象的存在方式被还原还原(réduit/简化)掉了。"①马里翁这里对胡塞尔的批评,是一种类似于海德格尔对胡塞尔的批评,即胡塞尔通过还原得到了"还原了的现象"——纯粹意识现象,但却把这种现象的存在方式给简化掉了。这里,马里翁所用的"还原"的意义,恰恰是亨利所说的与(现象学)还原相反的缩减、省略。此外,马里翁说,"现象必须将其现象性还原(réduction/简化)到对象性","对象性提供了存在者的唯一面容"。②这里依然是对胡塞尔的批评,也就是说,胡塞尔以对象性来限制一切现象,从而把可能十分丰富的现象之展示方式(现象性)简化为对象。还有:"在还原的领域里,不再有存在的问题。为什么? 因为……存在者要么消失,要么被还原(réduisent/简化)到同样的被给予性。"③也就是说,在胡塞尔那里,一切都要被简化为内在性或纯粹意识之被给予性,否则在其现象学框架内就不能有任何位置。

此外,马里翁在《被给予》中说,在胡塞尔那里,"'主体'被简化

① Jean-Luc Marion, *Reduction and Givenness*, trans by Thomas A. Carlson, Evanston:Northwestern University Press,1998,p. 54.

② Jean-Luc Marion, *Reduction and Givenness*, trans by Thomas A. Carlson, Evanston:Northwestern University Press,1998,p. 56.

③ Jean-Luc Marion, *Reduction and Givenness*, trans by Thomas A. Carlson, Evanston:Northwestern University Press,1998,p. 43.

为(réduisant)'我思维'"①。也就是说,对象性是胡塞尔关心的核心问题,相应于对象性,原本可以作为诸如此在等丰富形象的"主体",便只有了一个单一形象即我思维。还有,"通过掳获受给者②,呼唤便惊异了受给者……它把受给者简化为单纯的窥伺,将其凝固"③。此外还有"还原并未简化给予性,而是引回到给予性"④,在此,还原和简化同时使用在一个句子中。

二、无确定方向的还原

前面已讨论过,在胡塞尔和海德格尔那里,现象学还原是有方向的,作为引回,它是回溯式的,即回溯到基础或根据。但在这个方面,马里翁对还原的使用是较为随意的,也就是说,没有明确的方向性。

比如,在依照还原与给予性之间的关联提出要寻问的四个方面时,马里翁说其一是"引回到谁",即"把所讨论的实事引回到哪个还原实施者";接下来,马里翁说,胡塞尔先验还原引回到的是"先验自我",海德格尔生存论还原引回到的是"此在",马里翁本人的第三个还原"还原到了被吁请者"。⑤

但有处文本与上述文本不一致。这里马里翁这样说:比胡塞尔的"从对象还原到自我之意识的还原"更为根本的是"从存在者还原到作为存在论上的独特存在者的此在",比这个还原还更为根本的是,"从一切存在者还原到存在,同时要把此在带入游戏运作中",比

---

① Jean-Luc Marion, *Being Given*, trans by Jeffrey L. Kosky, Stanford：Stanford University Press,2002,p. 256.

② 受给者即接受给予者。

③ Jean-Luc Marion, *Being Given*, trans by Jeffrey L. Kosky, Stanford：Stanford University Press,2002,p. 268.

④ Jean-Luc Marion, *Being Given*, trans by Jeffrey L. Kosky, Stanford：Stanford University Press,2002,p. 26.

⑤ Jean-Luc Marion, *Reduction and Givenness*, trans by Thomas A. Carlson, Evanston：Northwestern University Press,1998,p. 204.

这个还原又更为根本的是第三个还原,即把包括存在之要求在内的"每一要求都还原到呼唤之纯粹形式"。① 在上段的文本中,马里翁说第三个还原引回到了被吁请者,而在这里,他说第三个还原引回到了呼唤的纯粹形式。

实际上,所引回到的东西,关键不在于它是不是还原实施者,而在于它是不是基础或根据性的东西。胡塞尔先验还原之所以引回到先验自我,是因为先验自我是超越性之被构成的根据。海德格尔早期的生存论还原之所以引回到此在,是因为此在是赢获存在意义的基础或根据,存在之意义必须回溯到此在对存在的基本经验,才有可能得到澄清。海德格尔后期撇开了此在存在方式和存在领会的途径,由此在之畏入手,在畏中存在者整体陷落,无显示出来,无则指向了存在。也就是说,海德格尔后期最终力图要引回到的是存在。在海德格尔后期向存在的回溯中,确实如上段马里翁所说,这里是"把此在带入游戏运作中"了,也就是此在之畏发挥了作用,但这里的关键在于,所要引回到的并不是此在,而是存在。因而,类似于通过此在之畏引回到存在,当马里翁接续着海德格尔后期的这个还原提出第三个还原,所要引回到的也不是被吁请者,真正要引回到的是呼唤的纯粹形式或者说纯粹形式的呼唤。正如存在是一切存在者的基础或根据那样,纯粹形式的呼唤是一切呼唤的基础或根据,因为纯粹形式的呼唤"先于一切规定性,甚至先于存在",纯粹形式的呼唤"使存在之呼唤成为可能",它作为存在之呼唤的"模型""处在存在之单纯呼唤之先"。② 还原所要引回到的正是这种基础或根据性的东西。在还原中,存在(海德格尔后期)和纯粹形式的呼唤是基础或根据性的东西,此在和被吁请者则是非基础性或非根据性的东西。还原所

---

① Jean-Luc Marion, *Reduction and Givenness*, trans by Thomas A. Carlson, Evanston:Northwestern University Press,1998,p. 197.

② Jean-Luc Marion, *Reduction and Givenness*, trans by Thomas A. Carlson, Evanston:Northwestern University Press,1998,p. 198,p. 197,p. 197.

要引回的是前者而非后者。

由上述讨论可以看出，马里翁对还原的使用在方向上是较为随意的。马里翁此处说还原引回到纯粹形式的呼唤，彼处则说引回到被吁请者，但明显的是，相比于被吁请者，呼唤更是基础性或根据性的东西。这表现了马里翁对还原的使用在方向上的随意性，即他并未清楚界定所要引回到的东西的地位。

此外，这种方向上的任意性，表现出马里翁并未充分注意到经典现象学还原的形式表述或形式要素。还原，通常意味着"引回到"，但这对经典现象学还原来说并不完整。如果我们补足的话，其形式表述会是"由 B 引回到 A"，而且，A 是 B 的基础或根据。马里翁对于这两个组成部分以及各自的地位是不够注意的。假如他足够注意的话，便不太可能出现上文所说的随意性，即此处说还原引回到的是被吁请者，彼处则说还原引回到的是呼唤的纯粹形式。马里翁提到，"纯粹的还原，即完全的引回到……（ parfaite reconductionà …)"。[1]这里他给出的是还原的形式表述，他所依照的应当是 reduction 在构词上的含义。仅就构词法来说，这种表述是没有问题的。但问题在于，如果还原要在现象学中作为重要方法来使用，这种粗糙的表述是不够的。至少，这里需要补足的是其中所包含的两个组成部分以及各自的地位或特征。

当然，我们并不否认，马里翁本人对还原的理解和使用可以不同于经典现象学还原，但问题在于，至少，在他评述经典现象学还原时，应该依照经典现象学还原本来所是的样子进行。

但是，对于马里翁的还原，如果我们抛开他在使用上的不严格性或随意性，大体还是能够看出马里翁第三个还原的实质的。后文我

---

① 　Jean-Luc Marion, *Reduction and Givenness*, trans by Thomas A. Carlson, Evanston：Northwestern University Press, 1998, p. 198. " reconduction à …"应译为"引回到……"(leading back to…)，这里的 re-应译为 back，conduction(动词形式为 conduire)应译为 leading。

们将讨论这一点。

　　理解马里翁第三个还原的关键在于理解他这里所提出的呼唤的纯粹形式以及给予性。这是因为,还原的核心功能在于引回,而它所引回的便是纯粹形式的呼唤或呼唤本身,而且,马里翁说他研究的目的在于"把给予性置于还原的中心"。① 下面,让我们对此进行讨论。

　　马里翁称他自己所提出的还原为第三个还原,也就是在胡塞尔的还原(第一个还原)和海德格尔的还原(第二个还原)之后的还原。马里翁的第三个还原是在他的现象学的第一部曲即《还原与给予性》(1989)中首次提出的,这个还原是向纯粹呼声的还原;在其后较为成熟的著作《被给予》(1997)中,他修正了他的说法,称第三个还原为向给予性的还原。

　　那么,这个还原具体是如何提出的呢? 接下来,我们首先来看马里翁对胡塞尔的还原的讨论,然后看马里翁对海德格尔的还原的讨论,然后分别来看马里翁是如何提出和刻画第三个还原的。

第二节　马里翁对胡塞尔还原的评述

　　在《还原与给予性》中,马里翁多次讨论了胡塞尔的还原。比如,马里翁在讨论胡塞尔的《逻辑研究》时说,"为了直观,为了回到事情本身,胡塞尔现象学于 1900—1901 年便不得不否定了一切前设,直

---

① Jean-Luc Marion, *Reduction and Givenness*, trans by Thomas A. Carlson, Evanston:Northwestern University Press,1998,p. xi.

至在任何情形下都即刻实施还原,即把思想还原到被给予物之明见性上"①,而且,这种还原"引向了构成和意义给予(Sinngebung)"②。马里翁甚至明确认为,只有还原引向了被给予性,还原在胡塞尔现象学中才具有(实施上的)优先性:"假如没有把现象引向其最终的被给予性,还原本身就没有运用其优先性:'还原了的现象的被给予性是绝对的无可怀疑的被给予性。'"③

马里翁还认为,在还原到被给予性之后,一切就都消融到了被给予性上:胡塞尔的"普遍的和先验的观念论并未谴责传统存在论试图思考世界之存在或所有其他区域的存在,而是相反,谴责传统存在论没有彻底地思考它,也就是说,没有通过在其根源中对其进行思考从而将其思考彻底",只有现象学可以"将其归为直观下的绝对被给予性的唯一对象,从而获得存在上的确定性:'……在这种直观中,它是绝对的被给予性。它作为存在者被给予,作为此处这个(Dies-da)被给予。怀疑其存在是毫无意义的'",④由于一切都要还原到被给予性,其结果是,"存在者要么消失,要么被还原到同样的被给予性上",存在者必须"与绝对的意向活动的和内在的被给予物相一致"。⑤

① Jean-Luc Marion, *Reduction and Givenness*, trans by Thomas A. Carlson, Evanston:Northwestern University Press,1998,p. 18.

② Jean-Luc Marion, *Reduction and Givenness*, trans by Thomas A. Carlson, Evanston:Northwestern University Press,1998,p. 18.

③ Jean-Luc Marion, *Reduction and Givenness*, trans by Thomas A. Carlson, Evanston:Northwestern University Press,1998,p. 33. 这里马里翁所引用的是胡塞尔《现象学的观念》(S. 50)中的话,马里翁的法文原文为"La donation (*die Gegebenheit*) d'un phénomène réduit en general est une donation absolue et indubitable"。在此,donation 是对 Gegebenheit 的翻译。

④ Jean-Luc Marion, *Reduction and Givenness*, trans by Thomas A. Carlson, Evanston:Northwestern University Press,1998,p. 42. 马里翁这里引用的是胡塞尔《现象学的观念》(S. 31)的文本。

⑤ Jean-Luc Marion, *Reduction and Givenness*, trans by Thomas A. Carlson, Evanston:Northwestern University Press,1998,p. 43.

由上述引文不难看出,马里翁把还原与给予性关联在了一起:还原所引向的是给予性。这一点,可以从马里翁《还原与给予性》前言的话直接看出来,马里翁说他的研究的目的是"把给予性置于还原的中心"①。这意味着,给予性是还原所要服务的中心,还原所要致力的主要是给予性。而且,还原与给予性之间还有着正比例关系,这种正比例关系可以表述为:"有多少还原,就有多少给予性(Autant de réduction, autant de donation)。"②

基于还原与给予性之间的关联,马里翁认为,我们要考察下述四个方面的问题③:①还原者的问题——把正在考察的实事引回到哪一个(引回到谁);②给予本身的问题——通过还原和引回而涉及的给予本身的问题(什么东西被给予);③给予性的方式问题,也就是视域问题(如何被给予);④何种方式的给予性被排除出了给予性。

依照上述四个方面,马里翁这样来评述胡塞尔的还原④:①还原的展开是为了意向性的和构成性的自我(Je/I);②还原把被构成的对象给予自我;③视域是对象性⑤;④它排除了无法引回到对象性的东西,即排除了存在方式上的根本差异,比如意识的存在方式、用具的存在方式、世界的存在方式等。

实际上,上述第③个方面和第④个方面是密切相关的。马里翁认为,胡塞尔现象学的视域或框架是对象性,因而把现象学的现象限

---

① Jean-Luc Marion, *Reduction and Givenness*, trans by Thomas A. Carlson, Evanston: Northwestern University Press, 1998, p. xi.

② Jean-Luc Marion, *Reduction and Givenness*, trans by Thomas A. Carlson, Evanston: Northwestern University Press, 1998, p. 203.

③ Jean-Luc Marion, *Reduction and Givenness*, trans by Thomas A. Carlson, Evanston: Northwestern University Press, 1998, p. 204.

④ Jean-Luc Marion, *Reduction and Givenness*, trans by Thomas A. Carlson, Evanston: Northwestern University Press, 1998, p. 204.

⑤ 在胡塞尔那里,"对象性"比"对象"一词之所指更为宽泛。但在马里翁这里,对象性主要是指现象以对象的方式给出自身。

定在了对象性上：由于"'被还原的现象'之现象性被还原到了对象之物以及永恒在场之上，所有那未被还原到在场的现象都会被排除于现象性之外"①。但事实上，现象会有更多种，在对象性之外也会有更多的现象性。马里翁认为，胡塞尔"陶醉于（对象的）构成问题……囿于其魔力"②，因而没有去寻问其他的现象和现象性，以及意识的存在方式、用具的存在方式、世界的存在方式等。

在马里翁看来，海德格尔离开胡塞尔的出发点在于"现象学的研究目标与对象性并不一致"③，或者说，海德格尔与胡塞尔之间的差异在于"回到事情本身是回到其对象性还是回到其存在"以及相关的问题比如"引回（或还原）是由先验自我来实施还是由此在来实施"④。

第三节 马里翁对海德格尔还原的评述

马里翁认为，现象学从海德格尔那里出现了转向（turn）："现象学关心的不再是对现象的认识，而是对现象之展示方式的认识，因而

---

① Jean-Luc Marion, *Reduction and Givenness*, trans by Thomas A. Carlson, Evanston：Northwestern University Press, 1998, p. 56. 马里翁所说的现象性指的是现象之展示方式，详见§9。

② Jean-Luc Marion, *Reduction and Givenness*, trans by Thomas A. Carlson, Evanston：Northwestern University Press, 1998, p. 142.

③ Jean-Luc Marion, *Reduction and Givenness*, trans by Thomas A. Carlson, Evanston：Northwestern University Press, 1998, p. 2.

④ Jean-Luc Marion, *Reduction and Givenness*, trans by Thomas A. Carlson, Evanston：Northwestern University Press, 1998, p. 2.

它所指向的不再是科学之基础,而是对现象性(phénoménalité)的深思。"①

这里的"现象性"意味着什么？意味着现象之展示方式。马里翁首先引用了海德格尔的话:现象学"与诸现象没有任何关系,尤其是与单纯现象更加没有关系",现象学所讨论的是现象的"展示方式"(*Art der Aufweisung*)。马里翁对海德格尔这些话的解释是:现象学"讨论的不是现象,而是通过现象甚至是直接地来讨论现象的现象性"。② 可以看出,马里翁所说的现象性便是海德格尔所说的现象的展示方式。具体到海德格尔现象学,存在者之显现是由于存在的作用,存在便是存在者的现象性,现象—现象性的对子便体现为存在者—存在。③

在具体讨论海德格尔的还原时,马里翁首先引用了海德格尔关于还原的两处较长的文本。第一处文本是:

> 对于胡塞尔来说……现象学还原是这样一种方法……把现象学目光,由生活于事物和人格之世界中的人的自然态度,引回到意识之先验生活及其思维活动—思维对象的体验,在这体验中,对象被构成为意识之相关项;对我们来说,现象学还原指的是,把现象学的目光从对存在者的把握

① Jean-Luc Marion, *Reduction and Givenness*, trans by Thomas A. Carlson, Evanston:Northwestern University Press,1998,p. 49.

② Jean-Luc Marion, *Reduction and Givenness*, trans by Thomas A. Carlson, Evanston:Northwestern University Press,1998,p. 49;海德格尔的这段话见 Heidegger,*History of the Concept of Time*, trans by Theodore Kisiel, Bloomington:Indiana University Press,1985,p. 86;Heidegger, *Being and Time*,trans by John Stambaugh,Albany:State University of New York Press,1996,p. 61. 实际上,马里翁对海德格尔的这段话的解释是一种误读,§9 对此有详细讨论。

③ Jean-Luc Marion, *Reduction and Givenness*, trans by Thomas A. Carlson, Evanston:Northwestern University Press,1998,pp. 63–64.

引回到对该存在者的存在的领会。①

第二处文本是：

> 把存在者置入括号之中，并未从存在者本身那里夺走
> 任何东西，也不意味着假定存在者不存在。毋宁说，这种目
> 光转变在根本上具有使存在者的存在特征呈现出来的意
> 义。对超越的课题进行现象学的排除，其唯一的功能在于，
> 着眼于存在者的存在使存在者呈现出来……现象学考察所
> 要探究的，仅仅是对存在者本身的存在进行规定。②

对于海德格尔的这种提法，胡塞尔是非常不满的。胡塞尔在
1927年给因加尔登（Roman Ingarden）的信中认为，海德格尔没有掌
握现象学还原，因为海德格尔没有从世间主体性提升到先验主体性，
而是又倒退到了人类学立场。

马里翁显然是倾向于海德格尔的。马里翁认为，胡塞尔之所以
说海德格尔的还原是一种倒退，是因为胡塞尔只是把现象（显现者）
视为意向活动之相关项，而没有真正遵循他自己提出的"回到事情本
身"的现象学纲领，因为他没有正视这样一种主张：不仅仅可以把现
象（显现者）视为意向活动之相关项，而且也可以把现象（显现者）视
为这样一种存在者，即可由这种存在者超越至存在，也就是说，还原

---

① Jean-Luc Marion, *Reduction and Givenness*, trans by Thomas A. Carlson, Evanston：Northwestern University Press, 1998, pp. 64-65；出自 Heidegger, *The Basic Problems of Phenomenology*, trans by Albert Hofstadter, Bloomington：Indiana University Press, 1982, pp. 20-22.

② Jean-Luc Marion, *Reduction and Givenness*, trans by Thomas A. Carlson, Evanston：Northwestern University Press, 1998, p. 65；出自 Heidegger, *History of Concept of Time*, trans by Theodore Kisiel, Bloomington：Indiana University Press, 1985, p. 99.

实际上可以最终抵达存在者的存在或存在者之现象性。①

依照马里翁的整理,海德格尔从存在者向存在者现象性或存在的还原,有以下两个途径②:第一个途径是《存在与时间》以及《时间概念史导论》所提出的存在问题的三元寻问结构,即③考察此在这种存在者,②来寻问存在者之存在,①力图抵及存在之意义;第二个途径是《形而上学是什么?》的思路,即通过畏对存在者的拒斥以及对存在的指向,最终从存在者整体引回到存在。

在总结海德格尔还原的特征时,马里翁说,海德格尔两个方式的还原都趋向于这个唯一的目标:"在纯粹的亲身给予性中,并作为现象,来接受存在本身。"③马里翁之所以这么说,实际上是来自海德格尔本人对存在的界定。存在者通常是已然站立在我们面前的,"他们存在。他们已然被给予我们,他们在我们面前"④。由于存在者已经出现在我们面前,在这个意义上,可以把存在者称为现象。但是,那"卓越意义上被称为'现象'的东西"即存在,却"并不显示",虽然它属于那通常显示着的存在者,并且"构成其意义和根据"。⑤ 在海德格尔看来,正是由于存在本身作为现象是"未被给予的(*nicht* gegeben),所以才需要现象学"⑥。因而马里翁说,海德格尔的还原"把一切被

---

① Jean-Luc Marion, *Reduction and Givenness*, trans by Thomas A. Carlson, Evanston:Northwestern University Press,1998,p. 66.

② Jean-Luc Marion, *Reduction and Givenness*, trans by Thomas A. Carlson, Evanston:Northwestern University Press,1998,p. 66;具体见《还原与给予性》第二章第6节和第7节。

③ Jean-Luc Marion, *Reduction and Givenness*, trans by Thomas A. Carlson, Evanston:Northwestern University Press,1998,p. 75.

④ Heidegger,*Introduction to Metaphysics*,trans by Gregory Fried and Richard Polt,New Haven:Yale University Press,2000,pp. 29-30.

⑤ Heidegger,*Being and Time*,trans by John Stambaugh,Albany:State University of New York Press,1996,p. 59.

⑥ Heidegger,*Being and Time*,trans by John Stambaugh,Albany:State University of New York Press,1996,p. 51,p. 60.

给予物引回到因而还原到那恰恰并不直接被给予的东西上,甚至那间接地也不能被给予的东西上(因而它是给予者/donateur)——这个东西即存在"①。这也就是马里翁说现象学还原的最终目的便是使存在本身亲身被给予的原因。

前文讨论过,马里翁认为胡塞尔还原导向了给予性。同样,马里翁也认为,海德格尔还原的目标是给予性。依照马里翁对还原进行分析的四个方面,马里翁这样来评述海德格尔的还原:①它还原到了此在;②这个还原给出了不同的存在方式,给出了"存在现象";③它的视域是存在本身;④它排除了那不必存在的东西(ce qui n'a pas à être)。②

马里翁认为,给予性是绝对的或无条件的,因而给予性就不该被限制在对象性(胡塞尔)和存在(海德格尔)上。由于还原的目标是给予性,那么,如果给予性依然受到限制(比如对象性或存在),那么,还原就需要继续深化或推进。于是,马里翁便推出了他的第三个还原。

在讨论马里翁的第三个还原之前,我们先简要考察一下马里翁对给予性的绝对性或无条件性的说明。

关于给予性的绝对性或无条件性,马里翁主要是从胡塞尔那里得出的。比如,马里翁引用了胡塞尔的文本"绝对被给予性是最终之物",以及"还原了的现象的被给予性是绝对的③无可怀疑的被给予性"。④ 马里翁将其解释为"单独给予性便是绝对的、自由且无条件

---

①　Jean–Luc Marion, *Reduction and Givenness*, trans by Thomas A. Carlson, Evanston:Northwestern University Press,1998,p. 67.

②　Jean–Luc Marion, *Reduction and Givenness*, trans by Thomas A. Carlson, Evanston:Northwestern University Press,1998,p. 204.

③　胡塞尔这里的"绝对的"一词的含义,并不像马里翁所解释的那样,详见§5 对胡塞尔的被给予性的讨论。

④　Jean–Luc Marion, *Reduction and Givenness*, trans by Thomas A. Carlson, Evanston:Northwestern University Press,1998,p. 33. 这里马里翁所引用的是胡塞尔《现象学的观念》(S. 61,S. 50)中的话。

的,这正是因为它给予"①。如果说,上段引文中的 Gegebenheit 具有被动的含义,马里翁则引用了有主动含义的一段:"我们必须……如其自身给予的那样接受现象。"②对于这段话,马里翁将其解读为一条原则,"这条原则事实上包含了对现象之绝对给予性的定义,因而它朝向的是现象之现象性,并展示出现象性的无条件性"。③ 马里翁认为,现象之现象性就是给予性,由于给予性是绝对的或无条件的,因而现象性也就是无条件的。由于现象性就是现象之展示方式,那也就是说,现象之展示是无条件的,即其展示不受任何外在条件的限制,比如,它不受对象性(胡塞尔)和存在(海德格尔)的限制。马里翁认为,还原服务于给予性,那么,如何通过第三个还原来确保给予性的无条件性,使其从对象性和存在那里解脱出来呢?

第四节　马里翁第三个还原的提出

前文我们说过,马里翁把海德格尔还原归为两个途径,第一个途径是《存在与时间》以及《时间概念史导论》所提出的存在问题的三

①　Jean-Luc Marion, *Reduction and Givenness*, trans by Thomas A. Carlson, Evanston: Northwestern University Press, 1998, p. 33.

②　Jean-Luc Marion, *Reduction and Givenness*, trans by Thomas A. Carlson, Evanston: Northwestern University Press, 1998, p. 50. 这段引文来自胡塞尔的 1911 年的《哲学作为严格的科学》,原文为:"Man muß, hieß es, die Phänomene so nehmen, wie sie sich geben." 见胡塞尔:《文章与讲演(1911—1921 年)》,倪梁康译,北京:人民出版社,2009,第 33 页。

③　Jean-Luc Marion, *Reduction and Givenness*, trans by Thomas A. Carlson, Evanston: Northwestern University Press, 1998, p. 50.

元寻问结构,第二个途径是《形而上学是什么?》的思路,即通过畏对存在者的拒斥以及对存在的指向,最终从存在者整体引回到存在。马里翁的第三个还原是接续着第二个途径提出的。

在《存在与时间》§40中,海德格尔已经对畏这种基本现身情态(Grundbefindlichkeit)和无进行了讨论。在《形而上学是什么?》中,他对无进行了更为深入的讨论。在日常生活中,我们与这个存在者、那个存在者打交道,并首先和通常迷失于或沉沦于这些存在者之中。在日常生活中,畏很少发生。而在畏的发生(Geschehen)中,我们惶惶不安(umheimlich),我们日常与之打交道的存在者,乃至所有的存在者包括我们自己,都沉入了漠然(Gleichgültigkeit)之中。在此之际,存在者整体移离开去,没有剩下任何依撑,只有"没有"向我们袭来。存在者整体的移离而去,无的袭来,意味着关于存在(有,是)的话语(Ist-Sagen)都陷入了沉默之中,也就是说,畏同时也使我们无言。而当畏这种情绪退却之后,我们进行回想就会察觉到,那个我们所畏的,其实本来就是什么都没有。这意味着,"畏揭示了无"①。不仅如此,海德格尔认为:"无通过畏并在畏中才是公开的(offenbar)。"②这意味着,无的显现条件是畏。此外,无并不是被此在主动揭示出来的,而是相反:在畏中,无是自身—显现的,因为随着滑离着的存在者整体,"无显示(bekundet)它自身"③。一方面,畏不是此在的某种主动行为的成就,畏是自我发生的;另一方面,通过畏并在畏中显现出来的无,是自身显示自身的,也不是此在某种主动行为的成就。对于畏和无,此在只能去接受二者的被动发生。

---

① Heidegger, *Pathmarks*, ed. William McNeill, New York: Cambridge University Press, 1998, p. 88.

② Heidegger, *Pathmarks*, ed. William McNeill, New York: Cambridge University Press, 1998, p. 89.

③ Heidegger, *Pathmarks*, ed. William McNeill, New York: Cambridge University Press, 1998, p. 90.

　　畏揭示了无,那么,下一个问题是,无又是什么样的情形呢? 无又如何引回到存在呢?

　　首先,无不同于存在者,它不是对象性的东西:"在畏中,无揭示它自身,但不是作为存在者而揭示它自身。它也不是作为对象而被给予的。"①在《形而上学是什么?》的注释中,海德格尔说,无是一种拒绝,同时也是一种指引,无是拒绝着的指引:无所拒绝的,是"自为的存在者",而无所指向的,是"存在者的存在"②。无是"存在者的对立概念,是对真正的存在者的否定……无把自身揭示为是归属于存在者之存在的"③。这意味着,无悬置了自为的存在者,当然也悬置了此在指向存在者的意向性,并向存在引回。另外,从此在的角度来说,在畏所揭示的无中,此在才是超越的(Transzendenz),这种超越相关于形而上学的含义:"形而上学源自于希腊文的 μετἁτἁφυσικἁ。这一名称后来被理解为寻问的标志,即 μετἁ—trans—'超出'存在者自身(而进行)的寻问。"④在处于无之中的此在那里,存在才显明自身:"存在自身在本质上是有限的,只有在嵌入无之中的此在的超越中,存在才公开自身。"⑤或者说,只有在无中,"存在者存在而无却不存在"这一哲学上的最原初的惊奇才会发生到此在身上。在无中,存

　　① Heidegger, *Pathmarks*, ed. William McNeill, New York: Cambridge University Press, 1998, p. 89. "Das Nichts enthüllt sich in der Angst—aber nicht als Seiendes. Es wird ebensowenig als Gegenstand gegeben."

　　② Heidegger, *Pathmarks*, ed. William McNeill, New York: Cambridge University Press, 1998, p. 90. "ab-weisen: das Seiende für sieb; ver-weisen: in das Sein des Seienden."

　　③ Heidegger, *Pathmarks*, ed. William McNeill, New York: Cambridge University Press, 1998, p. 94.

　　④ Heidegger, *Pathmarks*, ed. William McNeill, New York: Cambridge University Press, 1998, p. 93.

　　⑤ Heidegger, *Pathmarks*, ed. William McNeill, New York: Cambridge University Press, 1998, p. 93. "…weil das Sein selbst im Wesen endlich ist und sich nur in der Transzendenz des in das Nichts hinausge-haltenen Daseins offenbart."

在者的奇异性(Befremdlichkeit)向我们袭来,这种奇异性唤起了我们的惊奇,于是我们开始发问:为什么存在者存在而无却不存在呢?①

惊奇是发生在此在身上的情绪,这种情绪是存在使之发生的,或者说,最终是存在使此在有了惊奇这种情绪。在1943年的《〈形而上学是什么?〉导言》中,海德格尔说,人可以在存在之声音(Stimme)所产生的调音(Stimmen)之中,学会在无中经验到存在。② 只有人这种存在者才能够被存在之声音所呼唤,从而经验到"一切惊奇之惊奇,即'存在者存在'"③。在此,存在发出了呼唤,而人则是被呼唤者(Gerufene)④,人被存在之声音调音,从而产生了惊奇这种情绪,并因而开始经验存在。在此,海德格尔似乎是有意借用声音(Stimme)、调音(Stimmen)和情绪(Stimmung)三者在词根上的关联:此在被存在之声音(Stimme)调动(gestimmt,stimmen有"使……产生情绪"的含义)⑤而有了情绪(Stimmung),比如畏(作为基本情绪)、惊奇等。可以看出,在"存在和人之本质的关联"⑥中,存在占据了主导性,原因在于,首先,是存在之声音对此在发出了呼唤,此在是个被呼唤者;其次,存在之声音调动(Stimmen)此在使此在有了惊奇、畏等情绪,从而有可能经验到存在自身。因而,海德格尔说,存在和人的本质的这种

---

① Heidegger, *Pathmarks*, ed. William McNeill, New York: Cambridge University Press, 1998, pp. 95–96.

② Heidegger, *Pathmarks*, ed. William McNeill, New York: Cambridge University Press, 1998, p. 234.

③ Heidegger, *Pathmarks*, ed. William McNeill, New York: Cambridge University Press, 1998, p. 234.

④ Heidegger, *Pathmarks*, ed. William McNeill, New York: Cambridge University Press, 1998, p. 234.

⑤ Heidegger, *Pathmarks*, ed. William McNeill, New York: Cambridge University Press, 1998, p. 234.

⑥ Heidegger, *Pathmarks*, ed. William McNeill, New York: Cambridge University Press, 1998, p. 282. 人之本质是生存,见 Heidegger, *Pathmarks*, ed. William McNeill, New York: Cambridge University Press, 1998, p. 283.

关联"归属于存在自身"①。

然而，即使在畏所揭示的无中，也不意味着，此在完全领会到了存在的意义，或者说，存在完全对此在显明了自身。向存在的引回，并非已经终结了。

海德格尔认为，"无恰恰是与存在者绝对不同的"②，古代形而上学就把无视为是非存在者，即没有形式的质料，这种纯粹质料不能把自身构成为有形的东西，因而不能成为存在者。③既然无不同于存在者，存在也不同于存在者（存在论差异），那么，无是不是等同于存在呢？海德格尔说，无和存在是共属的："无……揭示自身为属于存在者之存在的……存在与无是共属的……"④甚至，"在本质性的畏中，无把存在的深渊般的、然而尚未展显的本质发送给我们"⑤。那么，无到底最终是否揭示了存在呢？海德格尔的回答是：没有。无虽然拒绝了存在者自身并指向了存在者的存在，但无却把此在和存在最终隔离了开来："不同于存在者，无乃是存在的面纱。"⑥这意味着，虽然无与存在是互属的，但是，无并不是存在自身，相反，作为中介，无

① Heidegger, *Pathmarks*, ed. William McNeill, New York：Cambridge University Press, 1998, p. 282.

② Heidegger, *Pathmarks*, ed. William McNeill, New York：Cambridge University Press, 1998, p. 85.

③ Heidegger, *Pathmarks*, ed. William McNeill, New York：Cambridge University Press, 1998, p. 94. 海德格尔关于古代形而上学的这种说法，似乎可以参照普罗提诺的流溢说。普罗提诺认为，纯粹的质料或质料自身（没有形式的质料）是太一（the One）流溢出来的最低级的东西，它就是黑暗，从而是太一（作为光）的反题，也是非存在。

④ Heidegger, *Pathmarks*, ed. William McNeill, New York：Cambridge University Press, 1998, p. 94.

⑤ Heidegger, *Pathmarks*, ed. William McNeill, New York：Cambridge University Press, 1998, p. 233.

⑥ Heidegger, *Pathmarks*, ed. William McNeill, New York：Cambridge University Press, 1998, p. 238.

这种深渊般的东西,一方面指向了存在,另一方面却又成了此在和存在之间的深渊,它阻挡了此在,使此在不能与存在面对面,使存在现象未能得到最终的揭示。

　　存在现象之所以未能得到最终的、完全的揭示,其最终原因在于存在与此在的关系。并不是说,只要此在努力去寻问,就可以最终与存在面对面。在存在与此在这个对子中,占据主导地位的是存在,存在自身决定了它是否展示它自身:"在此在的敞开状态中,存在自身自行展示又自行遮蔽,自行给出又自行撤离。"①相比之下,此在则是承受性的:此在"为存在之敞开状态而敞开,它忍受(aussteht)着这种敞开状态并持立于其中"②。其实,"此在"的由来,正是来自与存在相关的承受性:"以'此在'所命名的是这种东西:首先是存在之真理的处所(Stelle)。"③即存在在此在这个处所自行展示、自行遮蔽、自行给出与自行撤离,而此在只是"去经验、并进一步地思考"④存在,并承受存在的这种自行展示、自行遮蔽、自行给出与自行撤离。进一步说,此在之所以能够去经验并进一步地去思考存在,恰恰在于存在自身的自行展示的需要,因而,此在去经验、去思考存在的这种命运,也

---

　　① Heidegger, *Pathmarks*, ed. William McNeill, New York: Cambridge University Press, 1998, p. 283. "in dessen Offenheit das Sein selbst sich bekundet und verbirgt, gewährt und entzieht."

　　② Heidegger, *Pathmarks*, ed. William McNeill, New York: Cambridge University Press, 1998, pp. 283–284.

　　③ Heidegger, *Pathmarks*, ed. William McNeill, New York: Cambridge University Press, 1998, p. 283. 黑尔德认为:"人却在世界中作为一个生物而生存,在这个生物的此(Da)中,世界作为世界显现出来,也就是说,世界在它从深邃的遮蔽状态中的出现中显现出来。"见黑尔德:《世界现象学》,孙周兴编,倪梁康等译,北京:生活·读书·新知三联书店,2003,第159页。

　　④ Heidegger, *Pathmarks*, ed. William McNeill, New York: Cambridge University Press, 1998, p. 283.

是因存在而"被给予(gegeben)"①的。因而,海德格尔说,存在与人的本质(即生存)的关系,归属于存在本身,而不是归属于此在。

海德格尔的存在论还原把存在问题最终置入了目光之中,并且,存在最后作为存在之声音或呼声而出现。基于存在—此在的本质关联,此在是否能够真正抵达(引回到)存在,完全取决于存在自身。因而,海德格尔这个现象学家,作为专题去经验进而去思考存在的此在,这种由存在者向存在的还原或对存在的揭示,最终也是取决于存在自身的自行揭示的。因而,海德格尔的还原不同于胡塞尔的还原。胡塞尔的认识论还原是由胡塞尔这个现象学家主动来实施的,胡塞尔这个现象学家是还原的实施者。在海德格尔现象学中,最终看来,向存在的还原不是由此在所引发的,而是由存在自身所引发的,因为存在自身是否显现自身、何时显现自身、如何显现自身、最终是否完全显现自身,完全是由它自身所决定的。此在向存在引回的努力,只是存在自行展示自身的需要,而此在对存在的揭示和领会,也只是去经验和接受存在自身的自行揭示、自身给出而已。因而,最终看来,对于此在来说,这种还原是被动发生的。

在《〈形而上学是什么?〉后记》中,存在自身并未亲身示人,而是以存在之声音或呼声(或呼唤)而出现,相应地,在这个对子的另一侧,此在则是被呼唤者。由于呼唤依然是存在所发出的,而被呼唤者的职能也只是为了接受存在的呼唤,这意味着,呼唤—被呼唤者这一关联体,实际上依然被限定在了存在—此在的模式之上。事实上,无论是早期的存在—此在这一现象关联体,还是后期的呼唤—被呼唤者的现象关联体,都把现象限定在了存在之上。海德格尔揭示了存在现象,但却以存在现象作为现象的原型,从而遮蔽了形式的现象概念。那么,形式的现象概念,能否最终被引回呢?下面让我们来看马里翁所提出的还原(第三个还原)。

---

① Heidegger, *Pathmarks*, ed. William McNeill, New York: Cambridge University Press, 1998, p. 96.

现象学的第二个还原(海德格尔)的最终结果是,存在以呼声出现。马里翁的还原从海德格尔的存在之呼声开始。

海德格尔认为,存在之呼声是寂静的声音,它什么也没有说出。"有一些要求,它们对本质中的人提出来,它们渴望而且需要人的回答"①,但是,"我们可以不倾听这个原初的呼唤……事实上,我们不仅可以不倾听这个原初的呼唤,甚至可以给自己一种幻觉:我们不必去倾听它"②。海德格尔发出了疑问:对于这个要求,"我们是否愿意暴露给本质的呼唤呢?"③这就出现了拒斥存在之呼声的可能。那么,什么能够拒斥或悬置存在之呼声呢? 马里翁的回答是:深度无聊。

不同于海德格尔的无聊,马里翁提出了深度无聊。他首先引入了帕斯卡的"无聊":"人的状况。反复无常,无聊,躁动不安","……人如此之不幸福,以至于在没有理由无聊的情况下,由于他的气质性情的本性,他也会无聊"。④ 深度无聊不同于虚无主义。虚无主义者(尼采)以极大的热情去热爱这个存在着的、永恒轮回着的世界,然而,深度无聊不去重估价值也不去热爱。深度无聊也不同于否定:否定预设了谓述关系,预设了基底和系词"是",而且,否定永远在进行否定,它要消灭(否定)存在者。无聊则不否定,它不被任何反对者、斗争等触动。深度无聊也不同于畏(海德格尔)。在畏中,存在者整体滑落到不确定性中,此在随之感到了无的压力。但在深度无聊中,存在者并不缺席,而是不停地围绕着人,不停地使人分心。总之,深

①　Heidegger, *Basic Concepts*, trans by Gary E. Aylesworth, Bloomington:Indiana University Press,1993,p. 5.

②　Heidegger, *Basic Concepts*, trans by Gary E. Aylesworth, Bloomington:Indiana University Press,1993,pp. 6—7.

③　Heidegger, *Basic Concepts*, trans by Gary E. Aylesworth, Bloomington:Indiana University Press,1993,p. 12.

④　Jean-Luc Marion, *Reduction and Givenness*, trans by Thomas A. Carlson, Evanston:Northwestern University Press,1998,p. 189.

度无聊不估量价值、不斗争、不谓述,也不是没有存在者,并且不承受无的攻击。① 无聊也不再让人聆听存在的呼唤。

马里翁认为,"无聊厌恶着",因为无聊的法文词 *ennui* 来自 *est mihi in odio*(为我所厌恶的),这种厌恶,并不是激情或意向,而是对所有激情和意向的悬置。② 这种无聊是"彻底的无兴趣",对无聊的人来说,"没有任何东西有什么差别"(*nihil interest mihi*)。③ 不仅是事物之间没有差别,而且,在无聊着的人和这些事物之间,也都没有差别。

这样,无聊引发了双重的取消④(或双重的放弃):它取消了它自己,也取消了世界的存在者。但这种取消不意味着摧毁,而是说,"似乎什么也不存在"⑤,这个"似乎"意味着,"世界事实上还保持着其存在性,其光辉以及其全部魅力;但似乎不存在了"⑥。"似乎"像是一团朦胧的雾,它消解但不毁灭,取消却又让其完好无损。

简单地说,深度无聊作用于存在现象,更准确地说,无聊悬置了存在现象。这种悬置体现在两个方面:

> 首先,作为对存在之物(what is)的憎恨的弃绝,无聊能够使此在对存在借以提出要求的呼声充耳不闻——这是耳

① Jean-Luc Marion, *Reduction and Givenness*, trans by Thomas A. Carlson, Evanston:Northwestern University Press,1998,p. 191.
② Jean-Luc Marion, *Reduction and Givenness*, trans by Thomas A. Carlson, Evanston:Northwestern University Press,1998,p. 191.
③ Jean-Luc Marion, *Reduction and Givenness*, trans by Thomas A. Carlson, Evanston:Northwestern University Press,1998,p. 191.
④ Jean-Luc Marion, *Reduction and Givenness*, trans by Thomas A. Carlson, Evanston:Northwestern University Press,1998,pp. 191-192.
⑤ Jean-Luc Marion, *Reduction and Givenness*, trans by Thomas A. Carlson, Evanston:Northwestern University Press,1998,p. 192.
⑥ Jean-Luc Marion, *Reduction and Givenness*, trans by Thomas A. Carlson, Evanston:Northwestern University Press,1998,p. 192.

朵的无聊。其次,作为对什么也不想看的视而不见,无聊能够使此在对一切奇迹漠然,甚至是对奇迹中的奇迹:即存在者存在——这是眼睛的无聊。呼声和惊叹虽然被展示给了双倍的无聊,但通过悬置它们,无聊也悬置了那使它们成为可见的和可听的"存在的现象"。①

这意味着,在深度无聊之中,存在现象被悬置了。②

随着存在被悬置,"此在"也就不再是此在了。在海德格尔那里,此在处在两种可能的存在方式之间:本真的或非本真的。而在马里翁这里,一旦无聊使存在被悬置,人就不再关心是否要成为本真的或非本真的自己,也不需要再去决断,因而就"悬置了此在的本质特征",也就"逃脱了它作为此在的命运"③。或者说,只有在人与存在做游戏的时候,人才会扮演此在的角色,而当人不再与存在做游戏的时候,人就不再扮演此在的角色了。这意味着,无聊悬置了存在对此

---

① Jean-Luc Marion, *Reduction and Givenness*, trans by Thomas A. Carlson, Evanston:Northwestern University Press,1998,p. 194.

② 萨特也谈到过与深度无聊类似的厌恶或恶心。但不同的是,萨特的厌恶并非摆脱存在(与虚无),而是围于存在(与虚无)。比如萨特谈到,厌恶或恶心也会抓住人:"恶心之感突然侵占了我。"(见萨特:《厌恶》,载《萨特小说选》,郑永慧译,西安:西安交通大学出版社,2015,第 173 页)此外,厌恶存在恰恰并未摆脱存在而是陷入存在:"对存在的憎恨和厌恶,同样都是使我自己存在的方式,使我陷入存在的方式。"(第 178 页)以及"最主要的就是偶然性。我的意思是说,从定义上说,存在不是必然。存在,只不过是在这里……一切都是没有根据的,这所公园,这座城市和我自己,都是。等到我们发觉这一点以后,它就使你感到恶心。"(第 212 页)而且,虚无也没有摆脱存在:"……没有任何理由存在,可是它不存在也是不可能的。这真是无法想象:要想象出虚无,必须必然在现实世界里,睁大着眼睛而且活着;虚无只是我脑子里的一个观念,一个存在着的观念……这个虚无并不是在存在以前出现的,它和别的存在一样,也是一个存在,而且是跟在无数存在之后出现的。"(第 216 页)

③ Jean-Luc Marion, *Reduction and Givenness*, trans by Thomas A. Carlson, Evanston:Northwestern University Press,1998,p. 195.

在的呼声,从而把"此在"从存在那里解放了出来,于是此在"最终把自身建立为此"①。

由于无聊,存在之呼声从"此在"这里剥离,"此在"(Da-sein)就被去除了"存在"(Sein),只留下"此"(da)。存在与此在的关系不再是主人与其领地的关系。而是说,存在是个游子,它曾经对此在发出呼唤,因而曾居留于此,但在深度无聊中,存在已经遭遇到了被驱逐的命运。对存在之呼声的悬置(使其失去作用),就使"此"能够对所有可能的呼声保持敞开。

那么,除了存在之呼声,还有其他可能的呼唤吗?马里翁举出了列维纳斯的呼唤:呼唤"在面对在其表达中的面孔时——在其有死性中——指派我,要求我,呼唤我"②。但是,马里翁指出,他提出的这个呼唤,并不是要扩展现象学的领域,而是为了指出,首先,不同的呼声会取消或淹没存在所发出的呼声;其次,更为重要的是,在存在发出的呼声之前,已经有了一个纯粹形式的呼声:"在存在的单纯呼唤之前,呼唤的模型就已经施行了。在存在发出呼唤之前,这个呼声作为纯粹的呼唤,已经发出了呼唤。"这个纯粹形式的呼声并不是"诸多可能呼声中的一种呼声",它其实是"这个呼声本身"。③ 存在之呼声的可能基础,恰恰就是这个纯粹形式的呼声或呼声自身。

由于纯粹形式的呼声不是确定的或不确定的某个个别的呼声,它并没有预先被限定在对象性上(胡塞尔),没有被预先被限定在存在上(海德格尔),甚至也没有被预先被限定在伦理的呼唤上(列维纳斯),它是空洞的、没有内容的、纯粹形式的呼唤本身。

---

① Jean-Luc Marion, *Reduction and Givenness*, trans by Thomas A. Carlson, Evanston:Northwestern University Press,1998,p. 196.

② Jean-Luc Marion, *Reduction and Givenness*, trans by Thomas A. Carlson, Evanston:Northwestern University Press,1998,pp. 196-197.

③ Jean-Luc Marion, *Reduction and Givenness*, trans by Thomas A. Carlson, Evanston:Northwestern University Press,1998,p. 197.

以上是马里翁在《还原与给予性》中所提出的第三个还原。马里翁说:"第三个还原——我们整个事业无非是要朝向于使我们认识到这一点是不可避免的——准确地说不存在(n'est pas/is not),因为严格地实施着还原的的呼唤,并非来自存在的(也非对象性的)视域,而是来自呼唤的纯粹形式。"①

同样,依照考察还原的四个方面,马里翁这样来概述他的第三个还原②:① 它还原到被呼唤者,甚至引回到单纯的听者的形象;而这一形象则是由呼唤所创立的,呼唤先于这一形象,这一呼唤是不确定的,是绝对的。②它给出了赠予物本身(le don lui-même/the gift itself),这是让人走向或避开其呼唤之要求的赠予物。③其视域是绝对无条件的呼唤和绝对无限制的回应。④呼唤之要求是没有条件和规定性的,因而这一呼唤就没有限制,既不限制于对象化之物,也不限制于非对象化之物;既不限制于必定存在之物,也不限制于不必存在之物。马里翁说,简而言之,第三个还原还原到了被呼唤者(interloqué),因而给出了一切能呼唤的东西和能被呼唤的东西。

此外,由于马里翁认为,还原总是引向了给予性,因而,他在《还原与给予性》的"结语"部分,提出了"越多还原,越多给予性"的原则。③ 在他看来,还原并不是一个独立封闭的概念,而是与给予性有着本质关联,即还原必然引向给予性。

在《还原与给予性》中,马里翁提出的第三个还原,把前两个还原引回到了纯粹形式的呼唤。而在《被给予》中,马里翁将此说法修正为,第三个还原引回到了给予性。在《被给予》开篇的"初步回应"

---

① 　Jean-Luc Marion, *Reduction and Givenness*, trans by Thomas A. Carlson, Evanston:Northwestern University Press,1998,p. 204.

② 　Jean-Luc Marion,*Reduction and Givenness*,trans by Thomas A. Carlson,Evanston:Northwestern University Press,1998,pp. 204-205.

③ 　Jean-Luc Marion, *Reduction and Givenness*, trans by Thomas A. Carlson, Evanston:Northwestern University Press,1998,p. 203.

中,马里翁说:"胡塞尔的先验还原事实上是在对象性的视域中运作的,海德格尔的生存论还原是在存在的视域中展示的。"接下来,便出现了这种可能性,即"还原不再被对象或存在者阻挡",而是可以彻底化到"被给予物本身"或"纯粹被给予物",引回到"纯粹被给予状态",或者说,这个还原是"把现象性还原到给予性"。①

下面笔者就《还原与给予性》一书的主要内容,适当结合《被给予》中马里翁对《还原与给予性》的反思,对马里翁的第三个还原作以下概括:

第一,从目的上看,马里翁《还原与给予性》的核心目的在于阐明,还原服务于给予性以及还原是如何服务于给予性的。在该书的前言中,马里翁说,其研究"旨在把给予性置于还原的中心,因而置于现象学的中心"。② 或许我们可以这么说,还原与给予性的次序或关系,正如《还原与给予性》的书名中所列的还原与给予性的次序。还原先于给予性而实施,最终则引向给予性;给予性在后面到来,但却处于中心地位。还原服务于或引向给予性,这一点是马里翁整个考察的核心内容,因而无论是他对胡塞尔还原与海德格尔还原的具体讨论,还是他所提出的第三个还原,都是围绕这一点进行的。

第二,从视角来看,马里翁考察还原的视角,既不是胡塞尔的认识论视角,也不是海德格尔的存在论视角,我们或可称之为绝对的或无条件的视角。马里翁现象学的核心概念是给予性。在马里翁看来,给予性就在于"它给出它自身"(il se donne/it gives itself)③,它只是给出它自己,因而无须任何外在的条件或限制,是绝对的或无条件

---

① Jean-Luc Marion, *Being Given*, trans by Jeffrey L. Kosky, Stanford: Stanford University Press, 2002, pp. 2-3.

② Jean-Luc Marion, *Reduction and Givenness*, trans by Thomas A. Carlson, Evanston: Northwestern University Press, 1998, p. xi.

③ Jean-Luc Marion, *Being Given*, trans by Jeffrey L. Kosky, Stanford: Stanford University Press, 2002, p. 2.

的。具体到现象学上,给予性本身就不应当限制在对象性或存在上,而是处在对象性和存在之外。由于还原应服务于或引回到给予性,那么还原也就不能只在认识论现象学和存在论现象学中使用或被限制于其中,而应从绝对的或无条件的给予性的这一视角来考察还原。

第三,从具体的论证线索看,马里翁的论证主要是历史式的考察和推论。[1] 也就是说,从现象学发展史、主要是从胡塞尔到海德格尔的发展入手,对胡塞尔还原和海德格尔还原进行考察,然后推出他本人的第三个还原。具体来说,马里翁认为,胡塞尔的还原所引向的是绝对被给予性;海德格尔的还原力图要实现的是将存在本身之被给予性,即最终将未被给予的引回到存在之亲身被给予性。但胡塞尔还原囿于对象性,海德格尔还原囿于存在,因而需要提出第三个还原即彻底的还原,从而引向真正的绝对被给予性。

但不得不说的是,在对胡塞尔还原和海德格尔还原考察之前,马里翁似乎已经先行有了给予性的观念,然后他依照给予性观念,来考察胡塞尔和海德格尔的还原并推出他的第三个还原。这使得马里翁的第三个还原以及给予性概念提出之后,遭到了一些学者比如雅尼考等的批评,认为他的现象学是披着神学外衣的现象学。对此,笔者在后面将进行讨论。

第四,从效果或价值来看,第三个还原使给予性从对象性和存在解放了出来,使得一些既非对象性也非存在的现象能够得到展示和描述。依照马里翁本人所说的,他的还原可以促成"描述某些特异的现象,那些被先前的形而上学和现象学忽略或排除的现象,即溢满于直观的现象"[2]。事实上,也正是借由第三个还原所引向的绝对的、无条件的给予性,使绝对的、无条件的给予性成为现象性的核心标

---

① Jean-Luc Marion, *Being Given*, trans by Jeffrey L. Kosky, Stanford: Stanford University Press, 2002, p. 2.

② Jean-Luc Marion, *Being Given*, trans by Jeffrey L. Kosky, Stanford: Stanford University Press, 2002, pp. 3-4.

志,从而可以考察那些超出主体把握能力的溢满现象,而溢满现象的提出,恰恰是马里翁对现象学的核心贡献之一。

第五,从概念的清晰性来看,对于其现象学的核心概念还原以及给予性,马里翁的阐述是有欠清晰的。比如,既然还原是需要实施的,那么胡塞尔的还原、海德格尔的还原,尤其是他的第三个还原,究竟是什么、如何实施、由谁来实施?他现象学著作中的给予性与他神学著作中的给予性之间是否可以撇清关系?给予性概念的确切含义到底是什么?对于这些,他在《还原与给予性》中并没有给出确切的界定,因而引发了一些学者的批评。虽然在《还原与给予性》之后出版的《被给予》一书中,他对这些质疑或批评进行了集中回应,对相关概念尤其是给予性做了一些澄清,但似乎仍显不够。

第五章
马里翁第三个还原与拯救现象

马里翁认为,还原所服务的是给予性。还原与给予性概念、现象性概念有着密切的关系。更准确地说,还原是要回到给予性或现象性,也就是对现象或现象性进行拯救。接下来我们首先澄清给予性概念的含义。

第一节　给予性的含义

给予性(donation)是马里翁现象学的核心概念之一。但在马里翁现象学中,这个词的含义并不是非常清晰,因而比如 Jocelyn Benoist 就说他被 donation/givenness 这个概念烦扰。[1]

要考察给予性的含义,我们就有必要首先从这个词的起源处开

---

[1]　Chrisina M. Gschwandtner, *Reading Jean-Luc Marion*, Bloomington and Indianapolis: Indiana University Press, 2007, pp. 261-262.

始,然后考察马里翁对它的使用和说明。

一、给予性的来历

在《还原与给予性》中,马里翁的给予性(donation)是对胡塞尔的被给予性(Gegebenheit)的法文翻译。但是,这两个词并不严格对应。

首先,单纯从词法上讲,Gegebenheit 意味着:①被动的,②已完成的或既成的,③"被给予"的状态或性质。就①"被动的"来讲,它意味着,某个东西是被给出的。具体到胡塞尔的现象学,它意味着是被直观(行为)所给出的,因为直观的作用是把对象带到被给予性上,[①]而只有纯粹直观才能把对象本身(比如思维本身、物本身)"准确地带到自身被给予性上"[②]。②"已完成的、既成的",指的是一种事实性的东西,我们只能将其接受下来。

就①和②来讲,被给予性与被给予物(the given)是等同的。从德文语词上说,被给予性作为不可数名词,指的是现实性(reality,actuality),作为复数,则指的是(被给予的)事实和材料(given facts,data)。就胡塞尔的使用来看,被给予性也经常与被给予物是等同的,比如在《现象学的观念》中,胡塞尔说,要把研究"限制在纯粹自身被给予性的领域内……限制在那些完全在其被意指的意义上的被给予物和最严格意义上的自身被给予物的领域内,以至于被意指者中没有什么东西不是被给予的"[③] 在认识论上,被给予物指的是经验到的原始事实(the brute fact),我们只能将其接受下来,而不能改

[①] Husserl, *Ideas I*, trans by F. Kerste, The Hajue: Martinus Nijhoff Publishers, 1982, p. 9. "bringt sie ihn zur Gegebenheit."

[②] Husserl, *The Idea of Phenomenology*, trans by Lee Hardy, Dordrecht: Kluwer Academic Publishers, 1999, p. 65.

[③] Husserl, *The Idea of Phenomenology*, trans by Lee Hardy, Dordrecht: Kluwer Academic Publishers, 1999, p. 45.

变它,它是最原初的知识或者说是一切其他知识的基础。胡塞尔在《观念Ⅰ》§24提出了"一切原则之原则",并强调要忠实于在直观中所给出的东西,每一理论都只能从"原初的被给予性(originären Gegebenheiten)中汲取其真理"。① 在《观念Ⅰ》§26中,胡塞尔提出要"牢记一切方法中最普遍的原则,即一切被给予性(Gegebenheiten)的原初正当性的原则"。② 在此,被给予性都用的是复数形式,等同于被给予物(the given),意味着事实(facts)。利科认为,这表达了现象学"对纯粹被给予物的尊重"。③ 施皮格伯格对《观念Ⅰ》中的原则之原则做了解释,也在相同的意义来理解被给予性。施皮格伯格说:"'一切原则之原则'指的是'亲身的现实性'(leibhafte Wirklichkeit),这个词刻画了第一手直观到的材料,好像是它们亲身地呈现它们自身一样,这就是这个德文词所暗示的。胡塞尔把这种真正的被给予性特别归于真正感知的材料。"④

关于③"'被给予'的状态或性质",这个含义在胡塞尔这里似乎并不是非常明显,后缀-heit在许多情形中并不意味着"状态或性质",比如,胡塞尔早期把数理解成为一种对象性(Gegenständlichkeit),在《逻辑研究》当中又把对象(Gegestand)和对象性做了区分,对象性泛指广义的对象。⑤

从语词上讲,Gegebenheit至少具有以上三种含义,但就胡塞尔对

---

① Husserl, *Ideas I*, trans by F. Kerste, The Hajue: Martinus Nijhoff Publishers, 1982, p. 44.

② Husserl, *Ideas I*, trans by F. Kerste, The Hajue: Martinus Nijhoff Publishers, 1982, p. 47.

③ Paul Ricoeur, *A Key to Husserl's Ideas I*, trans by Bond Harris & Acqueline Bouchard Spurlock, Milwaukee: Marquette University Press, 1996, p. 83.

④ Herbert Spiegelberg, *The Phenomenological Movement*, 3rd, Dordrecht: Kluwer, 1994, p. 115.

⑤ Husserl, *Logical Investigations*, Vol. I, trans by J. N. Findlay, New York: Humanities Press, 1970, p. 281.

这个词的使用而言,这个词主要意指被给予物。但这里要稍作补充的是,被给予性也可能会有其他的含义。比如 John J. Drummond 认为,"被给予性是作为对象而被给予意识的条件"①。

除了与胡塞尔的被给予性的关系之外,就马里翁本人对给予性的讨论来看,它还与海德格尔的"es gibt"("它给出"或"有",法语为 cela donne)有密切关系。"Es gibt"从字面上看是"它给出"(it gives),但在句子中往往指"有"(there is)。

马里翁认为,海德格尔是在给予性即"es gibt"中来提出和讨论存在问题的,"es gibt"先于存在。② 比如,海德格尔在《存在与时间》§43 中说,"只有当此在存在,也就是说,只有当存在之领会在存在者层次上的可能性存在,才'有'(gibt es)存在"③。在马里翁看来,这句话意味着,一方面,存在承认了一个存在者层次上的前提:此在;另一方面,存在在"es gibt"中出现。④ 还有,在 §44 中,海德格尔说:"只有当真理存在时,才'有'(gibt es)存在——而不是存在者。而只有当此在存在,真理才存在。"⑤

存在不是存在者,那么,存在如何被展示出来呢? 马里翁回答,是"依照给予性,在并通过'它给出'(it gives)而得到展示的……从

① John J. Drummond, *Historical Dictionary of Husserl*, Lanham, Md. : Scarecrow Press, 2008, p. 88.

② Jean-Luc Marion, *Being Given*, trans by Jeffrey L. Kosky, Stanford: Stanford University Press, 2002, p. 33.

③ Heidegger, *Being and Time*, trans by John Stambaugh, Albany: State University of New York Press, 1996, p. 196.

④ Jean-Luc Marion, *Being Given*, trans by Jeffrey L. Kosky, Stanford: Stanford University Press, 2002, pp. 33–34.

⑤ Heidegger, *Being and Time*, trans by John Stambaugh, Albany: State University of New York Press, 1996, p. 211. "Sein – nicht Seiendes –》gibt es《 nur, sofern Wahrheit ist. Und sie ist nur, sofern und solange Dasein ist. "

一开始，'it gives'就伴随了存在，并且在给予性中，'it gives'了这个存在"①。可见，马里翁把给予性（donation）和 it gives（es gibt）关联在了一起。从语词上看，"es gibt"中的"gibt"表示的是主动态。

这样看来，马里翁把胡塞尔的 Gegebenheit 译为 donation，主要是被动的含义，但给予性同时又有海德格尔的"es gibt"中的主动含义。而且，马里翁对这个词的使用也包含这些含义。方向红教授举了这样一些例子：

> 马里翁一方面用 donation de soi 翻译胡塞尔的"Selbst-gebung"，另一方面对胡塞尔的 Gegebenheitsweisen 仍然启用同一个术语来翻译：des modes de donation；再如，法文的"autodonation"在马里翁眼里就等于现象学的"Selbstgegebenheit（自身被给予）"；而德文"原初的自身给予（originären Selbstgebung）"换成法语仍然是 donation en personne originaire。②

也就是说，马里翁对 donation 的使用既有被动的含义也有主动的含义。

问题是，马里翁用给予性（donation）同时来包含胡塞尔的 Gegebenheit 和海德格尔的 es gibt，同时，马里翁又强调要用英文的 givenness 来对应于法文的 donation，而 giveness 又只包含有被动的和既成的含义，无法表达出马里翁对这个词的使用中所包含的主动的含义。这就很容易导致读者对这个概念的误解。

---

① Jean-Luc Marion, *Being Given*, trans by Jeffrey L. Kosky, Stanford: Stanford University Press, 2002, p.34.

② 马里翁:《还原与给予——胡塞尔、海德格尔与现象学研究》, 方向红译, 上海:上海译文出版社, 2009, 译者序, 第4—5页。

二、给予性的含义 I：给出—被给予物的褶子

《被给予》一书的英文译者 Jeffrey. L. Kosky 对马里翁把胡塞尔的 Gegebenheit 译为 donation 做了说明。① 他说，马里翁惯常用法文后缀 -ité 来对应于德文后缀 – heit，比如，马里翁把胡塞尔的对象性 (Gegenständlichkeit) 译为 objectité，那么，按照马里翁惯常的译法，他应该把 Gegebenheit 译为 donéité，把 Gegebenheit 译为 donation 其实就不是马里翁惯常的译法。可见，马里翁对其现象学中的核心词 donation 确实别有一番用意。这种译法违背了他的惯常译法，并且因其歧义性而遭到了诸多质疑和批评，那么，donation 到底有哪些含义呢？

对于这些质疑，马里翁在《被给予》一书中给出了回应。马里翁认为，给予性自身的多义性是不容回避的，必须来澄清这个概念的多义性。但是，不能仅仅因为其多义性而完全否定或取消这个概念。下面我们来看马里翁对这个词的含义的解释。

首先，关于胡塞尔的 Gegebenheit 的翻译，马里翁提到，《现象学的观念》的法文译者 A. Lowith 认为被给予性有两种含义，即①被给予物，②被给予的特性，因而 A. Lowith 相应地把被给予性译为被给予物(the given)和在场(presence)。② 马里翁并不认同这种做法，因为这种做法会"断开被给予物与给予性之过程的关系，尤其是断开被给予物与那可能会给出它的极(pôle/pole)的关系"，"不仅会把给予性简化为被给予物，而且会把被给予物简化为原始事实，被中性化并

---

① Jean-Luc Marion, *Being Given*, trans by Jeffrey L. Kosky, Stanford：Stanford University Press, 2002, p. 341, note 117.

② Jean-Luc Marion, *Being Given*, trans by Jeffrey L. Kosky, Stanford：Stanford University Press, 2002, p. 66.

被夷平",从而失去了"礼物的地位或者给予性之过程所留下的踪迹（trace/trace）"。① 但是,至于胡塞尔本人的被给予性概念是否有这么丰富的内容,马里翁并不确定,马里翁只是说,把 Gegebenheit 译为中性的被给予物会遮蔽给予性的褶子(给出—被给予物;下文将具体讨论),这样的话,"我们如何不去思忖,对给予性的褶子的遮蔽,是否与胡塞尔的整个事业相冲突?"②

当然,马里翁的这种质疑也是一种可能性,但是,马里翁所批评的观点也是可能的甚至更能站得住脚。毕竟,胡塞尔现象学主要是认识论,它所要求的被给予性必须中立于任何一种理论或假说,因而,更符合胡塞尔的被给予性的解释正是中性的被给予物。事实上,胡塞尔确实明确谈及过这一点。在《逻辑研究》中胡塞尔说:"纯粹现象学展示了一个中立研究领域,诸科学在这个领域中有着它们的根(Wurzeln)。"③这种中立性并不仅仅是对存在不执态,而是说,由于它要为一切科学奠基因而必须中立于一切理论或假说,相应地,其被给予物也必须是中立性的。而且,现象学要求严格的清楚分明,而这种清楚分明必须求诸于直观,那么,马里翁所说的被给予物背后还有某种谜一样的给出过程乃至其留下的踪迹,这些非直观地被给予的东西,显然很难容纳于胡塞尔现象学主导框架之内。

但无论如何,马里翁会认为,给予性的含义并不只是被给予物,而是会有给出之过程、给出之极。下面我们具体来看马里翁对给予性的正面解释。

马里翁首先对这个词在法语中的使用做了说明。在法语中,给

① Jean-Luc Marion, *Being Given*, trans by Jeffrey L. Kosky, Stanford:Stanford University Press,2002,p. 67.

② Jean-Luc Marion, *Being Given*, trans by Jeffrey L. Kosky, Stanford:Stanford University Press,2002,p. 67.

③ Husserl, *Logical Inverstagations*, p. 249 (A4/B13). 关于胡塞尔的被给予性概念,可参见§5 所作的较为详细的讨论。

予性(donation)具有两义性(duality)①:一方面,乍看起来,它确实只意味着被给予物(the given)、形成了的礼物(the gift made)、原始的和中性的材料。作为礼物的话,这个礼物是持存的存在者。但是,马里翁认为,我们不能只满足于把给予性理解为给予物、材料,或原始的事实性。

那么,在给予物、原始事实之外,还有其他什么东西包含在给予性概念中呢?这便是马里翁所认为的给予性的另一含义:给出的过程、运动。马里翁举了这个例子:在数学考试中,考题作为被给予物,被给予了考生。这些考题并不是考生自己所选择的,不是考生自己把考题给了自己,而是说,作为被给予物的考题出于考生意料之外地发生、降临、施加于考生,这就证实了一点:在此,有一个"给出考题的给予性的运动",这个运动就是考题"把它自身施加给我、抵及于我面前"的运动。② 马里翁也称这种给出着的运动为给予性,比如,"考题的分配(即给予性)","没有出现(surgissement/arising)——给予性的话,这些被给予物绝不会出现","给予性并不是作为含糊的背景而加于被给予物的;给予性标志着发生(advenue/happening)"。③ 实际上,这里的给予性指的是给出或给出的过程。④

也就是说,马里翁认为,给予性意味着一个褶子:"被给予性(Gegebenheit)的两种可能含义的褶子(pli/fold):作为给予性之结果

---

① Jean-Luc Marion, *Being Given*, trans by Jeffrey L. Kosky, Stanford:Stanford University Press,2002,p.62.

② Jean-Luc Marion, *Being Given*, trans by Jeffrey L. Kosky, Stanford:Stanford University Press,2002,p.63.

③ Jean-Luc Marion, *Being Given*, trans by Jeffrey L. Kosky, Stanford:Stanford University Press,2002,pp.63-64.

④ Jean-Luc Marion, *Being Given*, trans by Jeffrey L. Kosky, Stanford:Stanford University Press,2002,p.65.

（被给予物）以及作为过程（给出）的给予性。"①我们把这个褶子简写为给出—被给予物。

关于给出与被给予物之间的关系，马里翁认为，二者"当然不是同一个东西，但被给予物若没有给予性便是不可思想的或不能显现的"②；此外，"被给予物由给予性的过程所发出，被给予物显现但却留下了隐匿了的给予性本身，它变成了谜一般的东西"③。由这里的"隐匿了的……谜一般的东西"，以及"给予性之过程所留下的踪迹（trace/trace）"④，我们似乎可以看到海德格尔和德里达的影子。

John E. Drabinski 对马里翁的给予性（donation）做了较为清晰的说明。Drabinski 认为，donation 有着双重的含义：首先，它是一个名词，意指某些被给予的东西；其次，它是动名词，意味着主动性，这个"主动性它处在被给予物自身后面，作为被给予物的意义和可能性条件"，但是，Drabinski 同时也指出，马里翁坚持把 Donation 翻译为英文的 givenness，会让人只注意到被给予物的含义，因而"有这种风险：掩盖了 donation 一词的主动的维度"。⑤ Drabinski 正确地指出了英文读者受 givenness 一词所困扰的根源。

① Jean-Luc Marion, *Being Given*, trans by Jeffrey L. Kosky, Stanford：Stanford University Press, 2002, p. 66.

② Jean-Luc Marion, *Being Given*, trans by Jeffrey L. Kosky, Stanford：Stanford University Press, 2002, p. 64.

③ Jean-Luc Marion, *Being Given*, trans by Jeffrey L. Kosky, Stanford：Stanford University Press, 2002, p. 68.

④ Jean-Luc Marion, *Being Given*, trans by Jeffrey L. Kosky, Stanford：Stanford University Press, 2002, p. 67.

⑤ John E. Drabinski, "Sense and Icon：The Problem of Sinngebung in Levinas and Marion," *Emmanuel Levinas：Critical Assessment of Leading Philosophers*, ed. Claire Katz with Lara Trout, vol. Ⅱ, London：Routledge, 2005, p. 117.

三、给予性的含义 Ⅱ：作为现象性的给予性

马里翁说,"给予性定义了现象性"①,以及,第三个还原"把现象性还原到给予性"②。这些话体现出了给予性与现象性之间的关联。事实上,在马里翁对给予性的含义的诸多刻画中,最值得注意的便是现象性。

在§2中,我们简要谈及过现象性。让我们先回顾一下。马里翁引用了海德格尔的话:现象学"与诸现象没有任何关系,尤其是单纯现象更加没有关系",现象学所讨论的是现象的"展示方式"(*Art der Aufweisung*)。马里翁对海德格尔这些话的解释是:现象学"讨论的不是现象,而是通过现象甚至是直接地来讨论现象的现象性"。③可以看出,马里翁所说的现象性便是海德格尔所说的现象的展示方式。

这里,重要的是,马里翁所说的现象性或现象的展示方式,指的是现象(显现者)侧的展示方式,而非主体侧(比如先验主体性的某种行为,如直观、想象、回忆等)对现象的展示方式,也不是现象学家展示现象的方式。比如,马里翁引用了胡塞尔《哲学作为严格的科学》中的话"我们必须如同现象它自身给出的那样来接受现象",马里翁认为,胡塞尔这句话"包含了对现象之绝对给予性的定义,因而

---

① Jean-Luc Marion, *Being Given*, trans by Jeffrey L. Kosky, Stanford: Stanford University Press, 2002, p. 61.

② Jean-Luc Marion, *Being Given*, trans by Jeffrey L. Kosky, Stanford: Stanford University Press, 2002, p. 2, p. 3.

③ Jean-Luc Marion, *Reduction and Givenness*, trans by Thomas A. Carlson, Evanston: Northwestern University Press, 1998, p. 49. 海德格尔的这段话见 Heidegger, *History of the Concept of Time*, trans by Theodore Kisiel, Bloomington: Indiana University Press, 1985, p. 86; Heidegger, *Being and Time*, trans by John Stambaugh, Albany: State University of New York Press, 1996, p. 61.

它指向了现象之现象性,并展现出现象性的无条件性"。① 马里翁的这种解释意味着,现象性指的是现象自身给出自身。结合前面马里翁所说的现象的展示方式,现象性便意味着现象展示自身的方式即给予性或自身给出。

但是,这里需要指出的是,马里翁对海德格尔所说的"展示方式"的解释并不符合海德格尔的原意,这是一种误读。马里翁所说的现象性即现象的展示方式,即自身给出。但事实上,海德格尔所说的展示方式并不是这种意思。我们来看海德格尔本人的说法。

海德格尔在对"现象学"(Phänomenologie)一词中的"现象"和"学"进行界定时,追溯了"学"的希腊词含义。这里的"学"是逻各斯(λόγος),逻各斯的基本含义是话语(Rede),而话语具有"'让人'由……'看'""使……公开"等含义②,也就是说,话语总是有所展示,把话语所谈及的东西公开出来、展示出来让人看,因而逻各斯便意味着让看到(Sehenlassen)。由于逻各斯意味着让看到,因而现象学作为"学"便意味着现象学研究所需要的展示现象、阐明现象的方式和方法。③ 显然,海德格尔所说的"展示方式"本身并不是现象(显现者)展示自身的方式,而首先是现象学(家)展示现象的方式。

马里翁对海德格尔说的现象的展示方式的误读,无论是无意为之还是刻意为之,这里无须进行考察。重要的是要考察,马里翁对现象性所作的界定、现象性与现象性(现象展示自身的方式)之间的关

---

① Jean-Luc Marion, *Reduction and Givenness*, trans by Thomas A. Carlson, Evanston:Northwestern University Press,1998,p. 50. 胡塞尔原文见胡塞尔:《文章与讲演(1911—1921 年)》,倪梁康译,北京:人民出版社,2009,第 33 页。"Man muß,hieß es,die Phänomene so nehmen,wie sie sich geben."

② Heidegger,*Being and Time*,trans by John Stambaugh,Albany:State University of New York Press,1996,p.56.

③ Heidegger,*History of the Concept of Time*,trans by Theodore Kisiel,Bloomington:Indiana University Press, 1985, p. 86; Heidegger, *Being and Time*, trans by John Stambaugh,Albany:State University of New York Press,1996,p.61.

系,以及这些对现象学还原和现象学的意义。

马里翁认为,现象性是现象展示自身的方式,要理解现象性,就要依照给予性来理解现象性。马里翁在《被给予》中说:"承认现象特有的现象性——它依照自身显示自身的权利和力量——意味着,依照给予性来理解它"①,以及,"当问题是现象性时,一切便由给予性决定了,并且基于绝对给予性被决定了——'最终之物'"②。从这些话可以看出,给予性意味着现象依照自身显示自身,给予性决定了现象性也就是现象展示自身的方式,也就是说,现象展示自身的方式是依照自身给出自身。

这种依照自身给出自身的现象性意味着绝对的或无(外在)条件的。在马里翁的用词中,绝对的往往意味着无条件的。③ 马里翁说:"只有现象被承认为(admitted)它们给出自身之物——被给予物,纯粹的——现象之显现才是无条件的。"④也就是说,现象之显现无须外在的条件,它依照自身给出自身,它的给予物也必须被承认为是它自身给出的:"'被给予'必须被理解为它给出自身。"⑤

上文引用的《被给予》中的"绝对的"和"最终之物"这些词,很容易使我们想起马里翁在《还原与给予性》中引用的胡塞尔的话"绝对的给予性(Gegebenheit)是最终之物",马里翁把这句话解释为"单独

① Jean-Luc Marion, *Being Given*, trans by Jeffrey L. Kosky, Stanford: Stanford University Press, 2002, p. 19.

② Jean-Luc Marion, *Being Given*, trans by Jeffrey L. Kosky, Stanford: Stanford University Press, 2002, p. 27.

③ Jean-Luc Marion, *Being Given*, trans by Jeffrey L. Kosky, Stanford: Stanford University Press, 2002, p. 320.

④ Jean-Luc Marion, *Being Given*, trans by Jeffrey L. Kosky, Stanford: Stanford University Press, 2002, p. 320.

⑤ Jean-Luc Marion, *Being Given*, trans by Jeffrey L. Kosky, Stanford: Stanford University Press, 2002, p. 2.

给予性便是绝对的、自由且无条件的,这正是因为它给予"①。把上文我们对给予性和现象性的分析,与§2对胡塞尔的被给予性的分析结合起来,我们便可以更清楚地看出,马里翁这是对胡塞尔的被给予性的误读。这种误读的关键之处在于,从德文 Gegebenheit(被给予性)到法文 donation(给予性)的转换中的"被"被拿掉了。德文 Gegebenheit 明确是被给予性,无法被解释为给出(giving)。但法文 donation 有被给予物的含义,而且也有被解释为给出(giving)的空间,比如它有善行(bienfait/the act of conferring aid of some sort)的含义。②这样便会形成马里翁所说的被给予物—给出(the given-giving)的褶子。由这个褶子出发,便可以把给予性解释为现象性:有被给予物,就会有给出;而且,由于被给予物和给出都含在 donation 一词中,那么这个给出应是现象自身的给出;这样便可进一步地解释为现象它给出自身(it gives itself),也就是作为现象性的给予性了。

通过以上的讨论,我们会更清楚地理解马里翁误读胡塞尔的"绝对的被给予性"的意图了,即马里翁意在强调现象之现象性,即依照自身显示自身或者说它给出自身而没有任何条件(绝对的)。相应于作为现象之现象性的给予性(it gives itself),我们则必须按照其现象性来接受它的自身给出以及自身给出之物。

由于还原引向的是给予性,那么,在澄清了给予性的含义之后,我们便可以进入对第三个还原的讨论了。

---

① 　Jean-Luc Marion, *Reduction and Givenness*, trans by Thomas A. Carlson, Evanston:Northwestern University Press,1998,p. 33. 此处马里翁所使用的法译本原文为"La donation (Gegebenheit) absolue,tel est le dernier mot"。胡塞尔的德文原文为"Absolute Gegebenheit ist ein Letztes",见 Husserl,*The Idea of Phenomenology*,trans by Lee Hardy,Dordrecht:Kluwer Academic Publishers,1999,p. 45.

② 　http://www. wordreference. com/fren/reverse/donation,2017-08-20.

第二节 回到给予性与拯救现象

——●◆●——

如果说现象学要"回到事物本身",那么,是要回到对象性(胡塞尔),还是要回到存在? 这是马里翁提出的问题。[①] 马里翁对这个问题的回答是,现象学既不应回到对象性,也不应回到存在,而是要回到给予性(donation)。马里翁为什么要这么回答呢? 这种回答意味着什么呢?《被给予》§3(标题为"对象性和存在性")集中展示了马里翁对对象性和存在性的批评,以及他对给予性的强调和坚持。我们将首先讨论马里翁对胡塞尔的对象性和海德格尔的存在性的回应和批评,然后讨论马里翁在此所使用的现象学方法,以及这些回应与批评对于现象学自身发展的意义之所在。

一、对胡塞尔"给予性"和"对象性"概念的回应与批评

对于胡塞尔现象学,马里翁关注最多的是"给予性"概念。马里

---

① Jean-Luc Marion, *Reduction and Givenness*, trans by Thomas A. Carlson, Evanston: Northwestern University Press, 1998, p. 2.

翁认为,一方面,给予性①是胡塞尔现象学的终极概念,但另一方面,胡塞尔把给予性限定在对象性上,从而错失了给予性的终极性或原初性。

(一)"给予性"是胡塞尔现象学的"终极概念"

胡塞尔现象学中有一些核心概念,比如意向性、对象性、给予性、构成等等。马里翁认为,给予性概念并不简单只是与其他概念相平行的诸多概念之一,借用胡塞尔本人的话说,给予性是"终极概念",原因在于,给予性"敞开了现象性的整个领域"。② 给予性概念的终极性,体现在以下方面:

首先是给予性的范围几乎囊括了所有可能的现象。马里翁列举了胡塞尔本人的文本③:(a)"我思的给予性";(b)"在新鲜回忆中的我思的给予性";(c)"在现象之流中持续的现象统一体的给予性";(d)"这个统一体的变化的给予性";(e)"'外'知觉中的事物的给予性";(f)"想象和记忆的不同样式的给予性";(g)"逻辑之物的给予性",比如共相、谓词等;(h)"悖谬、矛盾、非存在等的给予性等等"。马里翁尤其强调了胡塞尔这里所用的"等等"一词,"等等"涵盖着其他未能列举的可能现象。而且,马里翁还特别提到,胡塞尔也讨论过

---

① 在胡塞尔现象学中,"Gegebenheit"主要是在"被给予物"(the given)的意义上使用的,因而通常翻译为"被给予性"。"Gegebenheit"与法文的"donation"相对应,而"donation"则既有被给予和已然给予的含义,而且也有主动的给出(giving)的含义。也就是说,单就语词来看,"Gegebenheit"与"donation"的含义并不完全一致。但马里翁在考察了胡塞尔本人的文本之后指出,关于"给予",胡塞尔本人也用过主动的含义("Es gibt"),因而,马里翁的"donation"涵盖了胡塞尔现象学中"给予"或"给出"所具有的主动和被动的双重含义。在这个意义上,"donation"与胡塞尔对"给出"或"给予"的使用是基本一致的。

② Jean-Luc Marion, *Being Given*, trans by Jeffrey L. Kosky, Stanford:Stanford University Press,2002,p. 27.

③ Jean-Luc Marion, *Being Given*, trans by Jeffrey L. Kosky, Stanford:Stanford University Press,2002,p. 28.

传统形而上学的核心概念"存在"和"存在者",在胡塞尔现象学中,这两种现象要显示的话,也都要依照给予性。①

其次,胡塞尔现象学"甚至可以被定义为是对给予性程度的分类"②。给予性覆盖了现象的所有领域,而且,给予性也总是有程度上的差异的。比如,对眼前一棵树的知觉的给予性、对之前看到的一朵花的回忆的给予性、对独角兽的想象的给予性,甚至"圆的方"的给予性,其清晰性和确定性的程度是不同的。但是,显然不能把所有这些方式的给予性都说成是"真正意义上的现实给予性"(wirkliche Gegebenheiten im echten Sinne)。因而,这里就有一个关键性的问题:如何对给予性的程度进行区分或分类?

(二)胡塞尔把"给予性"归约为"对象性"而错失了"给予性"

从文本上看,胡塞尔也谈及过存在(Sein),但马里翁认为,首先,胡塞尔并未把存在和存在者区分开来;其次,存在和存在者以及所有其他现象的给出或显现都要以对象性的方式显示,这种做法是成问题的。

首先,马里翁认为,胡塞尔把存在和存在者混同了起来,又把存在和存在者跟对象又等同了起来。马里翁的这种说法可以从他所引用的胡塞尔的文本"内在的或绝对的存在以及超越的存在都被称为存在者、对象"③中得出来。对于胡塞尔的这段文本,马里翁的回应是,把存在和存在者等同起来是成问题的,因为胡塞尔没有考虑到存

---

① Jean-Luc Marion, *Being Given*, trans by Jeffrey L. Kosky, Stanford：Stanford University Press,2002, p. 30.

② Jean-Luc Marion, *Being Given*, trans by Jeffrey L. Kosky, Stanford：Stanford University Press,2002, p. 29.

③ Jean-Luc Marion, *Being Given*, trans by Jeffrey L. Kosky, Stanford：Stanford University Press,2002, p. 31；Husserl, *Ideas I*, trans by F. Kersten, The Hajue：Martinus Nijhoff Publishers,1982, p. 111. "Immanentes oder absolutes Sein und transzendentes Sein heißt zwar beides ' seiend ', ' Gegenstand '. "

在论差异(海德格尔)。而且,也没有充分根据,来支持胡塞尔把存在者和对象等同的做法。① 这样,胡塞尔的这种做法实质上是使对象或对象性成了"一个空的视域,这个视域接受所有可能的现象,但自身却不必显示"②。或者说,这是施加给现象的外在的框架,一切现象要么在其中显示,要么根本不显示。

其次,马里翁指出,胡塞尔也把给予性和对象性混同起来了。马里翁举出了胡塞尔的文本:"问题在于展示真正的给予性的各种样式,也就是说,对象性的各种样式的构成及其相互关系。"③这意味着,给予性和对象性被胡塞尔混同了起来。但问题是,虽然对象性也给出自身,但这并不能得出,给出自身的东西都必然首先要被对象化或以对象性的方式显示。对象性仅只是诸多给予性样式中的一种样式。在马里翁看来,给予性是现象性的最终标准,要由给予性来测度对象性,而不是反过来,由对象性来测度给予性。

总之,马里翁认为,胡塞尔把给予性限定在了对象性这种最低层级④的现象类型上了。胡塞尔"使给予性屈从于对象性这一未经考察的范例(paradigme ininterrogé)",因而,胡塞尔未能达到"根本的胜利——在还原中并通过还原,给予性决定着现象性"。⑤

---

① Jean-Luc Marion, *Being Given*, trans by Jeffrey L. Kosky, Stanford: Stanford University Press, 2002, p.32.

② Jean-Luc Marion, *Being Given*, trans by Jeffrey L. Kosky, Stanford: Stanford University Press, 2002, pp.31-32.

③ Jean-Luc Marion, *Being Given*, trans by Jeffrey L. Kosky, Stanford: Stanford University Press, 2002, p.32; Husserl, *The Idea of Phenomenology*, trans by Lee Hardy, Dordrecht: Kluwer Academic Publishers, 1999, p.54.

④ 其他更高层级的现象包括绘画、事件(événement)等溢满现象,即其给出的量超出了自我所能把握的范围。

⑤ Jean-Luc Marion, *Being Given*, trans by Jeffrey L. Kosky, Stanford: Stanford University Press, 2002, p.32.

二、对海德格尔"成己"概念的回应与批评

存在是海德格尔哲学的核心问题。为了力图规定存在,在1927年的《存在与时间》中,海德格尔把存在与时间关联了起来,并以时间作为存在的视域。30多年后,在题为《时间与存在》(1962)的讲座①中,海德格尔一方面继承了《存在与时间》中存在与时间的互属关系,另一方面则引入了新的术语"成己"(Ereignis),并基于"成己"重新来思考存在。

鉴于"成己"这个概念是较为晦涩难懂的,因而应首先根据海德格尔本人的文本,大体理清海德格尔对"成己"的分析,然后再讨论马里翁本人对海德格尔的回应与批评。

(一)海德格尔:从存在与时间到成己

海德格尔在《存在与时间》§8中提出,存在问题的视域是时间:"基于时间性来解释此在,把时间阐明为存在问题的先验视域。"②时间,不仅对于揭示此在的存在方式是至关重要的,而且,关于存在的意义问题,也必须以时间作为视域。在《存在与时间》§8中,海德格尔把写作计划分为两部,第一部的第三篇涉及的是"时间与存在",但是,这一篇的内容(以及第二部的全部内容)并未在《存在与时间》中得到讨论。也就是说,时间与存在的关系并未得到较为充分的讨论。因而,海德格尔在第一部第二篇的最后两句话(同时也是《存在与时间》全书的最后两句话)这样来问:"是否有一条道路可以从源始时间通向存在的意义呢?时间自身是否自身显示为存在的视域呢?"③这预示着,海德格尔以后还会继续对此问题进行思考。

---

① 这是海德格尔于1962年1月31日在弗莱堡大学的讲座。

② Heidegger, *Being and Time*, trans by John Stambaugh, Albany: State University of New York Press, 1996, p. 63.

③ Heidegger, *Being and Time*, trans by John Stambaugh, Albany: State University of New York Press, 1996, p. 488.

在《时间与存在》中，关于存在与时间的关系，海德格尔放弃了《存在与时间》中借由此在生存论来思考存在和时间的路径，而是采取了"不就存在者而思考存在"①的路径，径直对存在和时间的关系进行分析。海德格尔认为，存在与时间是互属的或相互规定的。首先，关于存在，西方思维从一开始就把存在解释为在场（Anwesen），在场又指向了当下（Gegenwart），而当下与过去和未来则一起构成了时间的特征，因而，存在，就被时间规定为"在场"。② 其次，关于时间，时间本身是在流逝着的，但在这种流逝中，时间仍然作为时间而留存（Bleiben），也就是说时间并未消失，即它是在场的，因而，时间就是被存在所规定的。③ 因此可以说，"存在和时间相互规定"。④

海德格尔认为，只有对于存在者，我们才会说：它存在（es ist）。对于存在和时间，我们却不能这么说，因为存在和时间都不是存在者。那么，对于不是存在者的存在和时间，我们就该这样说："它给出存在，它给出时间。"⑤从语言角度看，"它给出存在，它给出时间"这句话，会涉及以下几个问题：①如何来思考被给出的"存在"和"时间"呢？ ②"给出"意味着什么呢？ ③"它给出"的"它"又该怎么来刻画呢？

---

　　① Heidegger, *On Time and Being*, trans by Joan Stambaugh, New York: Harper & Row Publishers, 1972, p. 2.

　　② Heidegger, *On Time and Being*, trans by Joan Stambaugh, New York: Harper & Row Publishers, 1972, pp. 2-3.

　　③ Heidegger, *On Time and Being*, trans by Joan Stambaugh, New York: Harper & Row Publishers, 1972, p. 3.

　　④ Heidegger, *On Time and Being*, trans by Joan Stambaugh, New York: Harper & Row Publishers, 1972, p. 3.

　　⑤ Heidegger, *On Time and Being*, trans by. Joan Stambaugh, New York: Harper & Row, Publishers, 1972, p. 5. "Es gibt Sein und es gibt Zeit." 由于 es gibt 类似于英文中的 there is，因而这句话就具有双重含义：第一，"它给出存在，它给出时间"；第二，"有存在，有时间"。

关于问题①,海德格尔认为,不能像《存在与时间》时期那样,基于存在和存在者的关系——存在是存在者的根基——来思考存在,而是要依照存在自身来思考存在,或者,依照存在和给出的关系来思考存在。从这个新的角度来思考存在的话,存在等同于在场(Anwesen),而相对于在场者而言,在场意味着让在场(Anwesenlassen),而让在场则意味着解蔽和带入敞开之中。同时,从存在和给予性的关系的关系来看,存在是"给出"所给出的礼物(Gabe),存在属于这个"给出",它被那个尚未得到刻画或规定的"它"所给出:"作为这个'它给出'的礼物,存在属于给出。"①这是对存在的初步的规定。而另一个被给出的礼物,本真的时间,被规定为四维的:"本真的时间是四维的"②,即,将来、曾在和当前,以及分开它们并使得它们相互切近的达到(Reichen)。③

关于第问题②,海德格尔认为,西方思维从一开始就对存在进行了思想,但是,对于"它给出"自身却并未进行过思想。"它给出"的特征就在于隐退:"为了它所给出的礼物,后者(它给出)隐退了(entziehen)。"④"它给出"隐退了,而"它给出"所给出的礼物——存在(以及时间),得到了西方思维对它的思想,而且主要是在与存在者的关系方面得到思考的。但是,海德格尔并未对"给出"(Geben)做更多的刻画,而是很快把"给出"等同于了"遣送"(Schicken):给出"在

① Heidegger, *On Time and Being*, trans by Joan Stambaugh, New York: Harper & Row Publishers, 1972, p. 6.

② Heidegger, *On Time and Being*, trans by Joan Stambaugh, New York: Harper & Row Publishers, 1972, p. 15.

③ Heidegger, *On Time and Being*, trans by Joan Stambaugh, New York: Harper & Row Publishers, 1972, p. 15. 鉴于时间并不是此处讨论的重点,在此从略。

④ Heidegger, *On Time and Being*, trans by Joan Stambaugh, New York: Harper & Row Publishers, 1972, p. 8.

给出中抑制它自身并隐退,我们把这个给出称为遣送"。① 把给出等同于遣送,是与存在的历史性相关的。存在在历史中以不同的方式显现出来,比如相(柏拉图)、绝对理念(黑格尔)、强力意志(尼采)等等。存在在历史中所显现出来的这些不同样式,都是存在自身被遣送的结果。或者说,是"它给出"的东西,是被遣送的东西。② 存在在不同的时代以不同的方式显现,而遣送以及遣送着的"它"则都抑制自身(anhalten),因为希腊词"时代"(epoche)本身就意味着抑制自身。这是海德格尔是对与存在相关的给出(Geben)所做的规定。相关于时间的给出,则被规定为清明着的—遮蔽着的达到(lichtend-verbergende Reichen)。③ 由于这并非重点讨论内容,在此从略。

关于问题③,海德格尔认为,应该基于给出(Geben)来规定"它"。海德格尔说:"'它'依然是未规定的,神秘的……要从上面已经描述了的给出来规定这个给出着的'它'。这个给出显现为存在的遣送,显现为清明着的达到的意义上的时间。"④在"它给出存在,它给出时间"这个表述中,只有四个语词成分:存在和时间(被给出的礼物)、给出和它。因而,在海德格尔看来,只能从给出来规定它。而给

---

① Heidegger, *On Time and Being*, trans by Joan Stambaugh, New York: Harper & Row Publishers, 1972, p. 8.

② Heidegger, *On Time and Being*, trans by Joan Stambaugh, New York: Harper & Row Publishers, 1972, p. 8. 笔者把 Lichtung 译为清明,力图使其涵盖清理和照明、照亮的含义。依照 Françoise Dastur 的追溯,Lichtung,在《存在与时间》中与光(Licht)、照亮、照明是相关的,而在《哲学的终结和思的任务》中则是与另一个意义完全不同的动词 lichten 相关的,lichten 并不意味着照亮或照明,而是意味着"清理出一片自由的空间",见 Françoise Dastur, *Heidegger and the Question of Time*, trans by Françoise Raffoul & David Pettigrew, New York: Humanity Books, 1999, p. 66.

③ Heidegger, *On Time and Being*, trans by Joan Stambaugh, New York: Harper & Row Publishers, 1972, p. 16.

④ Heidegger, *On Time and Being*, trans by Joan Stambaugh, New York: Harper & Row Publishers, 1972, p. 17.

出,意味着对相关于存在的遣送(Schicken)和相关于时间的清明着的达到(lichtenden Reichen),那么,这个神秘的它,只能基于遣送和清明着的达到而得到规定。而实际上,作为遣送和清明着的达到就被限定在了存在和时间上,因而,海德格尔对这个神秘的"它"的规定已经被限定在了存在和时间之上。

进一步地,海德格尔把这里的"它"认定为"成己":"因而,在'它给出存在','它给出时间'中的那个给出的它,就表明为成己。"①成己是这样的一种东西:"那规定了存在与时间入于其本己亦即入于其互属之中的东西,我们称之为成己。"②也就是说,是成己使得存在成为存在自身,使得时间成为时间自身,并且使得存在与时间相互归属。

接下来海德格尔要追问的是,什么是成己呢?海德格尔认为,消极地说,成己不是神,不是把存在与时间涵盖于其下的一般概念,也不是通常所理解的事情(Vorkommnis)或事件(Geschehnis)。

积极地说,成己有两个特征:第一个特征是隐退。海德格尔在论及给出时已经指出,给出(存在的遣送)的特征是自身隐退。因而,基于给出(Geben)来规定成己(或它/Es)的话,成己的特征也会是抑制自身和自身隐退。海德格尔说:"成己使得那最自性的东西从无边的无蔽中隐退……成己自我剥夺……自我剥夺属于成己。通过自我剥

---

① Heidegger, *On Time and Being*, trans by Joan Stambaugh, New York: Harper & Row Publishers, 1972, p. 19. "Demnach bezeugt sich das Es, das gibt, im 》Es gibt Sein《,》Es gibt Zeit《, als das Ereignis. "

② Heidegger, *On Time and Being*, trans by Joan Stambaugh, New York: Harper & Row Publishers, 1972, p. 19. "Was beide, Zeit und Sein, in ihr Eigenes, d. h. in ihr Zusammen gehören, bestimmt, nennen wir: *das Ereignis.* "海德格尔对成己做过很多刻画(比如在《物》《同一与差异》和《哲学献文》中),但其核心功能就在于这两点:使得事物成其自身,使得相关的事物相互归属。另外,需要说明的是,由于马里翁对海德格尔把"它"等同于"成己"的做法的批评主要是基于《时间和存在》这个演讲进行的,因而,我们对成己的讨论也主要集中于这个演讲上。

夺或自我否定,成己并未放弃自身,而是保留了自性。"①成己的这一特征表明了,成己在给出并成全了存在和时间并使得其二者相互归属的同时,成己抑制自身,剥夺自身,而这种自我抑制和自我剥夺,并不意味着成己不再是其他自身,而恰恰是说,成己它保有了其自性。成己的第二个特征是与人相关的。成己把人带到它的本己上来,如果人站在本真的四维时间中的话,就听到了存在,人以此方式属于成己。② 这是海德格尔对成己所做的一些刻画。但是,由于成己并不是可以对象化或表象化的东西,因而,对它而言,传统的表象性思维是不能胜任的。它是自身同一之物,对于它,我们只能说:"成己成己着。"③

概括地说,在《时间与存在》的演讲中,海德格尔思考存在与时间的路径是,撇开存在与存在者(主要是此在)的关系,单独从语言("它给出存在和时间")的角度来考察存在与时间的关系。这个过程是以海德格尔惯用的"回返"(Schritt zurück)④方式进行的,即从被给出的"存在"和"时间",回溯到"给出",再回溯到"它",最终把"它"认定为"成己"这个原初概念,然后在"成己"与"存在"与"时间"的关系中重思"存在"与"时间"。

在海德格尔的这个回返过程中,"给予性"(给出)显然只是一个过渡性的概念,即从"存在"与"时间"到"它"和"成己"之间的桥梁。马里翁对此做法提出了质疑。

---

① Heidegger, *On Time and Being*, trans by Joan Stambaugh, New York: Harper & Row Publishers, 1972, pp. 22–23.

② Heidegger, *On Time and Being*, trans by Joan Stambaugh, New York: Harper & Row Publishers, 1972, p. 23.

③ Heidegger, *On Time and Being*, trans by Joan Stambaugh, New York: Harper & Row Publishers, 1972, p. 24. "Das Ereignis ereignet."

④ Heidegger, *On Time and Being*, trans by Joan Stambaugh, New York: Harper & Row Publishers, 1972, p. 28.

（二）马里翁的回应与批评

类似于对胡塞尔的"给予性"和"对象性的"回应，马里翁对海德格尔的"成己"的回应也分两步：第一，指出海德格尔在《存在与时间》时期就已经使存在被给予性（"它给出"）所伴随，甚至说，存在预设了给予性；然后指出，海德格尔从存在（与时间）转到给予性是正当的。第二，结合《存在与时间》和《时间与存在》的文本，指出海德格尔把"它给出"中的"它"等同为"成己"是成问题的，海德格尔最终以成己（可归为存在性）错失或掩盖了给予性。接下来我们依照上述顺序来看马里翁的回应与批评。

1. 给予性在存在问题中的正当性

马里翁指出，至少从《存在与时间》开始，存在就已经被给予性（"它给出"）所伴随，或者说，存在预设了给予性。马里翁举出了以下几处文本并做了分析[①]：①《存在与时间》§2："在如此存在（Sosein）中，在实在性中，在现成在手中，在持存中，在有效性中，在此在中，在'它给出'中，都有（它给出）存在。"[②]从这句话可以看出，存在居留于并非它自身的东西上，比如如此存在、实体、此在等等，这些都是存在者层次上（ontisch）的东西，然而，"它给出"则完全不是存在者层次上的东西，但"它给出"使存在成为可以通达的。②《存在与时间》§43："只有此在存在……才'有'（它给出）存在。"[③]存在承认了存在者层次上（ontisch）的条件即此在，只有此在存在，才使得存在

---

① Jean-Luc Marion, *Being Given*, trans by Jeffrey L. Kosky, Stanford：Stanford University Press，2002，pp. 33-34.

② Heidegger, *Being and Time*, trans by John Stambaugh, Albany：State University of New York Press, 1996, p. 5. "Sein liegt im Daß - und Sosein, in Realität, Vorhandenheit, Bestand, Geltung, Dasein, im 》es gibt《."

③ Heidegger, *Being and Time*, trans by John Stambaugh, Albany：State University of New York Press, 1996, p. 255. "Allerdings nur solange Dasein ist…》gibt es《 Sein."

在给予性的形象中得以出现。③《存在与时间》§44："只有真理在，才'有'（它给出）存在——而不是才有存在者。而只有此在在，真理才在。"①这意味着，存在由于真理而得以显现，而真理则是此在可以担保的，那么，存在是如何得以显现的呢？是在"它给出"的视域中显现的。马里翁认为，以上这些文本说明，在《存在与时间》时期，"存在必须承认，给予性伴随着它，以至于在给予性中'它给出'了这个存在"②。

马里翁认为，海德格尔从存在到给予性（Es gibt）的过渡是正当的，原因在于③：首先，就语言本身来说，为了界定存在，我们不能以存在来限定存在，而必须超出存在自身范围之外。具体就是说，"关于存在者，我们说，它存在"（Vom Seienden sagen wir：es ist），而关于存在，我们不能说"存在存在"（Sein ist）。虽然不能说"存在存在"，但在语词上，我们可以说"有存在"（Es gibt Sein）。因而，从语词上看，从存在转到给予性就是正当的。其次，正是由于给予性的隐退的特征，使得我们能够思考存在最根本的特征即隐退。给予性是自身隐退的："给出（Geben）给出了礼物，但是在给出中，给出抑制了自身并自身隐退。"④给予性为了被给出的礼物（Gabe）而自身隐退：在给出之际，给予性完全放弃了被给出的礼物，给予性自身隐退了。类似地，存在在给出存在者的时候，存在从存在者那里隐退了。在马里翁

---

① Heidegger, *Being and Time*, trans by John Stambaugh, Albany：State University of New York Press, 1996, p. 272. "Sein–nicht Seiendes–》gibt es《 nur, sofern Wahrheit ist. Und sie ist nur, sofern und solange Dasein ist. "

② Jean–Luc Marion, *Being Given*, trans by Jeffrey L. Kosky, Stanford：Stanford University Press, 2002, p. 34.

③ Jean–Luc Marion, *Being Given*, trans by Jeffrey L. Kosky, Stanford：Stanford University Press, 2002, p. 35.

④ Heidegger, *On Time and Being*, trans by Joan Stambaugh, New York：Harper & Row Publishers, 1972, p. 8. 海德格尔《存在与时间》中关于"它给出"的段落已由马里翁列出。

看来,存在自身所具有的隐退这种特征也是建基于给予性的隐退特征的,即给出(Geben)具有为了它所给出的礼物(Gabe)而遗留下它所给出的礼物并隐退自身的特征,这使得存在在给出所有的存在者之际,存在自身就隐退了。简言之,存在的基本特征——隐退——也是基于给予性而来的。

2. 海德格尔错失了给予性

马里翁认为,从海德格尔《存在与时间》到《时间与存在》的思想发展来看,一方面,从《存在与时间》起,海德格尔就一直试图从给予性的角度来思考存在问题,但另一方面,海德格尔最终错失了给予性。

关于第一个方面(一方面),马里翁认为,从《存在与时间》到《时间与存在》,海德格尔一直试图通过给予性来思考存在。马里翁认为,这一点可以从海德格尔本人的话得到验证:"《存在与时间》的一些段落已经使用了'它给出'却并未直接就成己来思考。今天看来这些段落是半途的尝试,——尝试制定出存在问题,尝试为存在问题指出适当方向,但这些尝试依然是不充分的。"①也就是说,从海德格尔1962年(《时间与存在》)对1927年(《存在与时间)的反思来看,海德格尔从1927年就试图通过更为原初的概念"给予性"来思考存在。

关于第二个方面(另一方面),马里翁认为,在对"给予性"(Es gibt)的分析中,海德格尔虽然试图基于"神秘的它"来保护给予性自身,但最终却把"它"归结为成己,从而使得给予性消融于成己之中。从一开始,海德格尔认为,不能依照形而上学的方式把这个谜一般的"神秘的它"理解为"不确定的力量",不能把它理解为存在者层次上的东西。而是要把它大写为"Es",从而使得它不被降低为这个或那个存在者,不被降低到因果性的层次。海德格尔对"它"的神秘性的

① Jean-Luc Marion, *Being Given*, trans by Jeffrey L. Kosky, Stanford: Stanford University Press, 2002, p. 34; Heidegger, *On Time and Being*, trans by Joan Stambaugh, New York: Harper & Row Publishers, 1972, p. 44.

保全,保护了纯粹的给予性。因为它悬置了所有的超越性对给予性的限定。这样的话,给予性("它给出")就仅只基于给出(Geben)而被思考,从而保持了其非确定性和匿名性。马里翁认为,"匿名的'它'是保卫给予性的唯一的东西"①。然而,海德格尔的这种审慎很快就被海德格尔自己打破了:"与海德格尔所宣称的审慎相反,海德格尔立即消除了'它'的匿名性,并模糊化了这个谜。一旦他以成己来命名这个'它',他就违犯了自己的禁令。"②对自己禁令的违反有两个步骤:首先,把存在解释为给出(Geben)所给出的礼物;其次,把给予性消融在成己之中。海德格尔说:"'它给出'首先基于给出进行讨论,然后基于给出着的它而得到讨论。它被解释为成己。"③这样,给予性就成了在存在(与时间)和成己之间的一个短暂的过渡,一个临时的中转站。马里翁认为,成己的侵入导致了给予性自身被遮蔽了。虽然海德格尔一直试图用给予性来揭示存在(包括存在的特性——隐退),但给予性最终却因为成己的侵入而被抛弃了。对给予性的原初地位的最终否认,导致了海德格尔没有再去思维给予性自身,未能赋予给予性以其应有的原初地位。

　　虽然胡塞尔和海德格尔现象学是非常不同的,但马里翁认为,两位现象学家以同一方式达到了同一地点:同样诉诸于给予性,试图将给予性作为最终原则,但却分别终结于对象性和成己,因而都同样地错失了给予性。④

---

①　Jean-Luc Marion, *Being Given*, trans by Jeffrey L. Kosky, Stanford: Stanford University Press, 2002, p. 37.

②　Jean-Luc Marion, *Being Given*, trans by Jeffrey L. Kosky, Stanford: Stanford University Press, 2002, p. 37.

③　Heidegger, *On Time and Being*, trans by Joan Stambaugh, New York: Harper & Row Publishers, 1972, p. 19.

④　Jean-Luc Marion, *Being Given*, trans by Jeffrey L. Kosky, Stanford: Stanford University Press, 2002, p. 38.

三、马里翁所使用的还原方法及一般现象学

在《被给予》(1997)之前出版的《还原与给予性》(1989)①中,马里翁已经提出了现象学方法论原则"有多少还原,就有多少给予性"(Autant de réduction, autant de donation)。② 如果这条方法论原则是马里翁现象学要恪守的原则,那么马里翁本人也应遵循这条原则。那就会有这样的问题:马里翁从对象性、存在性到给予性的回溯,如果使用了还原方法的话,会是先验还原吗? 如果不是先验还原,又是什么方法呢? 对于这个问题,马里翁本人并未明确给出回答,下文将讨论他所使用的方法。

马里翁所使用的还原并不是先验还原。原因在于:①从先验还原的实施步骤看,先验还原的首要步骤是对某物是否实存的问题存而不论,但从马里翁对胡塞尔和海德格尔的批评来看,显然不涉及某物实存与否的问题;②从所属领域来看,先验还原是从属于认识论现象学的还原。先验还原(认识论还原)所引回到的是纯粹的主体性——对象性,而马里翁批评胡塞尔把给予性等同于对象性是不正当,这就意味着他会超越对象性的领域,因而会超越先验还原。

既然不是先验还原,那么马里翁使用的什么还原呢? 回答是:本质还原。本质还原的核心在于,以现实的或想象的特殊物为实例,通过自由想象或变更,找到那些共同的或普遍的规定性即本质。③ 对于马里翁来说,胡塞尔的对象性和海德格尔的存在性都是现象的"实

---

① 此书已由方向红教授译出,名为《还原与给予》,2009 年由上海译文出版社出版。由于本书把 donation 译为给予性,为保持统一性,本书称这本书为《还原与给予性》。

② Jean-Luc Marion, *Reduction and Givenness*, trans by Thomas A. Carlson, Evanston:Northwestern University Press,1998,p. 203.

③ Husserl, *Ideas I*, trans by F. Kersten, The Hajue:Martinus Nijhoff Publishers,1982,pp. 8-15.

例"（instances）①，只能被视为现象的"简单变样"（simples variations）②，或者说，是"两种特殊显现方式"（deux modalités particulières de la manifestation）③。

但是，在对象性（胡塞尔）和存在性（海德格尔）中，都有着给予性（Es gibt）的普遍特征。这种普遍特征体现在两个方面：①语词上，②现象学学说上。从语词上看，正如上文中马里翁已经列举过的，在胡塞尔和海德格尔现象学中，给予性在现象性中都占有重要位置。在现象学学说上，我们先来看胡塞尔。胡塞尔拒斥了传统形而上学的框架（如存在、实体、因果性等），力图剔除现象（意向活动—意向对象）中的超越成分，或者说排除形而上学框架所掺入的非现象自身的"准—被给予性"（Quasi-gegebenheiten）④，通过这种还原所得到的就是现象自身（尤其是在直观中）或现象的自身给予性。然后我们来看海德格尔。海德格尔通过存在论差异，排除了将存在与存在者混同起来的传统先入之见，诉诸于存在显示自身的场所即此在，让存在由其自身给出自身显示自身。同时，对于此在，海德格尔也排除了生物学、心理学和人类学的解释，力图通过对其进行的生存论分析，让此在也给出自身显示自身。

马里翁显然看到了对象性（胡塞尔）和存在性（海德格尔）中所包含的给予性的这种普遍特征，然后通过本质还原，得到了给予性本身。因而，马里翁依照给予性来定义现象，而且提出了现象的一般性定义："在任何情况下，我都会坚持现象的一般性定义，即：由其自身

---

① Jean-Luc Marion, *Being Given*, trans by Jeffrey L. Kosky, Stanford：Stanford University Press, 2002, p. 39.

② Jean-Luc Marion, *Being Given*, trans by Jeffrey L. Kosky, Stanford：Stanford University Press, 2002, p. 38.

③ Jean-Luc Marion, *Being Given*, trans by Jeffrey L. Kosky, Stanford：Stanford University Press, 2002, p. 39.

④ Husserl, *The Idea of Phenomenology*, trans by Lee Hardy, Dordrecht：Kluwer Academic Publishers, 1999, p. 35.

显示自身者(海德格尔),由于它单单由其自身给出自身。"①

　　如果我们把马里翁对现象的界定和海德格尔的界定做以比较的话,我们会发现,马里翁的一般性定义与海德格尔对现象的去形式化是完全相反的过程。海德格尔一方面把"现象"($\varphi\alpha\iota\nu\acute{o}\mu\varepsilon\nu\nu$)界定为"显示着自身的东西,显现者,公开者",这显然是一般性的定义;②但另一方面,海德格尔又把现象"脱去了形式"(entformalisiert)③,把现象等同于"存在者的存在,存在的意义、变样和衍生物"④。这种做法正是马里翁所批评的,把特殊现象(存在)混同于一般现象,从而造成了对一般现象或现象本身的遮蔽。与海德格尔去形式化的做法正相反,马里翁所坚持的一般性定义,正是对海德格尔去形式化的逆操作,即去—去形式化,从而恢复了或揭示了一般现象或现象本身。

　　我们回过来看马里翁对胡塞尔把"给予性本身(donation elle-même)与对象性混淆了起来"⑤的批评,实际上也主要是基于本质和个别之间的差异的。马里翁说,对象性(当然也包括存在性)作为个别"实例"应"隶属于给予性",但胡塞尔(包括海德格尔)却使这些实例与一般之物混同起来,从而"遮蔽了"一般之物(给予性本身)。⑥

　　事实上,现象的特殊实例,并不只有对象性(胡塞尔)和存在性

　　①　Jean-Luc Marion, *Being Given*, trans by Jeffrey L. Kosky, Stanford: Stanford University Press, 2002, p. 221.

　　②　Heidegger, *Being and Time*, trans by John Stambaugh, Albany: State University of New York Press, 1996, p. 51. "das, was sich zeigt, das Sichzeigende, das Offenbare."

　　③　Heidegger, *Being and Time*, trans by John Stambaugh, Albany: State University of New York Press, 1996, p. 59.

　　④　Heidegger, *Being and Time*, trans by John Stambaugh, Albany: State University of New York Press, 1996, p. 60.

　　⑤　Jean-Luc Marion, *Being Given*, trans by Jeffrey L. Kosky, Stanford: Stanford University Press, 2002, p. 32.

　　⑥　Jean-Luc Marion, *Being Given*, trans by Jeffrey L. Kosky, Stanford: Stanford University Press, 2002, p. 39.

（海德格尔）这两种。早在《还原与给予性》时期，马里翁就注意到了列维纳斯、利科、德里达和 M. 亨利这些现象学家，他们所揭示的现象，是不同于对象性和存在性的现象。① 这些特殊现象显然也可以作为马里翁进行本质还原从而得到给予性的个别实例。

马里翁通过对特殊现象（对象性和存在性）进行的本质还原，恢复或揭示了一般现象或现象本身，相应地，也揭示了与特殊现象学相对应的真正意义上的一般现象学。

这里之所以说"真正意义上的"一般现象学，是要与胡塞尔本人所说的一般现象学区分开来。郝长墀教授曾撰文指出："在胡塞尔著作中可以看到一般性现象学与特殊现象学之间的区分。"②关于一般现象学，郝长墀教授强调，胡塞尔在 1907 年的《现象学的观念》中就已经明确提出了。比如，《现象学的观念》中，胡塞尔说，"一般现象学还必须解决评价和价值的相互关系的平行问题"③，认识论现象学只是"一般现象学首要和基础的部分"④。但由于认识论现象学是一般现象学的首要和基础部分，这就意味着，一切现象都必须以对象性的方式或以对象性为基础的方式显示。⑤ 这就排除了存在（海德格尔）、面孔（列维纳斯）等不以对象性的方式显示也不以对象性为基础的方式显示的现象，因而无法保证其一般性。此外，海德格尔的现象学也是特殊的现象学，因为海德格尔在对现象去形式化时便把现

① Jean-Luc Marion, *Reduction and Givenness*, trans by Thomas A. Carlson, Evanston：Northwestern University Press，1998，p. 3.

② 郝长墀：《逆意向性与现象学》，《武汉大学学报（人文科学版）》2012 年第 5 期。

③ Husserl，*The Idea of Phenomenology*，trans by Lee Hardy，Dordrecht：Kluwer Academic Publishers，1999，p. 70.

④ Husserl，*The Idea of Phenomenology*，trans by Lee Hardy，Dordrecht：Kluwer Academic Publishers，1999，p. 19.

⑤ 可参考胡塞尔在《逻辑研究》中提出的关于质性和质料的观点。

象学等同于存在论:"现象学是存在者之存在的科学,即存在论。"①因而,郝长墀教授在 2010—2011 年的讲座中曾指出,在上述意义上,胡塞尔和海德格尔的现象学并不彻底,马里翁的现象学则更为彻底。

马里翁坚持以给予性定义现象,首先恢复了不同于特殊现象的一般现象,相应地,由于他仅或完全"依照给予性来定义现象学",也就确立了不同于特殊现象学的一般现象学。马里翁的一般现象学,由于是由给予性来定义的,而给予性本身则超越了特殊现象(对象性和存在性等),现象在定义上就不再必然在对象性和存在性的框架内显示,从而使所有可能的现象之自身给出和显示成为可能。这实际上就是对被遮蔽的现象的拯救。

胡塞尔和海德格尔虽然强调说,对于现象学来说可能性高于现实性,但事实上他们分别把现象限制在对象性和存在性(作为现实性)上,因而并未为可能性留足空间。在这两位现象学家之后,列维纳斯、M. 亨利等现象学家继续致力于为可能性拓展空间。然而,他们所讨论的现象(面孔和自我感发等),依然属于特殊现象,可能性的空间并未完全拓展出来。马里翁则以给予性来定义现象以及现象学,从而为所有可能的现象拓展了充足的空间。由于现象学以可能性为其宗旨之一,因而,我们或可以套用胡塞尔的话说,马里翁现象学最大可能地拯救了现象,让现象学实现了其关于可能性的"隐秘憧憬"。②

---

① Heidegger, *Being and Time*, trans by John Stambaugh, Albany: State University of New York Press, 1996, p. 61.

② Husserl, *Ideas I*, trans by F. Kersten, The Hajue: Martinus Nijhoff Publishers, 1982, p. 142.

第三节 第三个还原的实质

现在,让我们来讨论马里翁的第三个还原所属的类型。在还原的最初引入者胡塞尔那里,还原有两种类型,先验还原和本质还原。那么,马里翁的第三个还原是哪一种呢?

可以肯定的是,第三个还原不是先验还原,这是因为,马里翁认为,先验还原把给予性限制在了对象之物上,因而才需要推出第三个还原。那么,它是不是本质还原呢?或者,有没有其他的可能呢?

要回答这个问题,就要依照还原自身的规定性来进行考察。由于还原总是要引回某个东西,那么,我们便可以从它所引向的东西着手。

还原引向了什么呢?在《还原与给予性》中,马里翁说,第三个还原引回到了纯粹形式的呼唤,在其后较为成熟的著作《被给予》中,马里翁说,第三个还原引回到了给予性本身。因而,这里就需要依照其思想发展的历程进行考察。

我们首先来考察《还原与给予性》。马里翁说,深度无聊实施了悬置,把此在从此在—存在分离出来,只留下"此"。也就是说,深度无聊把"此"从存在之呼唤中"解放出来",而这种解放意味着,要让它"曝露给一切其他可能的呼唤",①比如,某种非—存在论的呼声,比如他人的面孔的呼声(列维纳斯)等。而且,呼声本身是各种特殊

---

① Jean-Luc Marion, *Reduction and Givenness*, trans by Thomas A. Carlson, Evanston:Northwestern University Press,1998,p. 196.

呼声之"模型"（modèle），其他各种呼声以及"存在本身之要求，只有披上此纯粹形式才能发出呼唤"。①

由于第三个还原要把"此"曝露给一切可能的呼唤，并且最终引向了作为呼唤之模型的纯粹形式的呼唤或者呼唤本身，由此大体可以看出，这里的纯粹形式的呼唤是作为本质的呼唤。如果第三个还原引向了作为本质的呼唤，那么我们便可以断定，第三个还原是本质还原。

在《被给予》中，马里翁修改了他的说法，他不再主张第三个还原引向了呼唤本身，而是说，还原引向了给予性。由于这部著作中的观点是更为成熟的观点，我们会对其着重考察。

我们看到，马里翁的给予性是多义的，它既意味着现象，也意味着现象性或展示方式。因而马里翁还原引回到给予性也就是引回到现象和现象性，也就是要把现象及其展示方式从遮蔽状态中拯救出来。

一、向给出—被给予物的还原

在给出—被给予物的褶子中，与胡塞尔和海德格尔现象学关系最直接的是被给予物。这是因为，马里翁将被给予物等同为现象，而现象又是胡塞尔和海德格尔现象学的核心研究主题。下面，我们依照类型、程度和本质来考察被给予物。

（1）类型。在胡塞尔那里，被给予物是首先作为对象被给予的。在海德格尔那里，被给予物是作为与存在相关的存在者被给予的，或者，是作为存在者的存在被给予的，并最终是力求在作为存在本身而被给予的。马里翁并不否认这些类型的被给予物，而是指出了在这些类型之外，还有其他的一些被给予物，比如绘画、事件等。这种类

---

① Jean-Luc Marion, *Reduction and Givenness*, trans by Thomas A. Carlson, Evanston：Northwestern University Press，1998，pp. 197-198.

型的被给予物不同于对象(胡塞尔)和存在者(海德格尔),属于另外的类型或区域。

(2)程度。这几种不同的类型的被给予物的自身给出程度也是不同的。在马里翁看来,被给予物总是要基于自身给出来衡量的。对象(胡塞尔)也可以是自身被给予的,但却是作为对象而自身被给予的。存在者(海德格尔)比如用具也可以是自身被给予的,但却是作为与存在相关的存在者而自身被给予的。也就是说,二者总是基于某种视域①而作为某种类型的被给予物而自身给出的。由于它们并未摆脱在先的(a priori)限制,因而,作为被给予物,其自身给出的程度并不是最高的。马里翁认为,比如绘画它摆脱了对象和存在者的视域而被给予,因而作为被给予物其自身给出的程度要高于前二者。按照马里翁本人的话来说,被给予物是有程度或"层级"(hiérarchie/hierarchy)的。②

(3)本质或普遍性。无论是对象、存在者还是绘画,既然都是被给予物,这里就有着"被给予物本身"③或者纯粹的被给予物。被给予物本身没有任何特殊规定性,它属于空的形式区域,对象、存在者④和绘画都是它的实例或例示。

依照上述三种区分,我们便可以来断定第三个还原的类型。就第三个方面即本质来看,如果第三个还原引回到的是作为本质的被

---

① 马里翁主要把视域(horizon)视为是限制性的,即它是限制现象之显现的先在条件,见 Jean-Luc Marion, *Being Given*, trans by Jeffrey L. Kosky, Stanford:Stanford University Press,2002,p. 209,p. 185.

② Jean-Luc Marion, *Being Given*, trans by Jeffrey L. Kosky, Stanford:Stanford University Press,2002,p. 176.

③ Jean-Luc Marion, *Being Given*, trans by Jeffrey L. Kosky, Stanford:Stanford University Press,2002,p. 176.

④ 值得注意的是,在海德格尔眼里,存在——尤其在关于人的方面——不是属(genus),而是被特殊化的,参 Herbert Spiegelberg, *The Phenomenological Movement*,3rd,Dordrecht:Kluwer,1994,p. 361.

给予物,那它便属于本质还原,即它排除了作为对象和存在者的被给予物的特殊性,并引回到纯粹的被给予物本身。如果是本质还原,那么,它所引回到的依然是作为基础或根据的东西,即作为特殊被给予物的基础或根据的被给予物本身。

就第一个和第二个方面来看,如果它引回到的是某个原来并未被揭示的类型,或者引回到的是更高程度的东西,那么,它便是一种"特殊的"还原。这里的"特殊的"指的是,首先,它引回到的是某种特殊之物,而非本质之物;其次,由于它所引回到的特殊之物并非某个基础或根据性的东西,因而并不符合胡塞尔与海德格尔还原所共有的形式,在这个意义上可以说是特殊的还原。但是,由于马里翁对还原的使用并不严格符合经典现象学还原的形式结构,而只是排除、引回,在这个意义上,我们也可以说它是一种还原。

接下来我们对给予性褶子中的给出(giving)做以简单讨论。马里翁认为,给出(giving)使被给予物成为可见的,没有给出,被给予物便是不可想象的。这意味着,一切被给予物都有与其对应的给出。由于被给予物有其相应的本质,那么,看起来给出也应当有其本质。但是,马里翁说,给出(giving)在给出被给予物之际便自身隐匿了,虽然它也会留下踪迹,但它是不可见的,它是谜一般的东西。① 对于这种谜一般的东西,我们显然很难说些什么,因而不便做过多讨论。

二、向作为现象性的给予性的还原:本质还原与卓越论还原

相比于作为给出—被给予物的给予性,作为现象性的给予性(它给出它自身)在马里翁现象学中占有更重要的地位。这是因为,马里翁认为,在海德格尔那里,现象学发生了转向,也就是从现象转向了现象性,而马里翁则要沿承这种转向,着力去讨论现象性,并把现象

---

① Jean-Luc Marion, *Being Given*, trans by Jeffrey L. Kosky, Stanford: Stanford University Press, 2002, pp. 67–68.

性定义为给予性。

关于作为现象性的给予性,这里也有类型、程度和本质的区分。我们依次来考察。由于被给予物与作为现象性的给予性是密切相关的,因而这里的讨论与上文对被给予物的讨论会显得有些重复。

(1)类型。这里有几种类型:首先是对象性,被给予物作为对象给出自身。其次是存在者性,被给予物作为与存在相关的存在者给出自身。马里翁则提出了绘画的现象性,它不同对象性也不同于存在者性,而是作为美和效果而在其自身给出自身,这是一种新类型的对象性。

(2)程度。在马里翁看来,对象性和存在者性都被在先的限制条件(自我和此在)所限制,因而其自身给出的程度是受限制的。马里翁所提出的绘画的现象性,它抛开了前两种限制,在其自身给出自身,其自身给出的程度要高于前两种现象性。

(3)本质或普遍性。无论是对象性、存在者性还是绘画的给予性,都具有给予性(它给出它自身)的特征。也就是说,被给予物作为对象而给出自身,也是自身给出的,因而是给予性的例示;被给予物作为存在者而给出自身,也是给予性的例示。那么,对象性和存在者性,看起来是不同的,但是实际上都是给予性本身的例示。关于这一点,马里翁说,对象性和存在者性都是给予性的"实例"(instances)或者"变样"(variations),与它们相关的被给予物"依照显现的两种特殊样式给出自身",对象性和存在者性本来都"隶属于给予性";但胡塞尔和海德格尔"并未承认给予性本身",这是因为相应的两个还原都并未排除在先的限制条件,因而需要"纯粹的还原"来去除预先限制给予性的东西,使"给予性仅只在其自身来决定其自身"。① 在此,马里翁虽然没有直接表明第三个还原是本质还原,但从这些表述来

① Jean-Luc Marion, *Being Given*, trans by Jeffrey L. Kosky, Stanford: Stanford University Press, 2002, pp. 38-39.

看,这是从特殊的实例或变样引回到作为形式或本质的给予性本身。

类似于上文对向被给予物的还原的分析,就第三个方面即本质来看,向作为现象性的给予性的第三个还原属于本质还原,因为它排除了对象性和存在者性的特殊性,并引回到纯粹的给予性或给予性本身。由于给予性本身作为本质,是一切特殊给予性的基础或根据,因而向给予性本身的引回也是向基础或根据的还原。

同样,这里也会有向更高程度的现象性的还原。前文我们讨论过,马里翁认为,绘画施加给注视者的效果要强于且持久于对象。正是在这种量或程度的意义上,相比于世间的对象给注视者所制造的效果,马里翁称绘画之现象性为"卓越的现象性"(la phénoménalité par excellence)①,也就是说,绘画之现象性是一种典范性的现象性(程度或量上的典范)。这意味着,为了揭示这种卓越的现象性,就要悬置我们对庸常的对象性和存在者性的着迷,引回到给出程度更高乃至最高的现象性(比如卓越的艺术作品)。

与本质还原对比起来,我们可能会觉得,诸如绘画的现象性虽然是典范性的,但也不过是作为本质的给予性的另外实例而已。但这会是对给予性的一种表面理解。

如果进行词源上追溯的话我们会发现,"给予(give)"一词在哥特语中对应于 *gabei* 即"充裕的财富"(riches),以及 *gabeigs*,即"充裕的"(rich)。② 给予与充裕、充溢的这种词源关系,或有助于我们更好地理解给予性概念。马里翁之所以把绘画的现象性称为卓越的现象性,正是由于绘画之给出在量上或程度要大于庸常的对象性和存在者性。而且,这里还需要强调的是,并不是一切绘画的给出都大于寻常的对象性和存在者性,那些平庸的画作,其给予性的程度可能并不

---

① Jean-Luc Marion, *Being Given*, trans by Jeffrey L. Kosky, Stanford: Stanford University Press, 2002, p. 50.

② Ernest Klein, *A Comprehensive Etymological Dictionary of the English Language*, London: Elsevier, 1966, p. 658.

高于对象性和存在者性。而是说,只有真正意义上的绘画或伟大艺术作品,即那种具有巨大渲染力或震动力的绘画,其给予性才会大于寻常的对象性和存在者性,才真正符合给予性的词源含义即"充裕、充溢、充沛"。

实际上,马里翁常常以这种充裕、充溢来刻画给予性。比如,"给予性给出,但并不对这种主体负责",给予性"并不被主体所测度,而是超出了它,或者,过度地溢满于它"。① 正是在"充裕、充溢、充沛"的意义上,我们才会更好地理解,在排除了对象性和存在者性之后,还原所揭示的恰恰是溢满现象,即"给予性不仅完全倾注于显现,而且超出了它"。② 给予性(被给予物)所给出的量,按照其程度可以划分为贫乏、普通和溢满。在贫乏和普通现象中,给予性的量并不大于主体侧的意向,最多是与意向相等,即给予性与意向相等,这种情形是胡塞尔那里的相合性(adequation)。③ 但溢满现象则攀升至最大量(maximum),卓越于这种相合性。这种溢满现象的现象性要卓越于贫乏和普通现象的现象性。

对于这种排除我们对庸常的给予性的着迷而引回到更高程度给予性(卓越的给予性)的特殊还原,我们或可以借用胡塞尔和海德格尔那里的"先验的"或"超越的"(transcendental)一词,将其称为"卓越论还原"(transcendental reduction)。这种命名的理由有两个:①基于拉丁词源上的考察,"transcendental"的动词形式"*transcendere*"由"*trans-*"和"*scandere*"组成,分别意味着越过(across,beyond)和攀登

① Jean-Luc Marion, *Being Given*, trans by Jeffrey L. Kosky, Stanford: Stanford University Press, 2002, p. 60.

② Jean-Luc Marion, *Being Given*, trans by Jeffrey L. Kosky, Stanford: Stanford University Press, 2002, p. 225; Jean-Luc Marion, *In Excess*, trans by Robyn Horner and Vincent Berraud, New York: Fordham University Press, 2002, p. 112.

③ Jean-Luc Marion, *Being Given*, trans by Jeffrey L. Kosky, Stanford: Stanford University Press, 2002, p. 190.

(to climb, to ascend),结合在一起意味着越过低处而攀升至高处,意味着胜过、超过、卓越(to excel)。[①] 这种攀升越过庸常(较低处)攀至更高处乃至顶峰,它所抵及的,便是诸如绘画之类的卓越的现象性(la phénoménalité par excellence)。从词源上看,这里的"卓越的现象性"中的"卓越"(excellence)一词,恰恰也是上升、攀升、超过(rise, surpass)的意思。[②] [②]马里翁强调,必须基于这种升至巅峰的现象(或现象性)来理解庸常现象(或现象性)。马里翁说:"我的全部事业在于,依照溢满现象的范式来思想普通现象,并通过普通现象来思想贫乏现象;贫乏现象和普通现象是溢满现象的两种弱化了的变样,它们是通过逐步弱化而由它衍生出来的……并非一切现象都被列入到溢满现象中,而是说,一切溢满现象都实现了现象性的一个且唯一一个范式。"[③]也就是说,充溢性或卓越性是理解庸常性和贫乏性的根据,只有基于充溢性或卓越性,庸常性和贫乏性才回到了它们应有的位置,即它们(比如对象性)并不是至尊的,而是衍生的。由于第三个还原排除了对庸常性的着迷并引回到了理解庸常性的根据即充溢性或卓越性,在这个意义上,我们可将其称为卓越论还原。

实际上,从拉丁词源的角度上说,也正是这个越过低处而攀至高处的还原,才更符合 transcendence 的词源含义。海德格尔用"transcendence"一词来刻画作为此在之基本建构的超越性,即此在本已超出自身而越及世界因而总已在世界之中。它所刻画的此在与世界之间的关系,并未明确地展示"transcendence"的攀越、攀升的含义。

在此,我们不妨基于给予(give)词源上的充溢的含义,对比一下海

---

① Ernest Klein, *A Comprehensive Etymological Dictionary of the English Language*, London: Elsevier, 1966, p. 1639.

② Ernest Klein, *A Comprehensive Etymological Dictionary of the English Language*, London: Elsevier, 1966, p. 555.

③ Jean-Luc Marion, *Being Given*, trans by Jeffrey L. Kosky, Stanford: Stanford University Press, 2002, p. 227.

德格尔曾经批评过的一种关于审美上的观点。海德格尔提到,有人倾向于相信"在审美直观中,事物以最原初的方式被看到、以其所是的那样被看到",海德格尔认为,"这种观念植根于一种错误观点,即,在审美直观中,主体对被看到的东西是不关切的(desinteressiert)"。① 也就是说,这里所谓的"错误观点"的重点在于,对于被审美之物,审美主体并不关切或介入被审美之物(比如,不像使用用具那样关切),因而物会原初地以其所是的样子被看到。但在马里翁这里,重点在于审美之物所给出的充溢性,也就是说,关键在于,审美者被审美之物充溢的给予性震动和影响。

其实,就艺术种类来说,相比于绘画,音乐对人所造成的效果和影响的程度会更高。比如康定斯基认为,不同的艺术形式有不同的表达方式,但在不同的艺术形式中,音乐可以很"轻易地进行表达","音乐是最好的老师",因而画家会"艳羡音乐"并效仿音乐,"把音乐的手段用于绘画艺术中",而且,音乐的"效果是绘画所无可企及的",②因为"音乐的声音直接作用于灵魂并得到共鸣"。③

对于对象性和存在者性的悬置,并不必然意味着要引回到本质,而是说,也可以引回到卓越的现象性。也就是说,这里的引回可以有两个方向:引向本质以及引向卓越的现象性,相对于这两个方向,分别有本质还原与卓越论还原。就本质还原与卓越论还原的关系来

① Heidegger, *The Metaphysical Foundations of Logic*, trans by Michael Heim, Bloomington: Indiana University Press, 1992, p. 183. 这里的"interessieren"一词在词源上有参与、介入(to take part in)、有重要性(it imports, it is of interest)的含义,见 Ernest Klein, *A Comprehensive Etymological Dictionary of the English Language*, London: Elsevier, 1966, p. 805.

② Wassily Kandinsky, *Concerning the Spiritual in Art*, trans by M. T. H. Sadler, New York: Dover, 1997, p. 19, p. 20.

③ Wassily Kandinsky, *Concerning the Spiritual in Art*, trans by M. T. H. Sadler, New York: Dover, 1997, p. 27. 这是康定斯基引用的贾克-达克罗兹(Jacques-Dalcroze)的话。

说,一方面,由于每种给出方式(对象性和存在者性)都例示着给予性,因而可以说向给予性本身的还原是本质还原,但另一方面,由于马里翁对给予性的强调重点在于其充裕性或充溢性上,在词源上给出(give)也恰恰意味着充裕、充盈,因而,向更高程度的给予性或典范的给予性的卓越论还原(比如绘画之给予性),虽然是一种特殊的还原,但它更能表达出向给予性还原的原初意义。

以上是从第三个还原所引回到的给予性的角度,对第三个还原所进行的考察。这里还有另外一个角度,也就是从还原本身对第三个还原的考察。

三、对"还原"的还原以及对"向给予性的还原"的还原

马里翁的第三个还原是基于对胡塞尔现象学还原与海德格尔现象学还原的反思提出的。胡塞尔现象学首先是认识论现象学,它关注的核心问题是对象是如何构成的。相应地,其还原的实行范围限制于对象领域。海德格尔现象学主要是存在论现象学,它关注的核心问题是存在问题,如何揭示存在本身。相应地,其还原的实行范围便主要限制在存在论领域。

前文我们已经讨论过,对胡塞尔和海德格尔的还原的共同形式在于"悬置"和"引回"两个环节。或也可以说,这两个还原都分有了形式的"悬置"和"引回"。作为纯粹形式的"悬置",它本身的使用并不囿于对象领域和存在领域,它可以悬置一切非真正意义上的现象的东西(比如预先被给予的语词、概念,作为存在者的存在者等)。也就是说,先验还原和存在论还原中的悬置的特殊性是可以被悬置的。

此外,在马里翁看来,还原所引回到的东西不是别的,而只是给予性,①也就是说,在还原与给予性之间有着本质关联。在"还原与

---

① Jean-Luc Marion, *Being Given*, trans by Jeffrey L. Kosky, Stanford: Stanford University Press, 2002, p. 15.

给予性"的关联中,特殊的还原所引回到的也是相应的特殊的(被)给予性,比如先验还原引回到的是对象的被给予性,存在论还原引回到的是存在者之存在的被给予性(并力图引回到存在的被给予性)。那么,为了引回到纯粹形式的给予性,那就需要对还原的特殊性进行悬置,即对还原进行还原。但在马里翁这里,对还原进行还原并不是为了引回到还原本身的纯粹形式,而是为了排除前两个还原的特殊性,从而引回到给予性本身。也就是说,它对还原的还原,并不是对单独的还原所进行的还原,而是对"向给予性的还原"的还原。

向给予性本身的还原是本质还原。在得到了还原与给予性之间的本质关联之后,给予性便不再局限于特殊性上,而是由于达到了本质从而敞开了一切特殊的给予性。比如,审美的还原引向了美的给予性。相应地,这里便可以得到这样一个原则:"越多还原,越多给予性。"这条原则首先涉及的并不是本质,而是特殊性,因为它所涉及的是"越多"而不是"本身",但是,它的表述的正当性则是来自还原与给予性之间的本质关联。

第三个还原的操作是要悬置经典现象学还原的特殊性以及这些还原所引回到的给予性的特殊性,并引回到这些作为特殊给予性的先天、基础或根据的给予性本身,在这个意义上,第三个还原依然符合我们在经典现象学还原那里所发现的还原的形式环节或表述,即排除、引回到那作为基础或根据的东西。

对于向给予性的还原,马里翁说,"还原越彻底,给予性便展开得越多","还原越是还原(自身),它便越多地扩展给予性"。① 前一句话更多地是强调某种总体特征;后一句话强调的则是对还原的还原,也就是说,对于某个尚不够彻底或不够普遍的还原来说,还需要对其进行还原,来将其彻底化或普遍化,从而扩展还原所引向的给予性领

① Jean-Luc Marion, *Reduction and Givenness*, trans by Thomas A. Carlson, Evanston:Northwestern University Press,1998,p. 203.

域。因而,马里翁所说的现象学的最后原则"越多还原,越多给予性"便会有双重意义:一方面,从总体来看,还原实施得越普遍,越彻底,给予性便给出得越多;另一方面,对(某个不够彻底的)还原的还原越多,越彻底,给予性便给出得越多。

四、对照面方式的还原

胡塞尔认为,现象意味着显现—显现者的关联体。这一关联体总是指向了照面方式(the way of encounter)。从词源来讲,照面(encounter)意味着碰面、相对、对峙。照面方式是显现—显现者的必然处境(situation)。照面方式中的对峙并不总是意味着隔着山谷的两座山式的对峙,而是说,它也可以是两个东西之间的某种内在相关的对峙。

这里,我们可以说,现象性(现象之展示方式)总已暗示着某种照面方式,比如,"它给出它自身"总是暗示着显现者与主体的某种照面方式。对此,虽然马里翁本人并未明确进行讨论,但我们完全可以超出他的现实讨论范围来讨论这一点。

胡塞尔通过先验还原,排除了自然状态下的主体与对象的对峙方式或照面方式,引回到意向式的照面方式,在这种照面方式中,意识并不是一个封闭的盒子,而是已然与其对象相关联,或者说,意识总已指向某物或包含了某物。

在这种照面方式中,胡塞尔的直观原则强调,在直观原则中,对象亲身被给予,主体则要如对象亲身给出的那样来接受它。从主体侧来看,这似乎只是一种简单的给出—接受关系。但事实上,对象之给出或显示预设了意识行为已然赋予了对象侧的感性材料以意义(Sinngebung)。因而,这种照面关系并不是简单的给出—接受关系,而是一种交互的给出—接受,或者说,主体所接受的东西,已然包含了自己预先给出的东西。

海德格尔的还原则排除了主体把存在者视为单纯的存在者的照

面方式,代之以此在—存在者性的照面方式。此在也不是个封闭的盒子,而是说,其基本建构即超越性表明,它已然处在世界之中,与其他存在者(比如用具)打交道。此在总是基于某个目的构建一个用具网络。在这个用具网络中,某个存在者(比如锤子)作为此在之用具在源始的操作中可以在其自身显示自身,此在也便领会或接受了存在者的意义。

在这种照面方式中,对于存在者的意义,此在也不是全然单方面的接受,而是说,这里也是一种交互关系:此在投射性地构建一个用具网络,把锤子当作(as)钉钉子之用的锤子,然后在此在的操作中,锤子才如其所是的显示出来,其意义然后被接受下来。

但在马里翁现象学中,第三个还原排除掉了前两种照面方式中意识和此在的在先性,并且也排除了给出—接受关系中的交互性,成了单纯的给出—接受关系。也就是说,一切先行于现象(显现者)之自身给出的东西的在先性,作为限制现象(显现者)自身给出和显现的限制或障碍,都应被排除。相应地,胡塞尔现象学的主体性—对象性、海德格尔现象学的此在—存在者性的照面方式就应当被排除。

马里翁在其著述中并未特别从照面方式的角度来分析显现—显现者的对峙关系,以及主体性—对象性和此在—存在者性的照面方式中所隐含的交互关系。他主要是强调要排除显现者预先限制到某个特定样式或类型的显现上。但理想状态的或最大程度的"它给出它自身"便意味着一种照面方式,在这种照面方式中,主体侧的视域在先性被排除,显现者则如其自身所给出的那样显示自身。在这种照面方式中,相对于现象之自身给出,主体则成了单纯的接受者。也就是说,前两种照面方式中的交互的给出—接受关系被排除,引回到了单纯的给出—接受的照面方式。

这种照面方式显然也有可质疑之处。比如,这种单纯而非交互的给出—接受式的照面方式,是不是可能的? 在照面方式中,主体与对象(广义的)二者是否真的严格分离而不是已然有某种程度的交互或交融？如果实事是后者,那么,单纯给出—接受的照面方式便只是一种素朴的(naïve)、镜喻式的主张。但这里要说的是,马里翁所要强调的"它给出自身"或者"在其自身给出自身显示自身"源于海德格尔现象学,它意味着要让现象显示自身,即便主体有所作为,这种有所作为也仅只在于单纯让现象自身展示。

从字面上讲,相应于"它给出它自身",主体侧的情况会是:①主体侧的状况恰好完全顺适于现象之自身给出,因而可以毫无阻力或扭曲地接受现象;②主体侧的状况并不完全顺适于现象之自身给出,因而需要改变主体侧,使之完全顺适于现象之自身给出。

关于第二种情况,这里有两种可能:①由主体侧自行调整,以顺适于现象之自身给出的方式与现象照面;②现象之自身给出是充沛的、强有力的,它可以迫使主体侧顺适于它。由于在马里翁现象学中,抵及给予性的唯一途径便是还原,相应于上述两种情况,这里便有两种通向这种照面方式的还原方式:①由主体侧对自身实施还原,排除那些不顺适于现象之自身给出的因素,以单纯接受者的姿态与现象照面;②由现象之强有力的自身给出,来影响主体侧或者说在主体侧造成某些结果或效果(还原),从而实现其自身给出,也便创设或引发了单纯的给出—接受的照面方式。

第一种方式是现象学家以及其他领域科学家的一般立场。比如胡塞尔说:"如果'实证主义'等于是说基于'实证之物'而绝无偏见地为一切科学奠基,也就是说,基于原初可把握之物,那么我们便是真正的实证主义者。"[1]牛顿则说:"我也不构造假说;因为,凡不是来源于现象的,都应称其为假说。"[2]现象学家或科学家要做到"绝无偏见"或"不构造假说",就要对自身的那些阻碍或干扰现象显现的偏

---

[1]　Husserl, *Ideas I*, trans by F. Kerste, The Hajue: Martinus Nijhoff Publishers, 1982, p. 39.

[2]　牛顿:《自然哲学之数学原理》,王克迪译,北京:北京大学出版社,2006,第349页。

见进行自我清理和排除。

第二种方式更符合马里翁本人的立场。上文对"给予"（give）的词源所做的追溯表明，给予（give）意味着丰沛、充盈、充溢（rich）。给予性的充溢性可以对主体侧造成某种类似于现象学家所实施的还原的结果，即在其自身给出之际，排除主体侧的某些照面倾向（主体性—对象性、此在—存在者性），并引向其自身给出，实现其自身给出，同时也便创设或引发了与其自身给出相匹配的照面方式。实际上，前两种照面方式（主体性—对象性、此在—存在者性）是弱化了的照面方式。这是因为，作为对象以及存在者的给予性，相对于绘画的给予性，其丰沛或充盈程度相对较弱。

在这两种方式中，第一种方式是由现象学家所造就的照面方式，第二种方式则是由给予性自身所创设或引发的照面方式。但无论哪种方式，"它给出它自身"都要求相应的照面方式。由于前两种照面方式与单纯的"它给出它自身"并不适应，因而它们必须被排除，并且由之引回到单纯的给出—接受的照面方式。

由于主体侧的结构是特定的，其偏见往往是复杂、难以觉察且根深蒂固的，因而完全彻底地排除在现实上几乎是不可能的。这样的话，绝对彻底的还原便会是康德意义上的理念。相应地，以绝对的给出—接受的照面方式与现象照面便会是一种要求。对于现象学家来说，它要求现象学家努力去排除自身阻碍现象之给出的东西，争取在最大程度的给出—接受的照面方式中与现象照面，从而最大程度地拯救现象。

第六章

马里翁第三个还原的实施者问题

马里翁现象学中的还原由谁来实施的问题,引发了如 Marlène Zarader、Andrew C. Rawnsley 等诸多学者的关注和批评。马里翁本人也明确承认了这是一个难题,这是还原在"实施上的矛盾"①。还原实施者问题是一个较为复杂因而需要详细讨论的问题。由于马里翁对还原的表述在《还原与给予性》和《被给予》中并不完全相同,下面,让我们依次来讨论。

第一节 《还原与给予性》中的还原实施者

一、马里翁对第三个还原的刻画及其困难

在《还原与给予性》的最后一部分,马里翁分析了海德格尔的一

---

① Jean-Luc Marion, *In Excess: Studies of Saturated Phenomena*, trans by Robyn Horner and Vincent Berraud, New York: Fordham University Press, 2002, p. 46.

些文本。其中,马里翁引述了海德格尔的《〈形而上学是什么?〉后记》中的这段话:"在所有的存在者中,唯有人,被存在之声音所召唤,体验到一切奇迹之奇迹:存在者存在。"①在此,马里翁所提出问题是,对于存在之声音,存在者是否一定会去倾听呢? 或者说,存在之声音能否被悬置起来呢?

马里翁的回答是,这种可能性是存在的。马里翁认为,在海德格尔那里,由于畏(以及无聊)和虚无把"一切都置入漫无差别(Gleichgültigkeit)中",相应地,一切也就进入了"无语状态";这就"必然把要求(An-spruch)②的可能性置于括号之中了"。③ 也就是说,即便在海德格尔现象学中,由于一切都会进入漫无差别状态,在这种状态下,存在之声音就不会区别于别的东西,不能突显出来,也就是可以被悬置的。

但是,在马里翁看来,这种悬置虽然是反—生存论的,但却没有完全摆脱或超出存在之领域。也就是说,这种悬置的作用并不彻底。马里翁提出了比这种无聊所引发的悬置"更具清除性的深度无聊"④。

这里的差别首先是,海德格尔式的无聊是属于此在的,而马里翁所引入的深度无聊是属于人的。因而,从引入深度无聊开始,马里翁就力图克服海德格尔把"人"限定在"此在"从而限定在存在论上的做法。

---

① Jean-Luc Marion, *Reduction and Givenness*, trans by Thomas A. Carlson, Evanston:Northwestern University Press,1998,p. 183.

② "要求"与呼唤、呼声大体是可以互换的。

③ Jean-Luc Marion, *Reduction and Givenness*, trans by Thomas A. Carlson, Evanston:Northwestern University Press,1998,p. 183.

④ Jean-Luc Marion, *Reduction and Givenness*, trans by Thomas A. Carlson, Evanston:Northwestern University Press,1998,p. 190. 可能是为了书写上的简便,马里翁有时会以"无聊"一词替代"深度无聊"。

马里翁引用了帕斯卡的话："人的状况。反复无常,无聊,焦虑不安。"①这里的无聊(深度无聊)不同于海德格尔的畏。在海德格尔的畏中,我们依然遭受着围挤和催迫,也就是说,事实上,一切并未真正沉入无差别状态;而在马里翁的深度无聊中,我们既不攻击,也不遭受攻击,是彻底的无差别状态。下面我们具体来看这一点。

在海德格尔那里,在畏中,一方面,虽然"万物和我们本身都沉入漫无差别中",但它们并非简单地消失了,也不是寂然无为,而是"在移开之际就围挤我们……催迫我们";并且,虽然此时已"没有支撑物",但这个"没有"却"袭向我们"。② 这意味着,我们并未摆脱(悬置)所有触动,并未彻底进入自我与存在者整体、无的无差别状态之中。类似地,海德格尔也曾提出过"真正的无聊"或"深度无聊",但对此,海德格尔一方面说"真正的无聊"或"深度无聊"把一切都置入了"漫无差别"中,另一方面,海德格尔又说在此也有"存在者'在整体中'袭向我们"。③

但马里翁的深度无聊,既不像尼采的虚无主义,否定价值是为了确立新的价值;也不像对他者面孔的否定,否定总是有否定的意向;也不像在海德格尔式的畏中,此在会遭到围挤、催迫和袭击。马里翁的深度无聊,对于存在者"既不否定,也不贬抑或承受其不在场的攻击……既不触发它们,尤其也不让它们触发自己",或者说,"无聊厌恶着",这是"彻底的无兴趣"(radical inintérêt),它"把所有的激情和

---

① Jean-Luc Marion, *Reduction and Givenness*, trans by Thomas A. Carlson, Evanston:Northwestern University Press,1998, p. 189. "Condition de l' homme. Inconstance,ennui,inquiétude. "

② Heidegger,*Pathmarks*,ed. William McNeill,New York:Cambridge University Press,1998,p. 88.

③ Heidegger,*Pathmarks*,ed. William McNeill,New York:Cambridge University Press,1998,p. 87.

意向都悬置了"，使一切都陷入"漫无差别"（indifférence）中。①

这是一种彻底的悬置，当然也包括对存在的悬置。既然这种深度无聊"剥夺了一切呼声的资格"，马里翁以反问的口气强调说："为什么存在之要求成为例外呢？"②马里翁从两个角度来描述对存在的悬置：

> 首先，作为对存在之物厌恶的弃绝，无聊能够使此在对存在借以提出要求的呼声充耳不闻——这是耳朵的无聊。其次，作为对什么也不想看的视而不见，无聊能够使此在对一切奇迹漠然（indifférent），甚至是对奇迹中的奇迹：即存在者存在——这是眼睛的无聊。呼声和惊叹虽然被展示给了双倍的无聊，但通过悬置它们，无聊也悬置了那使它们成为可见的和可听的"存在现象"。③

这是无聊"作用于'存在现象'"的两个方面，这种"作用于"正是无聊对存在现象所实施的悬置功能。

无聊对"存在现象"的悬置，拆解了此在与存在的本质关联。

在海德格尔存在论中，此在（作为存在者）与存在有着密切关联。比如，在《存在与时间》中，海德格尔说："存在总是存在者的存在。"④虽然在1943年，海德格尔认为，"没有存在者，存在也现身成其本质；没有存在，存在者却绝不存在"。这就是说，存在具有独立于存在者

① Jean-Luc Marion, *Reduction and Givenness*, trans by Thomas A. Carlson, Evanston：Northwestern University Press,1998,p.191.

② Jean-Luc Marion, *Reduction and Givenness*, trans by Thomas A. Carlson, Evanston：Northwestern University Press,1998,p.192.

③ Jean-Luc Marion, *Reduction and Givenness*, trans by Thomas A. Carlson, Evanston：Northwestern University Press,1998,p.194.

④ Heidegger,*Being and Time*,trans by John Stambaugh, Albany：State University of New York Press,1996,p.29.

的地位,因而可以与存在者分离开来;但在1949年海德格尔修改了他的观点:"没有存在者,存在绝不现身成其本质;没有存在,存在者也绝不存在。"①这意味着,他在重新强调存在者—存在是不可分的本质关联。对于基础存在论来说,情况更是如此。要寻问存在,就要通过对存在意义有所领会的此在来进行,此在—存在这一关联体是不可分割的关联体。在存在论中,"此在"是被束缚在存在之上的。

但是,深度无聊所实施的悬置,则把存在论中的此在—存在(Dasein-Sein)这一关联体分离了开来,从而把"此—在"(Da-Sein)的"存在"(Sein)排除,最终只留下一个此(Da)。由于无聊厌恶一切存在者以及存在,它就不会再把去存在(Zu-sein)接受为自己的命运,也就偏离了它"去存在"的义务,这就导致了此在与存在之间出现了"裂缝"。②或者说,在此在—存在的"结合处",无聊进行施压,把此在从存在那里"分离"出来,解放出来,使此在仅只"维持着此"。③

如上文所说,还原包含着"悬置"和"引回",那么,这种悬置"引回"哪里了呢?又是如何"引回"的呢?

让我们先跟随马里翁来看深度无聊引回了何处。

在胡塞尔那里,悬置把自我与自然主义者的客观世界分离开来,引回到了纯粹意识领域。但在马里翁这里,悬置把此在从此在—存在分离出来,只留下"此",但这并"没有还原到意识领域"④。那么,无聊所实施的这种悬置又"引回到"了何处呢?

这里的关键在于经由悬置而分离出来的这个"此"。这个"此",

---

① Heidegger, *Pathmarks*, ed. William McNeill, New York: Cambridge University Press, 1998, p. 233. 见该页正文及脚注。

② Jean-Luc Marion, *Reduction and Givenness*, trans by Thomas A. Carlson, Evanston: Northwestern University Press, 1998, pp. 195-196.

③ Jean-Luc Marion, *Reduction and Givenness*, trans by Thomas A. Carlson, Evanston: Northwestern University Press, 1998, p. 196.

④ Jean-Luc Marion, *Reduction and Givenness*, trans by Thomas A. Carlson, Evanston: Northwestern University Press, 1998, p. 191.

从存在论里解放出来之后,不再专属于存在之声音,从而"曝露给所有其他的可能呼声"①,即各种非—存在论的呼声,比如他人的面孔的呼声(列维纳斯)。更进一步地,存在之呼声乃至所有其他可能的呼声,最终都暗示了呼声本声,因为所有这些呼声都是呼声本身或纯粹形式之呼声的现实化。这就是说,对存在之声音的悬置,最终"引向了纯粹形式之呼声"②或呼声本身。

这里的引回,类似于胡塞尔和海德格尔的还原中的"引回",也引回到了基础性的东西上来。这里所说的"基础性的东西"具有两重含义。首先,相对于各种可能的呼唤,呼声本身是基础性的。呼声本身是各种特殊呼声之"模型"(modèle),其他各种呼声以及"存在本身之要求,只有披上此纯粹形式才能发出呼唤"③;其次,呼声本身对于被呼唤者来说是基础性的。呼声本身发出呼唤,而且,这一呼声是"无可逃避的",它"击中了"被呼唤者。在被击中之际,被呼唤者被这一呼声构成为被呼唤者,因而,相对于被呼唤者来说,呼唤是基础性的,它使被呼唤者之成为被呼唤者成为可能,而被呼唤者则是衍生性的。

这样,被动发生的还原就完成了。然而,对于那些要求步骤之清晰性的读者来说,马里翁的这些刻画似乎难以让人满意。这些刻画会遇到下述困难。

首先,既然存在之声音可以被深度无聊悬置,那么,纯粹形式之呼声或者呼声本身又如何可能突显出来呢? 前文已引述过,既然无聊"剥夺了一切呼声的资格",马里翁以反问的口气说:"为什么存在

①　Jean-Luc Marion, *Reduction and Givenness*, trans by Thomas A. Carlson, Evanston:Northwestern University Press,1998,p. 196.

②　Jean-Luc Marion, *Reduction and Givenness*, trans by Thomas A. Carlson, Evanston:Northwestern University Press,1998,p. 197.

③　Jean-Luc Marion, *Reduction and Givenness*, trans by Thomas A. Carlson, Evanston:Northwestern University Press,1998,p. 197,p. 198.

之要求成为例外呢?"①马里翁本人特意强调了句中的"一切"一词。事实上,我们完全可以就这句话来反问马里翁本人的反问:既然"一切"呼唤都沉入了漫无差别因而无法突显出来,那为什么来自呼声本身的呼唤就可以突显出来而被听到呢?

其次,被呼声攫取的被呼唤者何以能够确定呼唤来自呼声本身呢? 即便无聊者可以听到来自呼声本身的呼唤,但问题是,在被呼唤的那一刻,由于这个"惊异惊异了主体"②,无聊者"遭受到一种惊异","此惊异从绝对陌异的场所和事件出发,攫取了被呼唤者,从而取消了主体所有进行构造、重构或确定这种令人惊异之物的意图"。③

但问题是,既然在被呼声惊异的瞬间,无聊者已被攫取,处于麻痹状态,或者以胡塞尔所说的,是"死寂意识"(toten Bewußthabens)④,丧失了"构造"或"重构"或"确定"的意图,而且,"构造"或"重构"或"确定"肯定都包含了认定行为(identifying),那么,无聊者又何以认定这个呼声来自呼声本身或者是纯粹形式之呼声呢? 也就是说,既然无聊者已然处于被攫取、被麻痹的状态,又何以出现向呼声本身或纯粹形式之呼声的引回呢? 或者说,既然已被麻痹,又如何能够把目光指向纯粹形式之呼声呢?

其实,我们也不妨参考一下 J. M. 密尔所举过的类似于呼声的例子。当某个人说"我听到一个人的声音(a man's voice)"时,其实,在

① Jean-Luc Marion, *Reduction and Givenness*, trans by Thomas A. Carlson, Evanston: Northwestern University Press, 1998, p. 192.

② Marion, "L'Interloqué," in *Who Comes after the Subject*? ed. Eduardo Cadava, New York: Routledge, 1991, p. 244. "...surprise surprises the subject." 这里的"主体"是广义上的自我,而非构成性的自我。

③ Jean-Luc Marion, *Reduction and Givenness*, trans by Thomas A. Carlson, Evanston: Northwestern University Press, 1998, p. 201.

④ Husserl, *Ideas I*, trans by F. Kerste, The Hajue: Martinus Nijhoff Publishers, 1982, p. 224.

知觉方面,只能说"我听到了一个声响(a sound)"。像"声响是声音,声音是人的声音"这种判断,事实上"不是知觉而是推论"。① 如果我们同意 J. M. 密尔的观点的话,由于推论显然是一种比单纯接受性更为高阶的主动性的能力,那么,把呼声认定为呼声本身,显然就要求一种主动的能力,被攫取因而处于麻痹状态的被呼唤者就不能胜任这个工作。

甚至,在海德格尔现象学中,也要求对深度无聊进行确定并将其与其他种类的无聊区分开来。海德格尔在讨论深度无聊时说,"深度无聊"(tiefen Langeweile)具有压倒性这一特征,但我们仍然需要确定(identifizieren)它,把它与其他种类的无聊区分开来。② 显然,这里的区分与确定,并非纯粹接受性所能完成的。

在《还原与给予性》全书的最后一段,马里翁也承认了这里的困难。马里翁说,"呼声这个纯粹事实如何能够容许(permettre)最严格的还原"(即这里所讨论的还原),是需要继续去构想的。③ 这里,马里翁使用了"容许"而不是实施、引发这些词。马里翁似乎是在承认,呼声本身不具有引发还原的能力,被讶异和攫取而麻痹的被呼唤者,也不具有实施或引发还原所要求的能力。

对于马里翁现象学来说,还原如何可能的问题是关键性的问题。在《还原与给予性》以后的著作中,"被呼唤者"这一名称虽然仍被保留下来,但主要被"受给者"这一名称替代。但是,受给者的角色与被呼唤者的角色一样,都是纯粹接受者的角色。被呼唤者被呼声攫取,

---

① J. S. Mill, *Collected Works*, vol. 8, Toronto: University of Toronto Press, 1974, p. 642.

② Heidegger, *The Fundamental Concepts of Metaphysics*, trans by William McNeill & Nicholas Walker, Bloomington: Indiana University Press, 1995, p. 136.

③ Jean-Luc Marion, *Reduction and Givenness*, trans by Thomas A. Carlson, Evanston: Northwestern University Press, 1998, p. 205.

同样地,"溢满现象作为事件,击中了自我,在此打击之下,自我成了受给者"①。这就是说,虽然名称变了,但困难依然是同样的:对于纯粹的接受者而言,还原(引回)如何可能?

二、对还原实施者中的困难的解决

我们不妨构想这样一个解决途径:是否可以等待这个被讶异、被攫取因而被麻痹的被呼唤者苏醒过来,然后实施其主动的、构成性的因而也包括引回的功能?

其实,这一途径已经在胡塞尔那里暗示出来了。胡塞尔认为,若被某些东西强迫而接受,继之就会出现主动性的指向和把握。胡塞尔说:"伴随着自我之屈服出现了一种新趋向,即从自我出发指向客体的趋向。"②,而这种关注或指向,就是醒觉的自我:"关注(Zuwendung)之实行,就是我们所称的自我之清醒状态","清醒就是,把视线指向某物"。③ 在指向某物之后,主体便会竭力认定它。

我们可以设想这样一个场景:深夜,我在山里无聊地行走,忽然出现了一片光,它过于强烈以至于我瞬间丧失了识别它和认定它的能力。这里要问的问题是:在这片光消失之后,我这个夜行者又会是什么情况呢? 显然,我醒觉的意识会恢复,然后我能够认定这片光不是闪电之光,而是汽车的灯光。类似地,被呼唤者在被呼声讶异、攫取之后,会恢复醒觉的意识。这实际上是从"死寂意识"(toten

---

① Jean-Luc Marion, *In Excess*: Studies of *Saturated Phenomena*, trans by Robyn Horner and Vincent Berraud, New York: Fordham University Press, 2002, p. 44.

② Husserl, *Experience and Judgment*, trans by James S. Churchill and Karl Ameriks, London: Routledge & Kegan Paul, 1973, pp. 77-78.

③ Husserl, *Experience and Judgment*, trans by James S. Churchill and Karl Ameriks, London: Routledge & Kegan Paul, 1973, p. 79.

Bewußthabens)①到"醒觉的自我"(waches Ich)②的转换。还有,在惊异之后,我会产生一种好奇,好奇是什么攫取了我。如同 W. S. 杰文斯曾说的,"好奇(wonder)固定了心灵的注意力"③,我不会由于被惊异被攫取而彻底丧失对呼声的兴趣或注意,而是刚好相反,惊异反而激发了我的兴趣和注意,我要力图去确定它。

类似地,在无聊者这里,一个突然而至的呼声,会打破无聊者的深度无聊状态,比如一个声音突然出现,呼唤无聊者本人的名字。至于马里翁所说的呼声本身,虽然说,突然而至的呼声具有"不精确性、悬而未决性,乃至要求之含混性"④,但我可以区分出来,这呼声不是存在之呼声,也不是他者的呼声;而且,正是由于其不精确性、悬而未决性和含混性,我才可以断定,"这些毋宁说是证实了,源头处是纯粹形式之呼声本身"⑤。这实际上是从各种特殊呼声(存在之呼声、他者之呼声等)到纯粹形式的呼声的本质直观或本质还原的过程,而这也必须由醒觉的自我的高度主动性来实施。此外,从各特殊的还原(胡塞尔的认识论还原、海德格尔存在论还原)到纯粹形式的还原,也是本质直观或本质还原的过程,也必须由醒觉的自我的高度主动性来实施。因而,只有从死寂之意识恢复到醒觉的自我,才能完成从悬置到纯粹形式的呼声和形式的还原的引回。

但是,这里立即就会出现这种疑问:这种醒觉的、主动性的自我,

①　Husserl, *Ideas I*, trans by F. Kerste, The Hajue: Martinus Nijhoff Publishers, 1982, p. 224.

②　Husserl, *Ideas I*, trans by F. Kerste, The Hajue: Martinus Nijhoff Publishers, 1982, p. 72. 醒觉的自我可以实行主动的我思。

③　W. S. Jevons, *The Principle of Science: A Treatise on Logic and Scientific Method*, 2nd ed. London & New York: Macmillan and co. , 1877, p. 1.

④　Jean-Luc Marion, *Reduction and Givenness*, trans by Thomas A. Carlson, Evanston: Northwestern University Press, 1998, p. 202.

⑤　Jean-Luc Marion, *Reduction and Givenness*, trans by Thomas A. Carlson, Evanston: Northwestern University Press, 1998, p. 202.

是否与马里翁现象学兼容呢？

回答是肯定的。马里翁所强调的被动接受性的主体，是相对于溢满现象(phénomènes saturés)①的过量的被给予物而言的，但这并不是完全取消了构成性自我的位置。相对于贫乏现象(phénomènes pauvres)和普通现象(phénomènes communs)②的则是主动的、构成性的自我。

具体说，马里翁把现象分为三类，即贫乏现象、普通现象和溢满现象。我们来看前两类现象：①贫乏现象指的是诸如数学的或范畴的抽象之物，这些是在"本质直观"中才能看到的对象性的东西。③承认了贫乏现象，也就承认了作为贫乏现象之相关项的本质直观或观念化，这也就承认了本质直观或观念化所指示的主体的自发性。比如，胡塞尔在《观念Ⅰ》中明确指明了观念化与自发性的关系："对本质的原初给予的意识(观念化)本身必然是自发性的。"④②普通现象主要指那些自然界中的自然对象。马里翁说，"普通现象可以依照对象性来完成"，在此，"意向(intention)掌控着显现"。⑤ 对于普通现象的承认，也就承认了相关于普通现象的主体的意向所包含的主动构成之能力。

可见，马里翁现象学并不排除具有醒觉的主动自我。作为被呼唤者的自我，一旦由处于被讶异、被攫取的麻痹状态中的自我(me)，

---

① Jean-Luc Marion, *Being Given*, trans by Jeffrey L. Kosky, Stanford：Stanford University Press, 2002, pp. 225–228.

② Jean-Luc Marion, *Being Given*, trans by Jeffrey L. Kosky, Stanford：Stanford University Press, 2002, pp. 221–225.

③ Jean-Luc Marion, *Being Given*, trans by Jeffrey L. Kosky, Stanford：Stanford University Press, 2002, p. 222.

④ Husserl, *Ideas I*, trans by F. Kerste, The Hajue：Martinus Nijhoff Publishers, 1982, p. 43.

⑤ Jean-Luc Marion, *Being Given*, trans by Jeffrey L. Kosky, Stanford：Stanford University Press, 2002, p. 223.

恢复为醒觉的自我,就恢复了构成、确定的能力。虽然说,呼唤本身作为溢满现象,有着无法确定的起源,其过量的被给予物在根本上是无法由主体所构成的,但至少,主动的自我具有了区分能力和确定能力,能够把呼声本身与存在之呼声、他者之呼声等区别开来,并将其认定为呼唤本身,这就可以实现向呼声本身的引回,从而完成还原的所有环节(从悬置到引回)。至于这一引回过程,无论多么复杂,无论需要多么强的主动性,只要引入了醒觉的主动自我,就是可能的。

　　实际上,一旦我们引入醒觉的自我,并且,这个醒觉的自我与马里翁现象学是兼容的,就出现了第二条更为便捷的还原路径。这就像在胡塞尔现象学中,除了最初的笛卡儿式的还原路径之外,还会有其他更为便捷的还原路径。在马里翁现象学中,这条更为便捷的还原路径可以是:不再经由深度无聊所引发的悬置开始,而是直接由醒觉的现象学家(比如马里翁;其实这也正是马里翁在《还原与给予性》最后部分所作的)来实施,即排除把呼声完全束缚在存在之呼声上的限制或先入之见,然后通过自由想象,设想出其他不同的呼声,比如他者之呼声,并引回到呼声本身或纯粹形式的呼唤上来。

　　整体来看,马里翁对于还原的设想的要点在于,还原是由呼唤来实施的,而不是由被呼唤者来实施的。比如,马里翁说:"在先验还原和生存论还原之后,出现了向这一呼唤的还原,以及这一呼唤的还原。"①马里翁在此要表述的有两层含义:①第三个还原是向着呼唤的还原;②这里的"这一还原的呼唤"指的应该是由呼唤所实施的还原,而非只是所有格意义上的宽泛表述。马里翁的意图在于,在还原的事实上,也彻底排除被呼唤者的角色。但实际上,正如我们上文所分析,这种做法是有困难的。而且,马里翁也意识到了其中的困难。但在《被给予》中,马里翁似乎并未放弃这种观点。

---

① Jean-Luc Marion, *Reduction and Givenness*, trans by Thomas A. Carlson, Evanston:Northwestern University Press,1998,p. 197.

第二节 《被给予》中的还原实施者

现象的定义是在其自身给出自身显示自身,相应地,现象性在于"它给出它自身"。这就要求,排除一切异于现象自身的东西,来保障它在其自身给出自身显示自身。

比如,要排除的有充足理由律或因果性,这就需要还原的实施。马里翁说,给予性不能"坠回到生产、充足性和因果性的形而上学模式中",为了这样来构想给予性即它"实现那仅只在其自身而亲身出现的现象的纯粹显现",就必须引入给予性的这样一种规定性:"它决定一切原初的现象学行为,首先是还原。"①在这里,"决定"一词是含混的,无法确定它具体是什么含义。类似地,给予性"定义了一切其他现象学行为:现象、内在性、意向性、'事物本身'、还原,一切都源自于它或以它终结"。② 这里的"定义了"和"源自于"也是含混的,无法确定给予性在什么意义上决定了或定义了还原,无法确定还原是由谁或哪一个来实施的。

但这里至少有两种可能性,即由给予性来实施还原,以及由现象学家来实施还原。马里翁更多地强调前者,但这种说法遭到了很多质疑;实际上,后者也并不能被排除在马里翁现象学框架之外。

---

① Jean-Luc Marion, *Being Given*, trans by Jeffrey L. Kosky, Stanford: Stanford University Press, 2002, p. 74.

② Jean-Luc Marion, *Being Given*, trans by Jeffrey L. Kosky, Stanford: Stanford University Press, 2002, pp. 26—27.

一、由给予性实施还原

在马里翁对绘画的刻画中,他明确地说,还原是由绘画自身的给予性所实施的。马里翁说,绘画"在它所给出的效果中作为被给予而显现",绘画"之被给予要求被还原——被引回——到……效果";如果绘画作为效果而显现,那便包含了这一点即"把这个现象中不属于纯粹现象性的东西置入括号:对象性和存在者性"。由此,马里翁说:"这里我们找到了对此主张的确证:给予性本身还原着,还原独自便容许着被给予物。"①由于绘画的现象性是效果,而不是对象性或存在者性,当绘画现实地以效果显现时,便意味着,它已经把异己的对象性或存在者性置入括号或进行了悬置,而且,这里还包括了引回到(效果),也就是说,还原是由给予性来实施的。而且,在《过度》中马里翁也延续了这种观点。②

但马里翁的这种说法遭到了一些异议。比如,Andrew C. Rawnsley 认为,"还原是哲学技术运用,是由现象学家实施的!","绘画如何实现这种还原,这一点从未解释明白或得到检视,而是单纯的主张"。③ Andrew C. Rawnsley 的这种批评并不是毫无道理的。马里翁把还原归于绘画自身,但对还原的刻画确实不太容易让人接受。通常认为,还原首先是一种行为(act),这种行为应当是由主体性(比如先验自我或此在)发出的。绘画如何会有这样一种行为呢?

---

① Jean-Luc Marion, *Being Given*, trans by Jeffrey L. Kosky, Stanford: Stanford University Press, 2002, p. 52. 原文为"Ici se confirme que la donation même réduit et que la réduction seule permet le donné." 英译为"givenness itself reduces and that the reduction alone permits the given."

② Jean-Luc Marion, *In Excess: Studies of Saturated Phenomena*, trans by Robyn Horner and Vincent Berraud, New York: Fordham University Press, 2002, p. 68.

③ Andrew C. Rawnsley, "Practice and Givenness: The Problem of 'Reduction' in the work of Jean-Luc Marion," in *New Blackfriars*, 2007, 88 (1018): 690–708, esp. 704.

但马里翁确实认为,绘画也会拥有某种行为:"绘画并不显示任何对象,也不被展示为存在者;而是说,它实现一个行为(acte/act):它进入可见性中。"①绘画作为效果而显现,可以说是给予性的行为:给予性"使被给予物显现,并为现象设立舞台——给予性必须被理解为行为。给予性出现并完成,抵达并经过,前进并撤离,涌现并沉没"②。由于给予性是多义的,即既指"行为(给出,donner/give)",又指"礼物(don)"或被给予物,③那么,这里的给予性可以被理解为行为,即给出着的行为。

那么,关于还原,马里翁应该是这么认为的:绘画给出自身,这种自身给出是一种行为,这种给出的行为把绘画之效果作为被给予物而送抵观看者。这里,由于绘画不是作为对象或存在者而被给出的,这便意味着,在给出的行为中,便包含了对对象性或存在者性的排除,同时,引向了作为效果的绘画自身。这便是还原。

马里翁对还原的这种说法并不太容易让人接受。如果对海德格尔现象学中的用具加以简要考察,或许能更好地理解马里翁的说法。

海德格尔认为,我们周围世界中的物(Ding),并不是首先是以胡塞尔所说的对象的方式显示的,而是说,物首先是以用具来显示的。如果我们拎起手头的一把锤子,往墙上钉钉子,那么,这时锤子是作为用具而非对象给出自身或显示自身的。但在这里,我们能说,锤子的自身给出或显示排除或悬置了对象性吗?或者,一个更简单的例子,当我们像海德格尔那样走进教室的时候,讲桌作为讲课的用具而非对象显示自身,那么,我们可以说,讲桌作为用具显示自身排除了

① Jean-Luc Marion, *Being Given*, trans by Jeffrey L. Kosky, Stanford: Stanford University Press, 2002, p. 49.

② Jean-Luc Marion, *Being Given*, trans by Jeffrey L. Kosky, Stanford: Stanford University Press, 2002, pp. 60-61.

③ Jean-Luc Marion, *Being Given*, trans by Jeffrey L. Kosky, Stanford: Stanford University Press, 2002, p. 61.

或悬置了对象性的展示方式吗?

似乎也不是不可以这么说。但问题是,就我们对胡塞尔和海德格尔的悬置的理解来说,马里翁的说法是较难为我们所接受的。马里翁说,绘画以效果而给出自身,便悬置了对象性和存在者性。这把悬置归给了显现者一方。但在胡塞尔和在海德格尔那里,悬置不仅是具有主动性的主体(先验自我,此在)的一种行为,而且,悬置也是难度较大的行为。比如,在胡塞尔那里,悬置要排除的主要是自然态度、关于事物存在的信念,以及其他的一些先入之见比如因果性。这些都是根深蒂固的,因而是非常难以进行排除的。在海德格尔那里,要悬置的是"对存在者的素来确定的把握"①,但由于我们素来只是把存在者作为存在者来把握,因而这里的悬置的实行也是极其困难的。这与马里翁把还原归于现象(显现者)的说法非常不同。如果我们接受了胡塞尔和海德格尔对还原的使用,便很难接受马里翁的这种说法。

为了更好地考察马里翁关于还原的这种说法,让我们回到刚才所说的锤子的例子。海德格尔认为,对于锤子,"唯有在顺适于工具的打交道中,用具才本真地显示自身",或者说,锤子自身才显示了出来。② 在使用用具比如锤子时,我们只有顺适于锤子,锤子才能显示自身,而显示自身便意味着它成了现象,这也就是说,只有我们顺适于锤子,锤子才真正成为锤子而给出或显示自身。

就锤子本身来说,它具有可用性或上手性,这是锤子的现象性。但锤子要展示其现象性,所需要的是"实践的"态度(使用)而非"理论的"观察态度(静观)。海德格尔说,"'理论式的'观察……不能揭

---

① Heidegger, *The Basic Problems of Phenomenology*, trans by Albert Hofstadter, Bloomington: Indiana University Press, 1982, p. 21.

② Heidegger, *Being and Time*, trans by John Stambaugh, Albany: State University of New York Press, 1996, p. 98. "Der je auf das Zeug zugeschnittene Umgang, darin es sich einzig genuin in seinem Sein zeigen kann."

示上手之物"①。也就是说,在"理论"态度下,锤子并不能作为锤子本身(钉钉子的用具)显示,其展示方式(现象性)无法实现。而只有在"实践的"态度或使用性的照面方式中,锤子自身才会显示自身,即作为现象显示。而且,在实践态度中,此在越顺适于锤子,锤子便越能显示自身。或者说,从目的的角度来看,为了更有效率地钉钉子,此在就应完全顺适于锤子。

在此,海德格尔并未使用"还原"一词,更没有把还原归诸于现象(锤子),也就是说,海德格尔并没有说,锤子本身(现象)悬置了对象性(理论式的观察态度),但我们觉得,相比起马里翁的说法来,海德格尔的这种说法更加自然,更容易接受。

其实,马里翁本人也举过类似于在顺适于锤子的举动中锤子显示自身的例子。比如,在观赏小霍尔拜因(Holbein the Younger)的画作《大使》时,如果想要看到画作前景下部的骷髅,那就必须走到画面的右侧,然后向画作下部看,才能接受到这个骷髅的给予性。② 马里翁认为,现象之显现有一个"内轴"(axe immanent/immanent axis),现象是依照这个内轴来展示的,为了接受现象之显现,观看者必须"调适于现象的内轴",或者说,把目光调置于某个特定的角度或点位;马里翁把被给予的现象的这个特征称为"形变"(anamorphosis)。③

这里,在对"形变"的说明中,马里翁并未使用"还原"一词,也没有把还原归给现象。实际上,这有些类似于海德格尔所说的,在使用用具时,我们要调整姿态使自己顺适于锤子。在这个意义上,现象之显示自身更多地依赖于主体自身向着现象的调适,而非现象主动悬

---

① Heidegger, *Being and Time*, trans by John Stambaugh, Albany: State University of New York Press, 1996, p. 98.

② Jean-Luc Marion, *Being Given*, trans by Jeffrey L. Kosky, Stanford: Stanford University Press, 2002, p. 350, note 5.

③ Jean-Luc Marion, *Being Given*, trans by Jeffrey L. Kosky, Stanford: Stanford University Press, 2002, p. 350.

置了对象性或存在者性。或者说,在先后次序上,是主体自身向着现象的调适在先,然后有了现象之自身显示,而不是现象自身首先悬置主体的在显示方式上的视域(对象性和存在者性),然后再显示自身。

但是,似乎也很难否认马里翁关于绘画实施还原的这种说法。让我们先抛开马里翁关于绘画的例子,考察其他的例子,这些例子或将有助于我们去理解乃至支持马里翁的观点。

F. David Martin & Lee A. Jacobus 曾经谈到过戈雅(Francisco Goya)的画作《1808 年 5 月 3 日》(*May* 3,1808):

> 艺术形式持续侵袭我们……它不让我们忽视它。我们看到执行死刑的射击队在进行射杀,这引发了残暴的观念和恐怖的感觉。但画作的线条、色彩、色块、形状和射击队的阴影,形成了一种图型,这种图型一直在激发并指引着我们的眼睛。然后这种图型把我们引到由受难者所形成的图型。致死的观念和悲悯的感觉被激发出来,而这些也融入到了形式之中。戈雅的形式像是一块强力磁铁,它不容许其磁力范围之内的任何东西逃脱它的引力;①辉煌的奇异性(splendid singularity)……必定迷住了并控制了(fascinate and control)我们,直至这种程度即我们无须行使(will)我们的注意力……辨识艺术作品的最终标准是,它如何在我们心中起作用,它对我们做了什么(how it works in us,what it does to us)。②

从以上引文我们可以看到,画作可以对我们的心灵起作用,它可

---

① F. David Martin & Lee A. Jacobus, *The Humanities through the Arts*,9th, New York:McGraw-Hill Education,2015,pp. 28-29.

② F. David Martin & Lee A. Jacobus, *The Humanities through the Arts*,9th, New York:McGraw-Hill Education,2015,p. 24.

以牢牢地吸引并控制我们的注意力,也就是说,排除我们对其他东西的注意力,把目光牢牢地引回到画作上去,并且可以引发我们的恐怖感和悲悯感等等。也可以说,绘画确实对我们做了些什么,产生了某些效果或结果。

关于效果,海德格尔也提到过类似观点。在谈到凡·高的画作《农鞋》,尤其是古希腊神庙这些艺术作品时,海德格尔说,在器具和器具之质料的关系中,比如石斧和石斧的质料即石头的关系中,质料(石头)会消失于器具的有用性中,但艺术作品不同,比如,"神庙作品由于建立一个世界,它并没有使质料消失,倒是才使质料出现……岩石能够承载和持守,并因而才成其为岩石;金属闪烁,颜料发光,声音朗朗可听,词语得以言说";作为神庙之质料的石头,"石头负荷并且显示其沉重。这种沉重向我们压来"。① 这意味着,神庙的石头也会对我们产生一种效果,即对我们的心灵产生作用。②

这样看来,马里翁的说法并不是完全不可接受的。人会主动实施某些行为,比如,不再注视别的东西,而是目光转移到某个东西上,并牢牢地盯住这个东西。绘画也会产生这种结果,比如排除对他物的注意力,把目光牢牢地引回并控制在画作上等等,并且引发某些情感或震动。因而,在类比于人的行为的意义上,从结果或效果的角度看,画作也会实行某些行为("它对我们做了什么"),比如排除对他物的注意力,把目光牢牢地引回并控制在画作上等等,并且引发某些

---

① 海德格尔:《海德格尔文集:林中路》,孙周兴译,北京:商务印书馆,2015,第34—35页。

② 与马里翁的不同之处在于,海德格尔着重强调的是作品本身具有开启的作用,它开启着世界,即它不在于使某个存在者自身(比如农鞋)显示出来,而更在于使与之(比如农鞋)相关的存在者整体之无蔽状态显示或开启出来(见《海德格尔文集:林中路》第46页)。类似于马里翁,海德格尔也强调艺术作品不能被对象化,一旦被对象化,艺术作品便消失了。比如,一旦我们对神庙的石头进行测量,石头自身的负重(Lasten)便消失了;一旦我们把色彩分解为波长数据,色彩便消失了(见《海德格尔文集:林中路》第36页)。

情感或震动。

此外,F. David Martin & Lee A. Jacobus 还谈到过塞尚(Paul Cézanne)的《圣维克图瓦山》(Mont Sainte-Victoire)。F. David Martin & Lee A. Jacobus 认为,欣赏绘画就要参与其中(participation),即去体验画给予我们的感受,而不能"基于适用于对象的那些范畴来思考艺术作品。我们直接把握艺术作品。比如,当我们参与到塞尚的《圣维克图瓦山》中时,我们并不做地理上的或地质上的观察。我们并不把大山视为对象。假如我们这么做的话,圣维克图瓦山就会黯然失色为某个适当科学范畴的单纯实例。我们会判断说大山是某种类型的山。但在此过程中,随着我们的注意焦点以一般性为导向而移开,塞尚所画大山的生动冲击力便会削弱。如果你是一位地质学家,这样对待大山是自然而然的做法"①。在这段话中,F. David Martin & Lee A. Jacobus 强调区分了地质学家和绘画欣赏者之间的差异。绘画欣赏者不能像地质学家那样去考察大山的地质特征而将其分类,而是说,他应当去参与其中,去体验这幅冷色调的绘画给予他的那种雄伟静穆的感觉或效果。

然而,F. David Martin & Lee A. Jacobus 的这种说法所强调的依然是主体这一侧,也就是说,他们要我们首先抛开我们自己的先入之见(地质学家的理论态度),然后去体验画作给予我们的效果。

但实际上,对于塞尚的这幅画作,我们也可以有另一种解读。我们看到,这幅画是印象派风格的而非写实主义(realism)的。在康定斯基看来,写实主义"旨在'如其实际所是'来再现事物"②,在于严格依照光影自然原理,精确客观地再现事物,这意味着,观赏者也可以以物体式或对象式的态度去观察画作所刻画的事物。但印象派则与

---

① F. David Martin & Lee A. Jacobus, *The Humanities through the Arts*, 9th, New York: McGraw-Hill Education, 2015, p. 25.

② Wassily Kandinsky, *Concerning the Spiritual in Art*, trans by M. T. H. Sadler, New York: Dover, 1997, p. 9.

此不同。印象—派(印象—主义)中的"印象"一词本身意味着"对心灵、意识或感觉所产生的效果"①,印象派的基本特征在于以较为粗糙的笔法来刻画瞬间的视觉印象,来展示某种景象之效果。由于它并不精确地刻画景物的具体形体和细节,这便几乎排除了观赏者的物体式或对象式的观察态度,这在塞尚《圣维克图瓦山》(以及莫奈的《日出印象》《睡莲》等作品)中表现得尤为典型。在《圣维克图瓦山》中,远景的圣维克图瓦山,以及中景的树林、房屋和桥梁,还有前景的树木都体现为极其粗糙的线条,这使观赏者难以以对象性的态度对其进行观察,我们或可以说,画作排除了观赏者对象性的态度。同时,它将观赏者的目光引回到画作所给出的雄伟静穆这种效果上来。在这个意义上,可以说,绘画实施了还原。

除了绘画之外,我们还可以举其他例子,比如,莎士比亚笔下的罗密欧在看到朱丽叶时赞叹说:"啊!火炬远不如她明亮,她好像是悬挂在黑夜的面颊上,犹如黑人的宝石耳坠。美得太充溢以至于不能戴,对于尘世来说它太过珍贵!"(Beauty too rich for use, for earth too dear!)②宝石耳坠本身是美的,但这种美却是作为装饰之用的,也就是说,美与有用性并不互相排斥。或者拿亚里士多德所举的例子来说,雕塑是美的,但其目的因在于欣赏之用,或者说,美的东西由于其美而可以作为有用之物服务于人,美与有用性是兼容的,甚至可以说,对于日常物件来说,作为目的因(final cause)的有用性是事物的最终(ultimate)根据或理由。但在朱丽叶这里,这种美实在是太(too)美了或过度了,以至于不能用了。过度的美排除了有用性。或者说,它的充溢的给予性排除了用具性。

此外,关于审美,邓晓芒教授也提出过类似观点:"从现象学的角

---

①　Jonathan Harris, *Art History: The Key Concepts*, New York: Routledge, 2006, p. 160.

②　莎士比亚:《罗密欧与朱丽叶》第一幕第五景,朱生豪译,上海:世界图书出版公司,2013,第 64 页。此处的译文根据英文做了修改。

度来看,并不是因为我们对一件艺术品进行了现象学的还原,它后面所隐藏的直观本质才呈现在我们面前;而是只要我们被它所感动,所吸引,它的本质就'在那里(dasein)'了。"还有,在文化方面,邓晓芒教授指出,"中国传统文艺和语言所走过的历史就是中国传统文化自身在对自己进行现象学还原的过程,所以这里的现象学还原不是我们从外部加上的一种操作,而是文化自身本质的一种不可泯灭,一种自我显现"。① 这意味着,并不是说先由现象学家实施还原,然后现象便显示或给出了,而是说,现象自身之显示或给出是在其自身来运作的。

总之,并不完全像 Andrew C. Rawnsley 所批评的,由绘画来实施还原是完全不可理解的。而是说,从绘画本身对观赏者所产生的影响的角度看,由于它可以排除对象式的观察态度,并将观赏者的目光引回到其给出的效果上来,在这个意义上,我们也可以说绘画实施了还原。

在由现象自身来实施还原的问题上,我们可以把"越多还原,越多给予性"颠倒过来:"越多给予性,越多还原。"也就是说,给予性越充盈,由给予性所实施的还原的程度便越甚。

但是,如果把一切的还原方式全都归于给予性(比如绘画等)并没有充分的说服力。相反,在某些方面,把还原归给现象学来实施则更具合理性和简明性。下面我们来看这一点。

二、由现象学家实施还原

这里的关键在于,当马里翁承认还原是一种现象学"方法"②的时候,他就必须承认还原是由现象学家来实施的而不是由现象之给

---

① 邓晓芒:《论中国传统文化的现象学还原》,《哲学研究》2016 年第 9 期。
② Jean-Luc Marion, *Being Given*, trans by Jeffrey L. Kosky, Stanford: Stanford University Press, 2002, p. 2, pp. 9–10.

予性来实施的。因为"方法"一词意味着它是指现象学家如何来
"做"现象学的,它是现象学家在研究相关于现象的那些问题时的做
法或活动。如果把"方法"归给现象本身或者给予性本身,那是十分
荒谬的。由于还原是现象学方法,因而它就是现象学家"做"现象学
的做法或活动,因而一定是由现象学家来实施的。

实际上,还原之实施是极为复杂的,它是一份艰辛的工作,这是
由于它要悬置和引回到的东西往往是难以察觉的或根深蒂固的。比
如,在胡塞尔那里,还原所要悬置的先入之见如"世界是实存的"这种
信念是根深蒂固的。还有,自然主义及因果性还有其他传统形而上
学的先入之见,往往也是根深蒂固的。此外,胡塞尔还认为,那些"显
而易见的东西"(Selbstverständlichkeiten)常常未加检视地就被接受
下来,然而,其真实性或有效性却往往是非常值得质疑的,这些东西
经常骗过了我们的眼睛,并限制或遮蔽了那真正的东西的显现。而
对这些东西的悬置或排除,就需要预先将其揭示出来。

类似地,在胡塞尔的理论态度进行了反思和批评之后,海德格尔
也强调:"现象学的基本态度不是例行程式(Routine)……它不是个
单纯的手柄(Handhabe),而是艰难地和缓慢地去掌握的态度。"①

马里翁也承认这一点,马里翁说,对于那些限制现象之显现的东
西,"只有在使这限制性的东西对我们成为可见的之后,我们才能摆
脱它"。② 也就是说,那些限制现象显现的东西,往往是不可见的或
隐藏的,只有我们看到它们,才有可能摆脱它们。这里,要觉察到那
隐藏着的限制之物,就需要批判或质疑的态度以及敏锐的洞见,这主
要是因为,我们已然长久地生活于这些不可见之物之中因而很难看
到它;其次,要摆脱它们往往也需要艰辛的努力,这是因为,这些不可

---

① Heidegger, *Towards the Definition of Philosophy*, trans by Ted Sadler, New York:Continuum,2008,p. 162.

② Jean-Luc Marion, *Reduction and Givenness*, trans by Thomas A. Carlson, Evanston:Northwestern University Press,1998,p. 239.

见的东西往往已经长久地支配了人们,乃至在人们内心形成了一种根深蒂固的习性(habit)。也就是说,看到或发现那些限制性的先入之见,以及排除这些先入之见,都是困难的,因而是需要一定的艰苦劳作的。

此外,马里翁还说,第三个"还原,通过把现象引回到它的显现可以被给予的那唯一目的地,因而通过把它自己调整到给予性并由被给予性所命令,便悬置了一切并不成功地给出自身的东西,或者那只是作为寄生物而被外加给被给予物的东西。还原从显现者那里剥离了不显现的东西,剥离了使它的显现成为欺骗性的那些东西,剥离了那把十分含糊的东西欺骗性地附加于显现者的那些东西——简而言之,剥离掉把陌异于现象性的东西带给现象性的那些东西——不受节制的对象化、'荒谬理论'"①。比如,这里的"荒谬理论"仅靠给予性(比如呼唤、绘画等)是难以被悬置的。另外,剥离那些不属于显现者自身的东西,剥离那些欺骗性地附着于现象的东西,类似于胡塞尔要将那些"准—被给予性"的东西从真正的被给予性那里剥离开来,同样都需要现象学家细心的考察和批判性的检视。

实际上,这里也会有如下这样一个解释:给予性与现象学家合作来实施还原。比如,某个现象学并未完全受到先入之见的控制,因而他能较为敏锐地或更容易地看到或接受到给予性;我们或也可以以胡塞尔的话说,这种给予性是最终的、原初的和本真的,它的自明性可以"征服意志"。② 现象学家在给予性的自明性或"不可怀疑性"③

① Jean-Luc Marion, *Being Given*, trans by Jeffrey L. Kosky, Stanford: Stanford University Press, 2002, p. 16.

② Husserl, *The Crisis of European Sciences and Transcendental Phenomenology*, trans by David Carr, Evanston: Northwestern University Press, 1970, p. 18.

③ Jean-Luc Marion, *Being Given*, trans by Jeffrey L. Kosky, Stanford: Stanford University Press, 2002, p. 9.

的命令下,"实施"还原来"清除那些围绕着它并会遮蔽它的那些障碍"①(比如荒谬理论),最终让现象在其自身给出自身即实现给予性。

这里不妨举个例子。在伽利略的《关于两门新科学的对话》中,萨格听到萨耳(实际上是伽利略)的新观点之后说:"我的头已经晕了。我的思想像一片突然被一道闪电照亮的云那样在片刻之间充满了不寻常的光,它现在时而向我招手,时而又混入并掩映着一些奇特的、未经雕刻的意念(strange,crude ideas)。"②这里,伽利略的新观点不同于旧观点,这种新观点对萨格的给出并未直接导致萨格立即完全接受到,而是混入了一些奇异的、粗糙的观念,这也就是说,如果想要完全接受伽利略新观点的给出,还需要萨格主动地继续深思,排除那些旧观念。这也就是说,排除旧观念引向新观念的给出,需要主体的主动劳作,而不是惰性地去接受。即便是伽利略本人,在他考察物体速度下落的问题时,也不是简单地一下子就接受到了加速度下落的规律或公式。最初他也是受到当时居于主导地位的亚里士多德式的传统先入之见的影响。但他后来观察到,在水银这种介质中,金比铅更快地沉到底下,而在空气中,金球、铅球、石球的下落速率差异非常小,也就是说,媒质(media)越稀薄,物体下降速度的差异就越小,由此,伽利略说:"既已观察到这一点,我就得到结论说,在一种完全没有阻力的媒质中,各物质将以相同的速率下降。"③也就是说,在这些实例以及这些实例所暗示的规律的被给予性的诱导下,伽利略才逐步排除了亚里士多德式的先入之见,发现(接受)到了加速度下落的规律的给出。

---

① Jean-Luc Marion, *Being Given*, trans by Jeffrey L. Kosky, Stanford: Stanford University Press, 2002, p. 10.

② 伽利略:《关于两门新科学的对话》,武际可译,北京:北京大学出版社,2016,第 5 页。

③ 伽利略:《关于两门新科学的对话》,武际可译,北京:北京大学出版社,2016,第 57 页。

在马里翁这里,第三个还原以及给予性概念的提出和完善,也是经过了数年的时间,才逐步把第三个还原和给予性概念完善了起来。也就是说,至少在马里翁看来,第三个还原和给予性概念的提出,都不是他任意创造出来的东西,而是说,马里翁接受了它们的给出,然后将其展示出来。但这种接受,并不像是一场梦,在梦里简单地就接受到了,而是经过数年时间,逐渐排除那些含糊的东西、异于给予性概念本身的那些东西和"荒谬理论",才逐步接受到了较为清晰的给予性概念,然后将其以著述的方式展示出来。

关于这一点,我们不妨可以参考一下培根的观点。培根提到四种假相、偶像或偏见:种族偶像是内在于作为族类的人类心灵的,它像个不平整的镜面那样接受事物的光线,它会把自己的本性混入事物的本性中,因而会扭曲事物;洞穴偶像则是属于个别的人,个别的人会由于其特定的性情、教育背景、他所崇拜权威等等而扭曲事物;市场偶像导源于人们使用语词等进行交流,由于这些语词可能具有的含混性导致了理解上的障碍;剧场偶像则是由于一些公认的但却是虚假的学说所导致的。① 这四种偶像会妨碍或阻碍现象的自身给出,但对它们的克服,却是需要人或人类花费极大努力的。

当然,我们也不能否认有这种可能性:某种极强程度的本真给予性,它在一瞬间便排除了"荒谬理论"。比如,花园里的奥古斯丁读完"不可荒宴醉酒,不可好色邪荡,不可争竞嫉妒……"(《罗马书》13:13-14)这段话之后,"顷刻之间……就像有一束光确然地充满我的心灵,一切怀疑之黑暗都消失了"。② 奥古斯丁的这种体验像是给予性在其自身给出之际也同时排除了一切障碍。我们不能否认会有这种神秘体验的可能性,但这会是极其罕有的情形。这种情形会被马

---

① Bacon, *The New Organon*, I, 38-68.

② Augustine, *Confession*, Book 8, vol. I, trans by William Watts, New York: Macmillan, 1631, p. 467.

里翁视为给予性的典范。但更常见的情况则是,还原需要给予性与现象学家的合作。

给予性的自身给出实际上对主体性是有要求的。在关于下落问题的例子中,在早于伽利略或与他同时代的科学家中,应该会有人观察到类似于伽利略所描述的例子,但可能并没有人对这些例子(被给予性)进行深思,因而也没有发现(接受到)伽利略所发现的规律。实际上,正是伽利略本人的态度,成为他而非别的科学家接受了这种被给予性的关键。

关于给予性对接受性主体的要求,康定斯基也说到过相关的话。比如,"对于一个更为敏感的心灵来说,色彩的效果才是更为明显和更具感染力的"①。此外,关于呼唤,他说:"隐形的摩西从山顶下来……艺术家首先听到了摩西的声音,这种声音大众是听不见的。艺术家不知不觉地遵循着这种声音。"②也就是说,呼唤也不是任何一种人在任何一种情形下都可以听得到的。只有特定的人,才能听到或接受到某种呼唤或给予性。类似于(真正的)艺术家,只有真正的哲学家才能听到时代精神的呼唤、哲学事业本身的呼唤,并且去追随这种呼唤,并最终将这种呼唤以哲学的方式展现于世人,由世人再次来接受这种呼唤或给予性。

此外,关于还原由谁来实施的问题,更关键的还在于本质还原,它尤其需要现象学家来实施。作为本质还原的第三个还原的实施,需要现象学家把前两个还原视为特殊的还原,排除其特殊性或其中限制性的东西,最终引回到作为形式的给予性本身。由于这是一种较为复杂且难度较大的过程,因而难以把这种本质还原的实施完全归给给予性,而是应首先归给现象学家。

---

① Wassily Kandinsky, *Concerning the Spiritual in Art*, trans by M. T. H. Sadler, New York:Dover,1997,p. 24.

② Wassily Kandinsky, *Concerning the Spiritual in Art*, trans by M. T. H. Sadler, New York:Dover,1997,pp. 8-9.

第三节 还原实施者难题

本节讨论的主要问题是马里翁现象学中的还原实施者难题。马里翁本人明确承认了这一难题,即这个难题是还原在"实施上的矛盾"(contradiction performative)①。这个难题是马里翁现象学中的一个重要问题。原因在于,它威胁到了马里翁曾提出的"有多少还原,就有多少给予性"的现象学原则的正当性。对于这条原则,M. 亨利曾评论说,其"重要性影响到了现象学的整个发展"②。下面,笔者将首先介绍还原实施者难题的由来,然后尝试在现象学运动的背景下提出解决方案。

一、"还原实施者"难题的由来

马里翁于 1989 年出版了他的现象学三部曲的第一部:《还原与给予:胡塞尔、海德格尔与现象学研究》。这本书标志着他本人的现象学思想的正式开始。原因在于,在这本书中,他本人的现象学的核心概念和原则首次提了出来。首先,他的现象学的核心概念——给

---

① Jean-Luc Marion, *In Excess*: *Studies of Saturated Phenomena*, trans by Robyn Horner and Vincent Berraud, New York: Fordham University Press, 2002, p. 46.

② Michel Henry, "Quatre principes de la phénoménologie: A propos de réduction et donation de Jean-Luc Marion," *Revue de Métaphysique et de Morale* 96. 1 (1991):3–26.

予性(donation)①首次提了出来;其次,在胡塞尔的还原(第一个还原)和海德格尔的还原(第二个还原)之后,他提出了第三个还原,即向纯粹形式之呼声的还原;再次,在该书最后,马里翁提出了"有多少还原,就有多少给予性"(Autant de réduction, autant de donation)②原则。

乍看起来,这个原则似乎并没有什么问题。但是,由于在马里翁现象学中,胡塞尔现象学中的主动的先验自我、海德格尔现象学中的具有主动性的此在,被一个纯粹接受者的角色即受给者(l'adonné)取代了,因而,如果还原之实施确需一个主动的实施者的话,那么,这条原则在实施上似乎就是不可能的。

这里的关键在于"受给者"这个概念。那么,这个"受给者"是怎么来的呢? 受给者具有什么特征呢?

受给者是马里翁以"给予性"(donation)来界定现象的直接结果。马里翁继承了胡塞尔和海德格尔对现象的界定,并在《被给予》中给出了现象的"最具操作性的定义:它仅只如其自身那样真正地显现,由它自身并从它自身显现⋯⋯作为自身给出自身"③,或者说,"在任何情况下,我都会坚持现象的一般定义:由其自身显示自身者(海德格尔),它仅只在其自身且仅只由其自身给出自身"④。马里翁

---

① 就马里翁对法文 donation 的使用来讲,包含多重含义,既有 giving 的含义,也有 the given、givenness 的含义;其中的 the given 主要是完成意义上的,即已然被给予,是既成事实,因而,这个意义上的 donation 译为"既给予"或"既给予性"更符合其含义,但不太符合中文习惯。本书将依照上下文,将其译为被给予物、被给予性、给予性。

② Jean-Luc Marion, *Reduction and Givenness*, trans by Thomas A. Carlson, Evanston: Northwestern University Press, 1998, p. 203; Jean-Luc Marion, *Being Given*, trans by Jeffrey L. Kosky, Stanford: Stanford University Press, 2002, p. 14.

③ Jean-Luc Marion, *Being Given*, trans by Jeffrey L. Kosky, Stanford: Stanford University Press, 2002, p. 219.

④ Jean-Luc Marion, *Being Given*, trans by Jeffrey L. Kosky, Stanford: Stanford University Press, 2002, p. 221.

强调,现象自身由其自身给出自身,免除于所有条件或框架,而且也没有别的东西(包括先验自我和此在)先行于现象。相对于现象之由其自身给出自身、显示自身,相应地,作为现象之相关项的主体,就成了"接受者"(récepteur)①的角色。

接受者的对给予性的接受意味着两重的完成或实现:①"通过把被给予物(la donation)转换为显示(manifestation),完成(accomplir)了被给予物"②;②"从所接受的东西那里接受它本身"③。这就是说,一方面,它接受了被给予物并把被给予物转换到显示上来,从而完成或实现了被给予物;另一方面,与此同时,它自身也形成或完成了,即从它所接受的被给予物那里接受到了它自身。由于这一接受者并不预先存在,而是从所接受的被给予物那里接收它自己,因而,相对于被给予物,这个接受者是"次等的……衍生物",它本身没有"自性"(ipséité)④。在被给予性之下,这个纯粹接受性的角色已然"被剥夺了先验之红袍"⑤,"丧失了对象化把握的资格"⑥。马里翁把这一纯

---

①　Jean-Luc Marion, *Being Given*, trans by Jeffrey L. Kosky, Stanford: Stanford University Press, 2002, p. 263.

②　Jean-Luc Marion, *Being Given*, trans by Jeffrey L. Kosky, Stanford: Stanford University Press, 2002, p. 264.

③　Jean-Luc Marion, *Being Given*, trans by Jeffrey L. Kosky, Stanford: Stanford University Press, 2002, p. 266; Jean-Luc Marion, *In Excess: Studies of Saturated Phenomena*, trans by Robyn Horner and Vincent Berraud, New York: Fordham University Press, 2002, p. 45.

④　Jean-Luc Marion, *In Excess: Studies of Saturated Phenomena*, trans by Robyn Horner and Vincent Berraud, New York: Fordham University Press, 2002, p. 45.

⑤　Jean-Luc Marion, *In Excess: Studies of Saturated Phenomena*, trans by Robyn Horner and Vincent Berraud, New York: Fordham University Press, 2002, p. 45. "dépouillé de sa pourpre transcendantalice."

⑥　Jean-Luc Marion, *Being Given*, trans by Jeffrey L. Kosky, Stanford: Stanford University Press, 2002, p. 269.

粹接受性的角色命名为"受给者"(l' adonné)①。

这个受给者之所以能在现象学中有一个位置,并不是由于其自身的理由,而是由现象之给出和显示所要求的。现象给出自身,就需要一个接受者,一个类似于屏幕、显示器或棱镜的东西来显示给予性。或者,依照 Ian Leask 所说,"接受者是一个必然的预设……给予性像是需要一个与格的(dative)主体,从而现象可以对它显示自身并给予自身"②。

对于这样一个纯粹接受性的角色,通常会将其理解为非主动性的,或者被动性的。但马里翁似乎力图要避免这种解读,他说:"不能在被动性和主动性的琐碎对立之框架内,对此接受性进行界定。"③但这种说法难以消除将其等同于被动性的理解。而且,甚至他本人也曾用被动性来刻画这种接受者的角色:由于自我丧失了构成性的主动综合的能力,这里就会出现"被动综合","'被动综合'之被动性(passivité)意味着,不仅我不能主动地完成它(现象)并因而被动地承受它,而且重要的是,主动性归属于现象而且仅只归属于现象"④。这就不难理解,比如,为什么 Marlène Zarader 会说,马里翁现象学把重点"倾斜到了自由的给予性,而绝不以我(me)为条件,这样的话,主体性就必须抹消它自己、空虚化它自己,直至成为完全被动性的

---

① 本文之所以将其译为"受给者",主要有三重考虑:首先,这是一个接受性的角色,所以取"受";其次,由于它是给予性之相关项,为了体现它与给予性的相关性,所以取"给",即接受给予性者;再次,它在接受给予性之际,要把自己全然交给给予性,献给给予性,所以也应包含"给"。

② Ian Leask, "The Dative Subject (and the 'Principle of Principles')," *Givenness and God: Questions of Jean-Luc Marion*, ed. Ian Leask & Eoin Cassidy, New York: Fordham University Press, 2005, p. 187-188.

③ Jean-Luc Marion, *Being Given*, trans by Jeffrey L. Kosky, Stanford: Stanford University Press, 2002, p. 264.

④ Jean-Luc Marion, *Being Given*, trans by Jeffrey L. Kosky, Stanford: Stanford University Press, 2002, p. 226.

（totally passive）：纯粹的接受一极，它不再是'构成性的'"①。

被动性的受给者，危及了"有多少还原，就有多少给予性"原则的正当性。这一原则中所包含的"还原"要求一个还原实施者，而且通常会认为，还原实施者应具有足够的主动性。马里翁也试图赋予受给者以主动性。比如，马里翁曾说，虽然"接受性暗示着被动的接受性"，但"被动性也要求主动的能力"，因为"能力"（*capacitas*）是"为了确保给予性之抵达"而必须有的。② 但这种说法会遇到两个问题：①虽然"能力"意味着实行某个活动的能力，但这个能力，只相关于某个任务的能力，在此即是相关于接受给予性之抵达的被动接受的能力，即它具有接受给予性的能力，但这并不是实行这种接受类型的活动之外的其他能力（比如还原）；②即便这里包含了一定的主动性，但这种接受性所暗示的主动性是极弱的，恐怕很难实行还原这种复杂的、对主动性要求较高的活动。因而，在《过度》中，马里翁也不得不承认，现象之自身给出"取消了（disqualifier）先验自我"，导致了还原在"实施上的矛盾"（contradiction performative）③。

二、对"还原实施者"难题的解决

纯粹接受性的受给者，不像先验自我和此在那样，具有主动性因而可以实施还原。如果主动实施的还原不可能，是否可以构想出被动发生的还原的路径呢？ 即不是由主体有意地实施，而是由某个事件之发生或降临所引发的呢？ 其实，马里翁在《还原与给予性》中所构想的第三个还原，正是这样一条路径。这条路径是，深度无聊引发

---

① Marlène Zarader, "Phenomenality and Transcendence," in *Transcendence in Philosophy and Religion*, ed. James E. Faulconer, Bloomington and Indianapolis: Indiana University Press, 2003, p. 111.

② Jean-Luc Marion, *In Excess: Studies of Saturated Phenomena*, trans by Robyn Horner and Vincent Berraud, New York: Fordham University Press, 2002, p. 48.

③ Jean-Luc Marion, *In Excess: Studies of Saturated Phenomena*, trans by Robyn Horner and Vincent Berraud, New York: Fordham University Press, 2002, p. 46.

了悬置,最终引回到了呼声本身。这条路径是在海德格尔现象学中由畏所引发的还原的基础上提出的。深度无聊和畏,都不是主体的主动行为,而是发生和降临性的基本情绪,那么,这些基本情绪是否可以真的引发还原呢?

为了讨论的清晰性起见,下文将首先考察还原所包含的实施环节,接下来讨论海德格尔那里的被动发生的还原,然后再分析马里翁所提出的被动发生的还原,最后给出本书的解决方案。

(一)现象学还原的实施环节

我们先来考察"还原"的词源含义,然后来考察"还原"在现象学运动中的具体使用。

首先,"还原"的词源含义意味着"引回"。就英文来讲,"reduce"一词,来自古法语的"*reducer*"一词,导源于拉丁词"*reducere*",由前缀"re-"和词根"ducere"组成,其中,"*re-*"意味着"回"(back),"*ducere*"意味着"带、引"①,二者合在一起意味着"引回"(lead back)。在词源上,还原的德文"Reduktion",也是同样的含义。

然后,我们看现象学对还原的使用。首先看胡塞尔,胡塞尔首次把还原引入了现象学。胡塞尔本人在其最后一部现象学导论即《笛卡儿式的沉思》中这样来界定还原:"先验悬置这一现象学基本方法——如果它引回(zurückleitet)到先验的存在基础的话——就称之为先验现象学的还原。"②不难看出,胡塞尔在先验意义上(认识论意义上)对还原的使用,包含了"悬置"以及"引回"这两个实施环节。

接下来我们看海德格尔。海德格尔对还原的界定同样也包含了"悬置"和"引回"这两个环节。首先是"悬置"环节。在《时间概念史

---

① http://www.etymonline.com/index.php?allowed_in_frame=0&search=reduce&searchmode=none,2014-08-05.

② Husserl, *Cartesian Meditations*, trans by D. Carins, The Hague: Nijhoff, 1967,p.21.

导论》中，海德格尔这样说：

> 把存在者置入括号之中，并未从存在者本身那里夺走任何东西，也不意味着假定存在者不存在。毋宁说，这种目光转变在根本上具有使存在者的存在特征呈现出来的意义。对超越的课题进行现象学的排除，其唯一的功能在于，着眼于存在者的存在使存在者呈现出来……现象学考察所要探究的，仅仅是对存在者本身的存在进行规定。①

在这段话中，海德格尔所使用的"置入括号""对超越的课题进行现象学排除"与胡塞尔的悬置是同义的（见《观念Ⅰ》§31-§33），虽然其使用领域不是胡塞尔的认识论领域而是海德格尔式的存在论领域。

海德格尔的还原也包含了类似于"引回"的"回返"。在《现象学之基本问题》中，海德格尔特别强调了还原在具体使用上的差别，即胡塞尔对还原的使用是在先验意义上的使用，而海德格尔是在存在论意义上的使用。但海德格尔的使用也包含了与"引回"类似的"回返"（Rückführung）。海德格尔说，"对于胡塞尔来说，现象学还原是……从自然态度……回返到先验意识"，"对于我们来说，现象学还原是……从对存在者的素来确定的把握，回返到对此存在者之存在的领会"。②

但这里还有一个疑问：要"引回"或"回返"的东西，又是什么样的东西呢？回答是：基础性的东西。在胡塞尔那里，是要从被构成的自然存在物引回到其构成性的基础即先验自我。在海德格尔那里，

---

① Heidegger, *History of Concept of Time*, trans by Theodore Kisiel, Bloomington：Indiana University Press, 1985, p. 99.

② Heidegger, *The Basic Problems of Phenomenology*, trans by Albert Hofstadter, Bloomington：Indiana University Press, 1982, p. 21.

是要从对存在者本身的领会,引回到对存在者之存在的领会,由于对存在之领会是领会存在者之基础,或者说,存在是存在者之存在的基础,所以说,海德格尔的存在论还原也是要引回到基础性的东西上来。①

因而,概括地说,现象学还原的实施,包括"悬置"以及"引回"到基础性的东西两个环节。仅就这两个环节来看,还原并不必然要求一个主动的主体式的还原实施者。只要这两个环节得到了实行,就可以说现象学还原得到了实施。马里翁试图把还原之实施归为接受性的主体的做法,并未排除在现象学还原之外。也就是说,还原的"被动发生"依然有其空间②。但是,还原的被动发生在实施上是否真的可能,还需要具体考察。

事实上,在海德格尔现象学中,已经有了引入还原之被动发生的尝试。而且,马里翁在《还原与给予性》中所提出的第三个还原,也是在海德格尔的被动发生的还原的基础上提出。下面,笔者将首先考察海德格尔现象学中的被动发生的还原,接下来讨论马里翁现象学中被动发生的还原。

(二)海德格尔现象学:还原的被动发生

在《现象学之基本问题》中对还原的界定里,海德格尔并未提及被动发生的还原,而在《存在与时间》中,海德格尔则引入了由畏

---

① 倪梁康教授和靳希平教授也给出过类似的界定,见倪梁康:《胡塞尔现象学概念通释(修订版)》,北京:生活·读书·新知三联书店,2007,第396页;靳希平:《海德格尔早期思想研究》,上海:上海人民出版社,1995,第247页。

② 如果我们更严格地把还原限定为现象学家所使用的一种方法的话,那就包含着主动性了,这就会把还原之被动发生排除在外。有些学者持有这种立场,比如 Andrew C. Rawnsley 说,"还原是现象学的方法论技术","还原是哲学技术的应用,是由现象学家来实施的!",因而,诸如"绘画"这类溢满现象"何以能够实施还原?"见 Andrew C. Rawnsley, "Practice and Givenness:The Problem of 'Reduction' in the work of Jean-Luc Marion," *New Blackfriars*, 2007, vol. 88, no. 1018, pp. 690-708.

（Angst）这种基本现身情态（Grundbefindlichkeit）所引发的被动发生的还原。

首先，畏具有悬置之功能。此在首先和通常是以物和常人这种先入之见（Vor-Urteil）或"在先给予的视域"（vorgegebenen Horizontes）①来领会自身的。此在是个别的、本己（eigen）②的存在者，而物和常人则不是个别的、本己的，因而，此在以物和常人这种先入之见来领会自己，就是从异己之物（物和常人不同于此在自身）来领会自己的可能性，导致了此在对自身的领会是"'假象式地'（scheinbar/或译为表面地）赢得了自身"③，即处在非本真状态（Uneigenlichkeit）之下。

但在畏中，这种先入之见被悬置起来不再起作用了。海德格尔说："在畏中，周围世界的上手之物，一般的世内存在者，都沉陷了。'世界'已不能展现其他任何东西，他人的共同此在也不能。因而，畏剥夺了此在沉沦着从'世界'以及公共性中来领会自己的可能性。"④畏使物和常人都沉陷了，也就排除（悬置）了此在经由物和常人这种先入之见来领会自己的这一途径。

其次，畏所引发的悬置，引回到了基础性的东西上来。依照海德格尔本人的文本，这里有两重引回。第一个引回是，在1927年的《存在与时间》中，畏引回到了基础性的本真状态，而本真状态是非本真

---

① Heidegger, *History of the Concept of Time*, trans by Theodore Kisiel, Bloomington: Indiana University Press, 1985, p. 259.

② Michael Gevlen 一再强调德语中本己的（eigen）和本真的（eigentlich）在词源上的关系，本真的（eigentlich）来自本己的（eigen）。Michael Gevlen 认为，"海德格尔是在非常特殊的意义上使用'本真的'这个词的，这个词与'我的本己性'的关联绝不应被忘掉。"，见 Micheal Gevlen, *A Commentary on Heidegger's Being and Time*, revised edition, Illinois: Northern Illinois University Press, 1989, p. 50.

③ Heidegger, *Being and Time*, trans by John Stambaugh, Albany: State University of New York Press, 1996, p. 68.

④ Heidegger, *Being and Time*, trans by John Stambaugh, Albany: State University of New York Press, 1996, p. 232.

状态之基础。海德格尔说,"畏把此在抛回到本真的能在世那里。畏使此在个别化为最本己的在世的存在",或者说,"畏把此在个别化并揭示为 solus ipse(唯独我自己)。"①相比于非本真状态,本真状态是基础性的,因为"非本真状态以本真状态的可能性为根据"②,"只有它(此在)本质上可能是本真时——即是它本己时——它才能够已失去自身或者尚未拥有自身"③。第二个引回是,从此在(存在者)引回到了其基础即存在者之存在。在 1929 年的《形而上学是什么?》中,海德格尔说,"畏揭示了无(Nichts)",进一步地,"原初不着的无的本质在于:把此—在首先带到存在者之存在面前"。④ 由于存在是存在者之为存在者(此在)之基础,因而,也就是引到了基础的东西上来。

以上就是海德格尔所刻画的由畏所引发的还原。畏作为一种基本现身情态,并非一种主动的行为,而是一种不可控的事件(Geschehen,或译为发生)。畏作为"事实(Faktum)"⑤发生并施加给此在,而此在只能任其发生(Gelassenheit)并接受。因而,可以说,畏所引发的还原就是被动发生的还原。类似地,Felix O'Murchadha 认为,《存在与时间》中的"这一还原,并不是像胡塞尔现象学中的那

---

① Heidegger, *Being and Time*, trans by John Stambaugh, Albany: State University of New York Press, 1996, p. 232, "Sie wirft das Dasein auf das zurück, worum es sich ängstet, sein eigentliches In-der-Welt-sein-können. Die Angst vereinzelt das Dasein auf sein eigenstes In-der-Welt-sein", p. 233.

② Heidegger, *Being and Time*, trans by John Stambaugh, Albany: State University of New York Press, 1996, p. 303.

③ Heidegger, *Being and Time*, trans by John Stambaugh, Albany: State University of New York Press, 1996, p. 68.

④ Heidegger, *Pathmarks*, ed. William McNeill, New York: Cambridge University Press, 1998, p. 88, p. 91. 关于第二处引文,1929 年的文本是"带到存在者本身面前",但在 1949 年,海德格尔将其修改为"带到存在者之存在面前",见该页最后一条注释。

⑤ Heidegger, *Being and Time*, trans by John Stambaugh, Albany: State University of New York Press, 1996, pp. 234-235.

样,还原是由于意志之行为而发生的,而是说,还原是超越于此在之意愿而发生(happens)在此在身上的"①。James N. McGuirk 也认为,"通过畏和良知的呼唤,海德格尔得以寻到了还原的意义……依照被动性或感受性,海德格尔表述出了还原"②。

对于这种由畏引发的被动发生的还原的实际可能性,我们很难进行充分的考察和评价。原因在于,首先,对于海德格尔来说,"畏仅在某些罕有的瞬间(seltenen Augenblicken)发生"③,恐怕一般读者很难对这种"罕有"的畏有亲身体验;其次,海德格尔对其具体过程的描述极为简略,难以给予考察和评价。但基于同情原则,我们并不否认其可能性。那么,在马里翁现象学中,还原又是什么样的情况呢?

(三)马里翁现象学:深度无聊之悬置

在马里翁现象学中,深度无聊(ennui des profondeurs)④这种比畏更基本的情态,也能够实施悬置。但是,如果把"引回"这一环节也归为被动发生,是较为困难的。下面我们进行具体讨论。

Michael Inwood 说到,海德格尔现象学中的"畏并不是唯一的'基本情态'。同样,通过把所有一切都沉入无差别性之中,无聊(Langeweile)

① Felix O'Murchadha," Reduction, Externalism and Immanence in Husserl and Heidegger,"*Synthese*, vol. 160, no. 3, Internalism and Externalism in Phenomenological Perspective (Feb. ,2008) , pp. 375-395.

② James N. McGuirk,"Husserl and Heidegger on Reduction and the Question of the Existential Foundations of Rational Life ,"*International Journal of Philosophical Studies*,18:1,31-56.

③ Heidegger,*Pathmarks*, ed. William McNeill, New York:Cambridge University Press,1998,p. 91.

④ Jean-Luc Marion, *Reduction and Givenness*, trans by Thomas A. Carlson, Evanston:Northwestern University Press,1998,p. 190.

把存在者作为一个整体揭示出来"①。马里翁则重点讨论了比畏、无聊等基本情态更基本的情态:深度无聊。深度无聊可以实施(引发)悬置。具体地说,深度无聊所悬置的是海德格尔现象学中的存在之呼唤。更进一步说,马里翁现象学中深度无聊的悬置,所针对的是海德格尔的存在论。马里翁力图通过对存在之声音的悬置,超出存在论之外。

在《还原与给予性》的最后,马里翁分析了海德格尔的一些相关文本。其中,马里翁引述了海德格尔《〈形而上学是什么〉后记》中的这段文本:"在所有的存在者中,唯有人,被存在之声音所召唤,体验到一切奇迹之奇迹:存在者存在。"②在此,马里翁所提出问题是,对于存在之声音,存在者是否必定去倾听呢? 或者说,存在之声音可否被悬置起来呢?

马里翁本人的回答是,这种可能性是游的。马里翁认为,在海德格尔那里,由于畏(以及无聊)与虚无把"一切都置入到漫无差别(Gleichgültigkeit)中",相应地,一切也就进入了"无语状态"(Sprachlosigkeit);这就"必然把要求(An-spruch)③的可能性置于括号之中了"。④ 也就是说,即便在海德格尔现象学中,由于一切都会沉入漫无差别,在这种漫无差别状态下,存在之声音就不会有别于别的东西,便不能突显出来,也就是可以被悬置的。

---

① Michael Inwood, *A Heidegger Dictionary*, Oxford: Blackwell, 1999, p. 17. 海德格尔本人已经提出过了无聊以及深度无聊(tiefe Langeweile),比如在《形而上学是什么?》一文以及《形而上学之基本概念》一书中;但马里翁提出深度无聊意在超越海德格尔的存在论。如无特别说明,本书正文中所用的"深度无聊"指马里翁所提出的深度无聊。

② Jean-Luc Marion, *Reduction and Givenness*, trans by Thomas A. Carlson, Evanston: Northwestern University Press, 1998, p. 183.

③ "要求"与呼唤、呼声大体可以互换。

④ Jean-Luc Marion, *Reduction and Givenness*, trans by Thomas A. Carlson, Evanston: Northwestern University Press, 1998, p. 183.

但在马里翁看来,这一悬置虽然是反一生存论的(countre-existential),但却没有彻底摆脱或超出存在之领域。也就是说,其悬置作用并不彻底。于是,马里翁提出了比海德格尔这一无聊所引发的悬置"更具清除性的深度无聊(ennui des profondeurs plus désarmant)①。

这里的区别首先在于,海德格尔的无聊是属于"此在"的,而马里翁所引入的深度无聊是属于"人"的。因而,从引入深度无聊开始,马里翁便力图超越海德格尔把"人"限定在"此在"从而限定在存在论上的做法。

马里翁引用了帕斯卡的文本:"人的状况。反复无常,无聊,焦虑不安。"②这里的无聊(深度无聊)与海德格尔的畏有所不同。在海德格尔的畏中,我们依然遭受着围挤和催迫,因而,事实上,一切并未沉入彻底的无差别状态;但在马里翁的深度无聊中,我们既不攻击也不遭受攻击,因而属于彻底的无差别状态。下面我们具体来讨论这一点。

在海德格尔的畏中,一方面,虽然"万物和我们本身都沉入漫无差别中",但是,它们并非彻底消失了,也不是完的寂然无为,而是"在移开之际就围挤(umdrängt)我们……催迫(bedrängt)我们";并且,虽然此时已"没有(kein)支撑物",但这一"没有"却"袭向我们"(kommt über uns)。③ 也就是说,我们并未摆脱(悬置)一切的触动,并未完全进入自我与存在者整体、无的无差别状态之中。类似地,虽然海德格尔也曾提出过"真正的无聊"或"深度无聊",但对于这一点,海德格尔一方面说"真正的无聊"或"深度无聊"把一切都置入了

---

① Jean-Luc Marion, *Reduction and Givenness*, trans by Thomas A. Carlson, Evanston:Northwestern University Press,1998,p. 190.

② Jean-Luc Marion, *Reduction and Givenness*, trans by Thomas A. Carlson, Evanston:Northwestern University Press,1998,p. 189.

③ Heidegger,*Pathmarks*, ed. William McNeil, New York:Cambridge University Press,1988,p. 88.

"漫无差别",但另一方面,海德格尔又说,在此也有"存在者'在整体中'袭向我们"。①

但是,马里翁所提出的深度无聊,既不像尼采式的虚无主义,否定价值是为了确立新的价值;也不像对他者的面孔的否定,否定总有否定的意向;也不像海德格尔式的畏,此在会遭到围挤、催迫和袭击。马里翁所提出的深度无聊,对于存在者"既不否定,也不贬抑或承受其不在场的攻击……既不触发它们,尤其也不让它们触发自己",或者说,"无聊厌恶着",它是"彻底的无兴趣"(radical inintérêt),它"把所有的激情和意向都悬置了",使一切事物都陷入"漫无差别"(indifférence)中。②

这是一种彻底的悬置,因而也包括对存在的悬置。既然深度无聊"剥夺了一切呼声的资格",于是,马里翁以反问的语气强调说:"为什么存在之要求成为例外呢?"③马里翁着手从以下两个角度描述对存在的悬置:

> "首先,作为对存在之物厌恶的弃绝,无聊能够使此在对存在籍以提出要求的呼声充耳不闻——这是耳朵的无聊。其次,作为对什么也不想看的视而不见,无聊能够使此在对一切奇迹漠然(indifférent),甚至是对奇迹中的奇迹:存在者存在——这是眼睛的无聊。呼声和惊叹虽然被展示给了双倍的无聊,但通过悬置它们,无聊也悬置了那使它们

---

① Heidegger, *Pathmarks*, ed. William McNeil, New York: Cambridge University Press, 1988, p. 87.

② Jean-Luc Marion, *Reduction and Givenness*, trans by Thomas A. Carlson, Evanston: Northwestern University Press, 1998, p. 191.

③ Jean-Luc Marion, *Reduction and Givenness*, trans by Thomas A. Carlson, Evanston: Northwestern University Press, 1998, p. 192.

成为可见的和可听的"*存在现象*"。①

这便是无聊"作用于(s'exercer)'存在现象'"的两个方面,这种"作用于"便是无聊对存在所实施的悬置。

实际上,无聊对"存在现象"的悬置,拆解掉了此在与存在的本质关联。

在海德格尔的存在论中,作为存在者的此在与存在有密切的关联。例如,海德格尔在1927年的《存在与时间》中说:"存在总是存在者的存在。"②海德格尔在1943年则提出"没有存在者,存在也现身成其本质;没有存在,存在者却绝不存在",也就是说,存在可以独立于存在者,因而便可以与存在者分离开来。但在1949年,海德格尔则修改了他自己的观点:"没有存在者,存在绝不(nie)现身成其本质;没有存在,存在者也绝不存在。"③这意味着,他在重新强调存在者—存在属于不可分的本质关联。尤其对于基础存在论来说,情况更是如此,也就是说,要寻问存在或存在意义,就要通过对存在意义有所领会的此在进行,此在—存在属于不可分割的关联体。简单说,在海德格尔存在论中,"此在"(Dasein)被束缚于存在(Sein)之上。

但是,由深度无聊所实行的悬置,则把存在论中此在—存在这一关联体分离开来,从而把"此—在"(Da-Sein)的"存在"排除掉,最终只留下一个此(Da)。由于无聊厌恶着一切存在者以及存在,它便不会把去存在(Zu-sein)接受为自己的命运,因而也就偏离了它"去存

① Jean-Luc Marion, *Reduction and Givenness*, trans by Thomas A. Carlson, Evanston:Northwestern University Press,1998,p. 194.

② Heidegger,*Being and Time*,trans by John Stambaugh, Albany:State University of New York Press,1996,p. 29.

③ Heidegger,*Pathmarks*,ed. William McNeil, New York:Cambridge University Press,1988,p. 233.

在"的义务,这便导致了此在与存在之间出现了"裂缝"①。换句话说,在此在—存在的"结合处",无聊开始施压,把此在从存在处"分离"(désappariant)出来、解放出来,从而使此在仅只"维持着此"。②

如上文所说过的,还原包含"悬置"和"引回"两个环节,那么,这里的问题是,这种还原"引回"到哪里了呢? 如何"引回"的呢?

(四)马里翁现象学:深度无聊的引回

首先,让我们跟随马里翁的文本来看深度无聊引回了何处。

在胡塞尔现象学中,悬置把自我与自然主义的客观世界分离开,并引回到了纯粹意识领域。但在马里翁现象学中,悬置把此在从此在—存在关联体分离出来,只留下"此",然而这并"没有还原到意识领域"③。那么问题便是,无聊所实施的悬置"引回到了"哪里呢?

这里的关键在于由悬置分离出来的"此"。这个"此",从存在论里解放出来之后,不再专属于存在之声音,因而便可以"曝露(l'exposer)给所有其他的可能呼声"④,即各种非—存在论的呼声,比如天父的呼声、他人的面孔的呼声等等。进一步说,存在之呼声乃至一切其他可能的呼声,最终都暗示了呼声本声,原因在于,所有这些呼声都是呼声本身或纯粹形式之呼声(la pure forme de l'appel)的现实化。也就是说,在马里翁这里,对存在之声音的悬置,最后"引向了纯粹形式之呼声"⑤或呼声本身。

① Jean-Luc Marion, *Reduction and Givenness*, trans by Thomas A. Carlson, Evanston:Northwestern University Press,1998,pp. 195-196.

② Jean-Luc Marion, *Reduction and Givenness*, trans by Thomas A. Carlson, Evanston:Northwestern University Press,1998,p. 196.

③ Jean-Luc Marion, *Reduction and Givenness*, trans by Thomas A. Carlson, Evanston:Northwestern University Press,1998,p. 191.

④ Jean-Luc Marion, *Reduction and Givenness*, trans by Thomas A. Carlson, Evanston:Northwestern University Press,1998,p. 196.

⑤ Jean-Luc Marion, *Reduction and Givenness*, trans by Thomas A. Carlson, Evanston:Northwestern University Press,1998,p. 197.

类似于胡塞尔和海德格尔的还原中的"引回",马里翁的这种引回,也引回到了某种基础性的东西上。这里的"基础性的东西"具有两重含义:第一重含义在于,相对于各种可能的呼唤,呼声本身是基础性的。其原因在于,呼声本身是各种特殊呼声的理念式的"模型",其他各种呼声以及"存在本身之要求,只有披上此纯粹形式才能发出呼唤"①。第二重含义在于,呼声本身对于被呼唤者来说是基础性的。呼声本身发出呼唤,并且,它是"无可逃避的",它"击中了"被呼唤者。在呼唤者被击中之际,被呼唤者便被这一呼声构成为被呼唤者,也就是说,对于被呼唤者来说,呼唤本身是基础性的,因为它使被呼唤者之成为被呼唤者成为可能,相应地,被呼唤者则是衍生的。

这样,被动发生的还原便完成了。但是,对于要求步骤的清晰性的读者说来,马里翁的这些刻画难以令人满意。比如,这些刻画会遇到以下困难:

首先,既然存在之声音会被深度无聊悬置,那么,纯粹形式之呼声或呼声本身如何可能突显出来? 前文已引述了,无聊"剥夺了一切呼声的资格",马里翁以反问的口气强调说:"为什么存在之要求成为例外呢?"②马里翁特意强调了句"一切呼声"的"一切"。但事实上,我们完全可以就这句话对马里翁本人的反问进行反问:既然"一切"呼唤都沉入于漫无差别因而无法突显,那为什么呼声本身的呼唤就可以突显出来从而被听到呢?

其次,被呼声所攫取的被呼唤者何以可能确定有呼唤是来自呼声本身的呢? 即便说,无聊者可以听到来自呼声本身的呼唤,但问题

---

① Jean–Luc Marion, *Reduction and Givenness*, trans by Thomas A. Carlson, Evanston:Northwestern University Press,1998,p. 197,p. 198.

② Jean–Luc Marion, *Reduction and Givenness*, trans by Thomas A. Carlson, Evanston:Northwestern University Press,1998,p. 192.

在于,在被呼唤的那一刻,由于这个"惊异惊异了主体"①,于是无聊者便"遭受到一种惊异","此惊异从绝对陌异的场所和事件出发,攫取了被呼唤者,从而取消了主体所有进行构造、重构或确定这种令人惊异之物的意图"。② 也就是说,在被呼声所惊异的那一瞬间,既然无聊者已经被攫取从而陷于麻痹,丧失了"确定"或认定(identify)这一呼声的意图。那么,无聊者何以可能确定这呼声来自呼声本身或纯粹形式之呼声呢? 并且,既然无聊者已被攫取、被麻痹,又何以可能出现向呼声本身或纯粹形式之呼声的引回呢?

其实,我们也不妨参考一下 J. M. 密尔谈及的类似于呼声的例子。当某个人说"我听到一个人的声音(voice)"时,在知觉方面,他只能说"我听到了一个声响(a sound)"。也就是说,"声响是声音,声音是人的声音"的判断,事实上"不是知觉而是推论"。③ 如果我们同意 J. M. 密尔的话,因为推论显然是比单纯接受性更高阶的主动性能力,那么,若把呼声认定为呼声本身,便要求一种主动的能力,显然,被攫取并处于麻痹的被呼唤者便无法完成这个工作。

在《还原与给予性》一书的最后一段,马里翁本人也承认了它所面临的困难:"呼声这个纯粹事实如何能够容许最严格的还原"(即这里所讨论的还原),是需要继续去构想的。④ 在此,马里翁用了"容许"一词而非"实施、引发"这些词。看来,马里翁本人像是在承认,呼声本身并没有引发还原的能力,被惊异、被攫取而麻痹的被呼唤

① Marion,"L' Interloqué," in *Who Comes after the Subject*? ed. Eduardo Cadava,New York:Routledge,1991,p. 244. "…surprise surprises the subject."这里的"主体"是广义的自我,不是构成性的自我。

② Jean-Luc Marion, *Reduction and Givenness*, trans by Thomas A. Carlson, Evanston:Northwestern University Press,1998,p. 201.

③ J. S. Mill,*Collected Works*,vol. 8,Toronto:University of Toronto Press,1974, p. 642.

④ Jean-Luc Marion, *Reduction and Givenness*, trans by Thomas A. Carlson, Evanston:Northwestern University Press,1998,p. 205.

者,也没有实施或引发还原所要具备的能力。

在马里翁现象学中,还原如何可能的问题是个关键问题。在《还原与给予性》以后的著作中,"被呼唤者"这一名称虽被保留了下来,主要由"受给者"这一名称所替代,然而,受给者的角色与被呼唤者一样,都是单纯接受者的角色。被呼唤者被呼声攫取,类似地,"溢满现象作为事件,击中了自我,在此打击之下,自我成了受给者"①。也就是说,虽然名称改变了,然而问题仍然是同样的:对于单纯接受者来说,还原(引回)如何可能呢?

(五)对"还原实施者难题"的尝试性解决

这里,本书将提出一个尝试性的解决方案:这个被讶异、被攫取因而被麻痹的被呼唤者是否可以在苏醒过来之后,来实施主动的、构成性的因而引回的功能?

我们不妨设想这样的场景:在深夜,我在深山无聊地行走,前方忽然出现了一束强光,它过于强烈以至于瞬间我便失去了识别它、认定它的能力。在此,要提出的问题是:在这束强光消失后,我这个夜行者会是什么的情况? 通常说来,我的意识会恢复醒觉,随后我便能认定,这束强光并非闪电,而是来自卡车的灯光。

类似地,被呼唤者在被呼声所讶异、所攫取后,也会恢复醒觉的意识。并且,在惊异后,我会产生好奇,即好奇是什么攫取了我。正如 W. S. 杰文斯所说,"好奇固定了心灵的注意力"②,我不会因为被惊异、被攫取而完全丧失对呼声的兴趣或注意,而是相反,惊异激发了我的注意和兴趣,使我试图确定它。

类似地,对于马里翁的无聊者来说,突然而至的呼声,会打破无

---

① Jean-Luc Marion, *In Excess*, trans by Robyn Horner and Vincent Berraud, New York:Fordham University Press,2002,p. 44.

② W. S. Jevons, *The Principle of Science:A Treatise on Logic and Scientific Method*,2nd ed,London & New York:Macmillan and co. ,1877,p. 1.

聊者的深度无聊。比如,一个声音突然呼唤着无聊者本人名字。另外,关于马里翁谈及的呼声本身,虽然说,突然而至的呼声带有"不精确性、悬而未决性,乃至要求之含混性"①,但我依然可以区分出,这一呼声并非存在之呼声,也非他者的呼声;并且,正是由于它的不精确性、悬而未决性和含混性,我才可以断定,"这些毋宁说是证实了,源头处是纯粹形式之呼声本身"②。由于醒觉自我③的主动断定,被呼唤者最终便引回到了纯粹形式之呼声,并完成了还原的诸个环节。

但这里马上便会出现这种疑问:这种醒觉的、主动的自我,能否与马里翁现象学相兼容呢?

对此的回答是肯定的。马里翁本人强调的被动接受性的主体,是相对于溢满现象(phénomènes saturés)④的过量被给予物来说的,但这并非彻底取消了构成性自我。也就是说,相对于贫乏现象(phénomènes pauvres)和庸常现象(phénomènes communs)⑤的,则是主动的、构成性的自我。

具体来说,马里翁把现象大致分为三类,即贫乏现象、庸常现象以及溢满现象。我们来看前两类现象:①贫乏现象指涉的是诸如数学的或范畴的抽象之物,这些是在"本质直观"中才可以看到的对象

① Jean-Luc Marion, *Reduction and Givenness*, trans by Thomas A. Carlson, Evanston: Northwestern University Press, 1998, p. 202.

② Jean-Luc Marion, *Reduction and Givenness*, trans by Thomas A. Carlson, Evanston: Northwestern University Press, 1998, p. 202.

③ Husserl, *Ideas I*, trans by F. Kerste, The Hajue: Martinus Nijhoff Publishers, 1982, p. 72.

④ Jean-Luc Marion, *Being Given*, trans by Jeffrey L. Kosky, Stanford: Stanford University Press, 2002, pp. 225-228.

⑤ Jean-Luc Marion, *Being Given*, trans by Jeffrey L. Kosky, Stanford: Stanford University Press, 2002, pp. 221-225.

性之物。① 承认了贫乏现象,便也承认了作为贫乏现象之相关项的本质直观,这也就承认了本质直观(或"观念化")所涉及的主体的自发性。比如,在《观念 I》§23 中,胡塞尔明确指明了观念化与自发性的关系:"对本质的原初给予的意识(观念化)本身必然是自发性的。"②②庸常现象主要指涉自然对象。马里翁说,"普通现象可以依照对象性来完成",这里,"意向掌控着显现"。③ 承认了庸常现象,也便承认了相关于庸常现象的主体之意向所包含的主动构成的能力。

可见,在马里翁现象学中,具有醒觉的主动自我并不是完全被排除掉了。作为被呼唤者的自我,处于被讶异、被攫取的麻痹状态中的自我(me),一旦恢复为醒觉自我,便也恢复了它的构成、确定的能力。虽然说,呼唤本身作为溢满现象,其起源是无法确定的,并且,从根本上说,其过量的被给予物是无法由主体构成的,但至少说,主动的自我具有了区分和确定的能力,可以把呼声本身与存在之呼声、他者之呼声等区分开来,从而可以把它认定为呼唤本身,这样便可实现向呼声本身的引回,从而完成还原从悬置到引回的所有环节。至于这一引回过程,无论有多么复杂,无论需要多强的主动性,只要引入醒觉的、主动的自我,便具有了可能性。

其次,或许这里还有这样的疑问:这一醒觉自我,与之前的被攫取的自我,是不是同一个自我?回答也是肯定的。醒觉自我与被攫取的自我,可以是同一个自我之同一意识之流的不同阶段,或者也可以说,属于同一自我极。比如,胡塞尔谈道,流动之我思"不仅将自身把握为流动之生活,而且把握为自我,把握为体验着这个和那个我

---

① Jean-Luc Marion, *Being Given*, trans by Jeffrey L. Kosky, Stanford:Stanford University Press,2002,p. 222.

② Husserl,*Ideas I*,trans by F. Kerste,The Hajue:Martinus Nijhoff Publishers,1982,p. 43.

③ Jean-Luc Marion, *Being Given*, trans by Jeffrey L. Kosky, Stanford:Stanford University Press,2002,p. 223.

思,即作为同一个自我而经历着这个和那个我思",这个同一的我思之流,当然也会包含"被动的"我思活动。

事实上,一旦引入醒觉自我,而且,这一醒觉自我与马里翁现象学是可兼容的,那便会出现第二条更便捷的还原路径。就像在胡塞尔现象学中,除了笛卡儿式的还原路径外,还有其他的还原路径。在马里翁现象学中,这条更便捷的还原路径可以这样的:不再由深度无聊的悬置开始,而是由醒觉的现象学家(比如马里翁本人;其实这也正是马里翁本人在《还原与给予性》结尾部分做的工作)直接来实施,也就是说,排除把呼声完全束缚于存在之呼声的限制或先入之见,然后通过进行自由想象,从而设想出各种其他不同的呼声,如他者之呼声等,最终引回到呼声本身或纯粹形式的呼唤。

综上,"还原实施者"难题并非完全无法解决的难题。虽然说,马里翁本人提出的"深度无聊"可以实施悬置,但是,因为深度无聊的人以及被呼声所呼唤的被呼唤者,并不具有向呼声本身引回所要求的主动能力,因而,还原的第二个环节即"引回"环节便是不可能的。然而,被呼唤者一旦由被惊异、被麻痹的状态恢复过来,进入醒觉的、主动的自我,便可以实现其引回功能。并且,醒觉自我与马里翁现象学也是兼容的。而事实上,醒觉自我一旦引入进来,便可以有更便捷的还原路径,也就是由醒觉的现象学家来实施还原的路径。

第七章

马里翁第三个还原的转向与根据律

马里翁认为,第三个还原作为现象学方法,旨在实现一个转向:
"现象学方法主张要展开一个转向(tournant),它不是简单地从演证
转到展示,而是从自我(ego)使对象明见的展示方式,转到让显现在
显象中展示自身(se)。"①

第三个还原是在马里翁对现象学与形而上学的比较中提出的。
马里翁说:"在一切科学中,因而在形而上学中,问题在于演证
(démontrer)。演证,在于为了确定地认识而为现象奠基(fonder l'ap-
parence),为了把它们引回到确定性而把它们引回到基础(la
reconduire au fondement)",但与形而上学不同,"在现象学中……问
题在于展示(montrer)。展示意味着以这样一种方式来让现象显示,
即它们完成它们自己的显现,以便如其给出自身的那样严格被接
受"。② 但真正意义上的展示不是以主体性来限制现象的方式展示
现象,而是让现象自身展示自身,因而,在马里翁看来,"有些现象学

---

① Jean-Luc Marion, Being Given, trans by Jeffrey L. Kosky, Stanford: Stanford
University Press, 2002, p. 10.

② Jean-Luc Marion, *Being Given*, trans by Jeffrey L. Kosky, Stanford: Stanford
University Press, 2002, p. 7.

试验只是重复并确证了(形而上学的)感知和主体性对于显现的优先地位",这些现象学试验只完成了第一步,"第一步需要由第二步来完成:从展示到让它自身显示,从显示到由那展示其自身的自我而开始的自身显现"。①

那么,该如何理解马里翁的这些话呢? 比如,"现象学试验"指什么呢? 以及更为重要的是,如果说方法总是由某种基本思维方式所支配的,那么,这种方法转向的背后又体现出什么样的基本思维方式上的转向呢? 对于第一个问题,比照马里翁的文本,我们可以结合哲学史实例说,笛卡儿式的方法是形而上学式的演证,胡塞尔和海德格尔做的则是"现象学试验",是"简单展示"即第一步,而马里翁的第三个还原则是要实现第二步即"让现象自身展示"。对于第二个问题,笔者认为,形而上学的演证所依照的思维方式是根据律,现象学试验的"简单展示"(胡塞尔和海德格尔的还原)也未摆脱根据律,而马里翁第三个还原则摆脱或悬置了根据律。

第一节 形而上学方法与根据律

作为亚里士多德方法论的杰出注释者,16 世纪的扎巴列拉这样描述希腊词"方法"的含义:"方法($\mu\acute{\varepsilon}\theta o\delta o\varsigma$)一词,表示从某物到另一物的道路,因而,这将是必然的:每一方法都有两个端点,一个是 *a quo*(from which/起点),另一个是 *ad quem*(to which/终点)","终点是

① Jean-Luc Marion, *Being Given*, trans by Jeffrey L. Kosky, Stanford: Stanford University Press, 2002, p. 8.

未知的,但是,借助于起点(由起点我们被引至对终点的认知),终点会被认识"①。可以看出,"方法"的核心在于起点,因为终点是未知的,必须借助于起点才能得到认识。

实际上,方法中的起点问题最终涉及的是本原(αρχή)。本原(αρχή)往往被译为始基、开端(beginning)、起点(starting point)或起源(origin)。② 亚里士多德认为:"事物最初由之认识的东西也被称为此事物的本原,例如前提是证明的本原。原因的意思和本原一样多,因为一切原因都是本原。"③在证明时,如果要保证结论为真,就要找到使结论为真的前提(本原)作为论证的起点,因为"没有原因,我们便不知道真理"。④ 或者说,在证明中,只有找到为真的大前提,才可能确保要证明的"结论不能是别样的(otherwise)"⑤,也就是说,如果要确保结论正是 B 而不是任何的非 B,那就必须找到使 B 为真的前提 A。此外,本原不仅体现在扎巴列拉所谈及的认识领域,还体现在其他领域。亚里士多德认为,本原涉及三个领域即存在、发生和认知,本原是存在或发生或认知由之开始之点。⑥

在亚里士多德之后,莱布尼茨在谈到根据律时也谈到了这三个领域以及根据(本原、原因)的重要性。根据 Lloyd Strickland 对莱布尼茨文本的研究,莱布尼茨对充足理由律(根据律)有三种表述。第

---

① Jacopo Zabarella, *On Method*, vol. 2, trans by John P. McCaskey, Cambridge: Harvard University Press, 2013, pp. 6-7.

② Alexander of Aphrodisias, *On Aristotle's Metaphysics* 5, trans by William. E. Dooley, New York: Cornell University Press, 1993, p. 130, note 9; Aristotle, *Metaphysics: Books Gamma, Delta, and Epsilon*, 2nd, trans by Christopher Kirwan, Oxford: Clarendon Press, 1993, p. 123.

③ 亚里士多德:《形而上学》,1013a。

④ 亚里士多德:《形而上学》,993b20。

⑤ 亚里士多德:《形而上学》,1015b5;英文版见 Aristotle, *The Complete Works of Aristotle*, ed. Jonathan Barnes, Princeton: Princeton University Press, 1984, p. 1603.

⑥ 亚里士多德:《形而上学》,1013a15。

一种表述即关于事物存在(existence)的表述:"没有任何事物的存在是没有根据的,或者说,总是有一个为什么。"第二种表述即关于事件发生(event)的表述:"没有任何事情的发生是没有一个它为什么如此而非别样的根据的。"第三种表述是关于真理(truth)的表述:"任何一个真理都可以给予一个根据。"①莱布尼茨的这三种表述涉及了存在、发生、真理(知识)这三个领域,大体说来,这与亚里士多德对 αρχή 的解说的三个领域是一致的。此外,从莱布尼茨所说的"以及:(2)充足理由原则,凭着这个原则,我们认为:任何一件事如果是真实的或实在的,任何一个陈述如果是真的,就必须有一个为什么这样而不那样的充足理由,虽然这些理由常常总是不能为我们所知道的"②中可以看到,比如在知识领域,与亚里士多德一样,莱布尼茨也在强调,充足理由在于确保某个陈述(比如结论)是这样而非别样。

对于根据(以及根据律)问题,海德格尔做了哲学史上的简要回顾,并把根据的问题一直追溯到亚里士多德的本原或原因。对于亚里士多德对本原(αρχή)的含义、共性及其分类(比如四因说)的解说,海德格尔做了如下解读:这些本原或根据的共同之处在于"由之而来的、最初的东西",或者更具体些说,是"回溯过程(Rückgang)不可再进行的支撑点,或者说,作为最初的、原始的、奠基以之为出发点的东西。根据这里指的是 αρχή,也就是说,开始或开端:最初的东西(das Erste),奠基性的知识由之开始,首先以之为依据"③。甚至,海德格尔恢复了"*a priori*"一词的拉丁文原始含义,认为它是"早先的东

---

① Leibniz, *Leibniz's Monadology: A New Translation and Guide*, trans by Lloyd Strickland, Edinburgh: Edinburgh University Press, 2014, pp. 87–88.

② 汉译见《西方哲学原著选读(上卷)》,北京大学哲学系外国哲学史教研室编译,北京:商务印书馆,1981,第482页。莱布尼茨原文可见 Leibniz, *G. W. Leibniz's Monadology: An Edition for Students*, trans by Nichlos Rescher, Pittsburg: University of Pittsburgh Press, 1991, p. 116.

③ 海德格尔:《从莱布尼茨出发的逻辑学的形而上学始基》,赵卫国译,西安:西北大学出版社,2015,第155页。

西"，"先行于一切事物"。①　因而可以说，如果要为 B 寻找其根据 A 这种早先的东西，这个过程便是回溯。

那么，根据这种最初的东西起到什么作用呢？类似于亚里士多德和莱布尼茨，海德格尔也清楚地意识到，根据起到确保某物如此而非别样的作用。比如，对于莱布尼茨所表述的根据律，海德格尔特别注意到莱布尼茨把"'为什么'（*cur*/why）表述为'为什么（而）不是'（*cur potius quam*/why rather than）"，并且，海德格尔认为，在"根据"（Grund）与"而非"（eher als）之间有着具体关联。②

此外，海德格尔会认为，根据律支配着我们的哲思方式。在 1950 年代的讲座中，海德格尔以他惯用的词根关联的方式说："与我们所遭遇并被我们所探究根底（ergründet）的东西，常常只是相当肤浅的（vordergründig）……我们对围绕我们并关涉我们的的东西提出了一些断言，然而对这些断言，我们的要求是，人们要提供根据（begründe）。探究根底与提供根据（Ergründen und Begründen）规定着我们的行为方式。"③接下来，海德格尔的问题是，我们的这种哲思（行为）方式又是由什么规定着的呢？海德格尔的回答是根据律，也就是说"没有什么是没有根据的"（*Nihil est sine ratione*）。④　海德格尔认为，比如康德，也在依照根据律进行哲思："'可能性条件'对康德而言就是这样一种 *a priori*……在康德看来，只有在与根据（*ratio*）的

---

①　海德格尔:《海德格尔文集. 根据律》，张柯译，北京:商务印书馆，2016，第 152 页。

②　Heidegger, *The Essence of Reasons*, trans by Terrence Malick, Evanston: Northwestern University Press, 1969, pp. 122–125.

③　海德格尔:《海德格尔文集. 根据律》，张柯译，北京:商务印书馆，2016，第 20 页。译文略有修改。

④　海德格尔:《海德格尔文集. 根据律》，张柯译，北京:商务印书馆，2016，第 20 页。

回返关联（Rückbezug）中，某物才可以在那种事情上 …… 得到
规定。"①

　　既然在海德格尔看来，根据律规定着哲思方式，那么，海德格尔
本人对存在问题的哲思也应当是由根据律所规定的。具体来说，既
然对存在概念的现有理解是漂浮无据的，他就应当找到确实根据来
确保这一点：存在之意义正是他所阐明的这样而非别样（rather than
otherwise），即确保他所提出的存在之意义的"真确性"（Echtheit），尽
管他拒绝使用演证的方法。对此，我们在后文进行讨论。

　　现在让我们回到最初提出的问题，即我们哲学史上的实例：笛卡
儿在依照根据律进行演证。

　　首先，笛卡儿是在使用演证的方法，而且尤其是在仿效几何学的
演证方式。笛卡儿在《第一哲学沉思集》的"内容提要"中说："我不
得不遵循和几何学家所使用的同样次序：先提出求证的命题的全部
根据，然后再下结论。"②此外，笛卡儿在《谈谈方法》第四部分中概述
了《第一哲学沉思集》的核心内容，他在简介这部分的内容时说："第
四部分，是他用来证明神存在、证明人的灵魂存在的那些理由
（raisons），也就是他的形而上学的基础（fondements）。"③

　　其次，笛卡儿的演证是依照于根据律的。比如，笛卡儿在《第一
哲学沉思集》中说："没有任何一个存在着的东西是人们不能追问根

　　① 海德格尔：《海德格尔文集. 根据律》，张柯译，北京：商务印书馆，2016，
第153页。译文略有修改。事实上，康德也在"先于"的意义上使用"a priori"一
词："'先验的' ……这个词指的并不是某种超越一切经验的东西，而是虽然先行
于经验（a priori），但却注定使经验成为可能的东西。"见康德：《未来形而上学导
论》，载李秋零主编《康德著作全集·第4卷：纯粹理性批判（第1版）》，李秋零
译，北京：中国人民大学出版社，2005，第379页。
　　② 笛卡尔：《第一哲学沉思集》，庞景仁译，北京：商务印书馆，1986，第10页。
　　③ 笛卡尔：《谈谈方法》，王太庆译，北京：商务印书馆，2000，第2页。法文
版见 Descartes, *Discours dela methode*, Introduction et notes de Etienne Gilson, Paris：
Vrin, 1999, p. 43.

据什么原因使它存在的。因为,即使是上帝,也可以追问他存在的原因。"①对此,Lawrence Nolan 认为,笛卡儿使用了充足理由律,虽然研究者往往会忽视这一点。② 此外,笛卡儿也说到"在结果里有什么东西不是曾在它的原因里有过的"③,对此,Janet Broughton 认为,笛卡儿有这种一种观念,即"原因为结果之发生提供了充足理由"④。

具体来说,笛卡儿形而上学的第一本原即"我思故我在"是依照根据律(为 x 寻找在先的根据)而寻到的。笛卡儿在《谈谈方法》第二部分中说:"一切学问的本原(principes)都应当从哲学里取得,而我在哲学里还没有发现任何确实可靠的本原,所以我想首先应当努力在哲学上把这种本原建立起来。"⑤在第四部分,笛卡儿说,"'我思,所以我存在'"(je pense, donc je suis)是"我所寻求的那种哲学的第一本原(le premier principe)",这一本原是他所找到的"基础"(fondements)。⑥"我思故我在"是笛卡儿所寻找到的第一本原,以此第一本原作为起点,来为其后的心灵本性等形而上学命题提供论证的根据或基础。

但接下来我们还可以追问:"我思故我在"有没有根据或基础?"我思故我在"是笛卡儿依照他自己制定的方法论规则得到的。"我思故我在"属于《谈谈方法》方法论第一条规则所刻画的"那清楚分明地呈现它自身(qui se présenterait)于我的心灵,以至于我根本无法

---

① 笛卡尔:《第一哲学沉思集》,庞景仁译,北京:商务印书馆,1986,第 165 页。

② Lawrence Nolan, "The Third Meditation: causal arguments for God's existence," in *The Cambridge Companion to Descartes' Meditations*, ed. David Cunning, Cambridge: Cambridge University Press, 2014, p. 144.

③ 笛卡尔:《第一哲学沉思集》,庞景仁译,北京:商务印书馆,1986,第 139 页。

④ Janet Broughton, *Descartes's Method of Doubt*, Princeton: Princeton University Press, 2002, p. 155.

⑤ 笛卡尔:《谈谈方法》,王太庆译,北京:商务印书馆,2000,第 18 页。见 Descartes, *Discours dela methode*, p. 75.

⑥ 笛卡尔:《谈谈方法》,王太庆译,北京:商务印书馆,2000,第 26—27 页。见 Descartes, *Discours dela methode*, pp. 90-91. 译文略有修改。

怀疑的东西"①。依照他在《探求真理的指导原则》之原则三的说明，"我思故我在"是通过直观而非演绎得来的："直观……是纯净而专注的心灵的构想"，"这种构想由于更单纯而比演绎本身更为确实无疑"，比如，"人人都能用心灵来直观[以下各道命题]：他存在，他思想，三角形仅以三直线为界"，以及，"起始原理本身则仅仅通过直观而得知，相反，较远的推论是仅仅通过演绎而获得"。② 因而，正如 John Gottingham 所认为的，笛卡儿的"直观是一切可靠知识的根本基础"。③ 类似地，在《第一哲学沉思集》中，在获得了"我思故我在"之后，笛卡儿在"第三沉思"中继续追问：是什么足以保障"我思故我在"是真的而不是假的呢？笛卡儿边沉思边回答说："我需要具备什么，才能使我确实知道什么事情吗？在这个初步的认识里，只有我认识的一个清楚、明白的知觉。老实说，假如万一我认识得如此清楚、分明的东西竟是假的，那么这个知觉就不足以（suffisante）使我确实知道它是真的。"④这意味着，足以确保"我思故我在"之为真的是知觉（perception）⑤或者直观，即，"我思故我在"之为真而非为假的根据或基础是知觉或直观。

简单地说，在笛卡儿的演证中，终点端是有待证明的诸形而上学命题，作为演证的起点端是第一本原"我思故我在"，而真正的最终起点端则是主体的直观，连接这些端点的则是根据律。

---

① 笛卡尔：《谈谈方法》，王太庆译，北京：商务印书馆，2000，第 16 页。见 Descartes，*Discours dela methode*，p. 69. 译文略有修改。

② 笛卡尔：《探求真理的指导原则》，管震湖译，北京：商务印书馆，1991，第 11—13 页。

③ John Gottingham，*A Descartes Dictionary*，Oxford：Blackwell，1993，p. 95.

④ 笛卡尔：《第一哲学沉思集》，庞景仁译，北京：商务印书馆，1986，第 34—35 页。法文版为"在这个初步的认识里，只有我所说的清楚、明白的知觉才能使我确实知道真实性"，见第 35 页脚注。

⑤ 由于感觉的不可靠性，感觉便被排除掉了，因而，这里的法文"perception"一词不是感性的感知，而是理智的把握，可参见 John Gottingham，*A Dictionary of Descartes*，p. 143。相应地，我们把下文中胡塞尔引用的笛卡儿的 *perceptio* 也译为知觉。

第二节　前两个还原与根据律

胡塞尔和海德格尔都明确拒绝把演证作为现象学的基本方法。前文已经引述过，在马里翁看来，这两位现象学家是在对现象进行"简单展示"，即作为"现象学试验只是重复并确证了（形而上学的）感知和主体性对于显现的优先地位"。但马里翁并未对此在根据律方面进行过明确考察。我们的问题是，马里翁认为两位现象学家都是使用了还原（先验还原和生存论还原）的方法，那么，这两个还原是否也都依照于根据律呢？

一、胡塞尔的先验还原与根据律

早在《逻辑研究》时期，对于逻辑学，胡塞尔并不满足于单纯将其视为"产生于素朴实事有效性中的命题系统"，而是要首先使"逻辑的观念、概念和规律达到认识论上的清楚分明"；这样的话，就要"回溯"(zurückverfolgt)至"'涌现出'纯粹逻辑学的基本概念和观念规律的'源泉'(Quellen)"；这种源泉就是直观："作为有效的思维统一性的逻辑概念必定起源于直观。"[①]也就是说，现象学在逻辑研究上任务并不在于命题之间的演证关系，而在于为逻辑学奠基，即回溯到逻辑概念和命题的产生之处即直观，在直观这种最终根据处，以求得逻辑概念和命题的笛卡儿式的清楚分明。在此，要到达的终点是逻辑

---

① 胡塞尔:《逻辑研究》第二卷第一部分，倪梁康译，北京:商务印书馆，2017，第340—345页。译文略有修改。

概念和命题,而起点则是直观。显然,直观不是演证,而是直接呈现或展示现象,而且要使现象以其自身所是的样子被展示。

类似地,在稍后的《现象学的观念》时期,胡塞尔也认为,认识论现象学不能使用演证的方法,其任务首先在于寻找绝对被给予的知识,而这种绝对被给予的知识的根据或基础便是直观,准确地说,是先验还原所引回到的直观。

胡塞尔明确提出,以认识批判为任务的现象学要从头开始来解决认识可能性的问题,这"当然不能进行论证和逻辑推导",因为"论证和推导需要有事先就必须被给予的直接认识",那么,在何处去寻找这种作为最初前提的直接知识呢? 胡塞尔回答说,这个知识领域是"笛卡尔式的怀疑考察和绝对被给予性的领域,或者说绝对认识的范围"①。这个领域是"被给予性的坚实陆地",是"开端"。② 这种作为开端的绝对被给予性,实际上类似于笛卡儿的"我思故我在"作为第一本原的地位。

那么,接下来的问题是,谁又来确保这种这种作为开端的最初的绝对被给予性的正当性呢? 胡塞尔引述了笛卡儿在"第三沉思"中的那段话:"是什么在向我们保证这种基础被给予性(Grundgegebenheiten)? 是清楚分明的知觉(*clara et distincta perceptio*)。我们可以以此为出发点。"而且,胡塞尔认为,"我们可以随着笛卡尔再向前迈一步(经过必要修正)"得出一个一般原则:"'所有像个别思维一样通过清楚分明的知觉而被给予的东西,我们都可以利用。'"③可以看出,在这

---

① 胡塞尔:《现象学的观念》,倪梁康译,北京:人民出版社,2007,第43—44页。

② 胡塞尔:《现象学的观念》,倪梁康译,北京:人民出版社,2007,第56页。

③ 胡塞尔:《现象学的观念》,倪梁康译,北京:人民出版社,2007,第59页。译文略有修改。其背景是,笛卡儿从知觉保障了"我思故我在"之为真,从而发展出一条普遍原则"凡是我们领会得十分清楚、十分分明的东西都是真实的"。见笛卡尔:《第一哲学沉思集》,庞景仁译,北京:商务印书馆,1986,第35页。

里,一方面是被给予之物,另一方面是清楚分明的知觉,通过知觉而被给予之物,是正当的,其正当性是由知觉来保障的。在稍后的《观念Ⅰ》中,一条更为著名的原则被提了出来:"每一原初给予的直观都是认识的正当源泉(Rechtsquelle),在直观中原初地(可以说是在其亲身的现实中)提供我们的东西,只应按其所给予的那样,而且也只在它给予的限度内接受。毕竟我们看到,每一理论只能从原初的被给予性中汲取其真理本身。"①在此,原初的被给予性是可以接受的最初之物,但这种最初之物来自哪里,或者说,其正当性根源、根据是什么? 是直观。直观是保障被给予性之可被接受性的根据。

但是,仅靠笛卡儿式的知觉或直观还不够。因为在笛卡儿那里,我思仍处在客观世界中因而依然包含超越性,如果直接利用这种包含了超越性的东西,便会导致循环论证。② 为了避免这种循环,就要排除我思中暗含的超越性:"笛卡尔的思维就需要现象学的还原。在心理学的统摄和客观化中的心理现象并不真正是一种绝对的被给予性,只有还原了的纯粹的现象才是绝对的被给予性。"③这种被给予性才是回答认识可能性问题的真正起点之物。因而胡塞尔说:"绝对被给予性是最终的东西(Letztes)。"④

但是,当我们对于这种绝对被给予性提出其正当性"来自哪里"的根据律问题时,胡塞尔以笛卡儿的方式进行了回答:"直观和对自身被给予之物的把握(Schauen,Selbstgegebenes Fassen)就是最后的根据(Letztes)。"⑤也就是说,绝对被给予性来自先验还原后的直观,因而,绝对被给予性这种"最终的东西"最终来自纯粹直观,因而,纯

① Husserl,*Ideas I*,trans by F. Kerste,The Hajue:Martinus Nijhoff Publishers,1982,p. 44.
② 胡塞尔:《现象学的观念》,倪梁康译,北京:人民出版社,2007,第59页。
③ 胡塞尔:《现象学的观念》,倪梁康译,北京:人民出版社,2007,第22页。
④ 胡塞尔:《现象学的观念》,倪梁康译,北京:人民出版社,2007,第73页。
⑤ 胡塞尔:《现象学的观念》,倪梁康译,北京:人民出版社,2007,第60页。

粹直观才是真正意义上的最终根据。

在胡塞尔最后一部现象学导论《笛卡儿式的沉思》中,笛卡儿式的依照根据律进行思考的方式表现地更为明确。胡塞尔清楚地谈到笛卡儿思维方式的基本特征:"《沉思集》的目标是要把哲学完全改造为一门出自绝对奠基(absoluter Begründung)的科学",这门绝对奠基的科学也是"出自绝对洞见(Einsichten)——即在它之后再不可能进行追溯(zurückgegangen)的洞见——的那种完全的和最终的奠基的真确性"。① 《沉思集》的这样一个目标,分为两个阶段:"第一个阶段是指:……推翻和重建所有迄今他以接受的科学",也就是普遍怀疑;第二个阶段则指的是,通过普遍怀疑,"完成了向纯粹思维活动(cogitationes)的自我(ego)的回溯",笛卡儿正是"通过回溯到纯粹的我思(ego cogito)而在哲学中开辟了一个时代"。②

与笛卡儿的回溯一样,胡塞尔的先验还原也是在"绝对地提供奠基的科学的观念"③的引导下进行的,它最终的目的也是要回到最后的根据或基础,即先验自我领域。对此,我们可以看下面一段文本。胡塞尔认为,"使一切预先给予我们的科学失效,把它们看作为我们不容许的先入之见,这还是不够的。我们还必须剥夺掉它们无所不包的基础、即经验世界的基础的素朴有效性","世界最终根本就不是绝对原初的判断基础",而是说,"伴随世界的实存已经预设了某种原先自在的存在基础","作为确然确定的和最终的判断基础的我思(ego cogito),任何彻底的哲学都必须建立在这个基础上"。④ 这个真

---

① 胡塞尔:《笛卡儿式的沉思》,张廷国译,北京:中国城市出版社,2002,第4页。

② 胡塞尔:《笛卡儿式的沉思》,张廷国译,北京:中国城市出版社,2002,第5页,第7页。

③ 胡塞尔:《笛卡儿式的沉思》,张廷国译,北京:中国城市出版社,2002,第11页。

④ 胡塞尔:《笛卡儿式的沉思》,张廷国译,北京:中国城市出版社,2002,第24—25页。

正意义上的基础便是由先验还原所抵及的：“先于这个世界——我能够谈论的这个世界——的自然存在即自身在先的存在而发生的，就是纯粹的自我及其思维活动（reinen ego und seiner *cogitationes*）的存在。存在的自然基础在其存在效果中是第二性的，它始终是以存在的先验基础为前提的。所以，先验悬搁这一现象学基本方法——如果它引回到存在的先验基础的话——就称之为先验现象学的还原。”①

而且，胡塞尔之所以将其界定为“先验的”还原，更表现出了他向根据和基础的回溯：“这种超越性（Transzendenz）包含在一切现世之物的特有的意义中，尽管现世之物只有从我的经验中，从我的每一次的表象、思维、评价和行为中，才获得了并能够获得对它的规定的全部意义及其存在效果……也正是从我自身的诸明见（Evidenzen）中，从我的提供奠基的行为（begründenden Akten）中获得并能够获得的”，“这个在自身中把世界作为有效意义而承担起来并必然把自己这方面预设为这种有效意义的前提的自我本身，在现象学的意义上就意味着先验的”。②

因而，如果说，世界存在之根据或基础在于先验自我，向先验自我的回溯就是必然的，因为唯有澄清了这个前提、在这个前提的基础上，世界存在之有效性才会得到真正的保证。这里尤其需要强调的是，这个真正的保障最终是先验自我领域内的意识行为，正是在这些行为中，世界、对象才被赋予了存在意义或对象意义。因而，最终根据乃是先验意识行为，尤其是那种对象在其中自身呈现的明见或直观行为。

① 胡塞尔：《笛卡儿式的沉思》，张廷国译，北京：中国城市出版社，2002，第29页。
② 胡塞尔：《笛卡儿式的沉思》，张廷国译，北京：中国城市出版社，2002，第35—36页。译文略有修改，即把“明见性”修改为“明见”，以强调其作为卓越的意识行为的含义。

可以看出,胡塞尔的这种做法与笛卡儿的做法是类似的。笛卡儿通过普遍怀疑的方法回溯到作为第一本原的"我思故我在"并最终回溯到作为最终根据的直观,所依照的是根据律;胡塞尔则通过先验还原(悬置)最终引回到纯粹我思即纯粹自我意识领域,尤其是纯粹直观或明见这最后的根据或基础,依照的也是根据律。

先验还原后的直观是最终根据,而且,现象学也只在先验直观中运作,而这种直观则是展示性而非演证性的。胡塞尔说,"现象学的操作方法是直观阐明的……但一切都在直观中进行。它不会理论化和数学化;就是说,它不在演绎理论的意义上进行解释"①,以及,"认识批判当然不能进行论证和逻辑推导的认识,因为论证和推导需要有事先就必须被给予的直接认识;相反,它直接展示(aufweist)这些认识"②,现象学"通过直接直观可展示的(direkt anschaulich aufweisbare)认识本质,即一种在现象学还原的和现象学自身被给予性的范围内进行的展示"③。于是,我们很容易地可以看出,正如马里翁所说,首先,胡塞尔并未使用演证,而是在展示现象;其次,这种展示是对现象进行的"简单展示",即作为"现象学试验只是重复并确认了(形而上学的)感知和主体性对于显现的优先地位",也就是说,重复了笛卡儿把感知或直观作为现象之最终根据因而具有优先于现象的地位的做法。

二、海德格尔的生存论还原与根据律

对于海德格尔④来说,现象学的核心问题不是认识论问题而是存在问题,是获得存在之意义,并最终把存在之意义以明确的概念方式

---

① 胡塞尔:《现象学的观念》,倪梁康译,北京:人民出版社,2007,第70页。
② 胡塞尔:《现象学的观念》,倪梁康译,北京:人民出版社,2007,第43页。
③ 胡塞尔:《现象学的观念》,倪梁康译,北京:人民出版社,2007,第67页。
④ 这里将主要讨论早期海德格尔或者说《存在与时间》时期的海德格尔。因为这里讨论的主题是还原,而还原主要涉及的是他的早期思想。

表述出来。海德格尔认为,对存在的几种现有理解如存在是最普遍的概念、存在概念是不可定义的、存在是自明的概念等,都是成见(Vorurteilen),是"无根基的"(bodenlos)或"浮漂的"①,并使存在的真正意义被掩盖,这就需要现象学重提并回答存在问题。

为了得到回答这一问题的正当起点,海德格尔提出一个发问结构(《存在与时间》§2)。具体说,问之所问(Gefragtes)是存在,问之何所以问(Erfragtes)则是存在之意义即想要达到的目的或终点,由于存在是存在者的存在,那该问及哪种存在者(Befragtes)呢? 或者说,该在哪里找到一个"出发点"(Ausgang/起点)? 而且,"关键不在于用推导方式进行论证,而在于展示方式显露根据"(aufweisende Grund-Freilegung)呢?② 从这里已经可以看出,正如马里翁所说,海德格尔使用的方法不再是笛卡儿式的形而上学演证,而是展示。

那么,这个起点即被问及的东西(Befragtes)是什么呢? 是此在这种存在者。更准确地说,是要考察此在对存在的领会(Verstehen)。这是因为,存在是存在者的存在,而此在"源始地包含有对一切非此在式的存在者的存在的领会",因而,此在"就是使一切存在论在存在者层次上以及存在论上都得以可能的条件",在这种康德式的向可能性条件的回溯中,此在被认定为"先于其他一切存在论而从存在论上首须问及的东西了";那么,也唯有从此在的存在领会(Seinsverständnis)开始,"才有可能着手进行有充分根据的(zureichend fundierten)一般性的存在论问题的讨论"。③ 这就是说,由于唯有此在对存在有所领会,或者说,此在之存在领会是一切存在者(包括它自身)之存在或存在

---

①　Heidegger, *History of the Concept of Time*, trans by Theodore Kisiel, Bloomington:Indiana University Press,1985,p.76.

②　海德格尔:《存在与时间》(2版),陈嘉映、王庆节译,北京:商务印书馆,2016,第10—13页。

③　海德格尔:《存在与时间》(2版),陈嘉映、王庆节译,北京:商务印书馆,2016,第20页。

之意义的源泉,因而,就必须以此在之领会为出发点,才能确保对存在问题的追问是有根据的,才能保障所赢获的存在之意义乃至存在概念的真确性(Echtheit),从而与漂浮无据的既有成见区分开来。这类似于胡塞尔的做法:我们现在已经有了逻辑概念的某些含义,但为了确定其真正含义,就要回溯到逻辑概念所由之而出的源泉即直观。

与这种回溯式的发问结构相对应的正是海德格尔的还原。在《还原与给予性》中,马里翁引用了海德格尔《现象学之基本问题》§5 中关于还原的论述:"对于胡塞尔而言,现象学还原是一种方法,它把现象学的看从人类的处于物的世界和人的世界之中的自然态度,引回(Rückführung)到超越论的意识生活及其对意向活动—意向相关项的体验上,——正是在这些体验中,对象才被构造为意识的相关项。[与之相反]对我们来说,现象学还原意味着把现象学的看从对作为总是已经得到规定的存在者的把握一直引回(Rückführung)到对存在的理解上(对这一存在者的解蔽〈Unverborgenheit〉方式的筹划)。"①马里翁把海德格尔所提出的这个还原称为生存论还原。

从这段话可以看出,首先,当海德格尔说"正是在这些体验中,对象才被构造为意识的相关项",这意味着,海德格尔也承认,在胡塞尔现象学中,在构成—被构成物的意向关系中,体验(或直观)是首要的,因为它们是构成性的,因而是被构成物的根据或条件。关于这一点,海德格尔说,"意识……构成了一切可能的实在性","意识必须已然存在,借此被意指者才能存在",或者说,"唯当意指(Vermeinen)即意识存在时……被意指者(Vermeintes)才存在。意识是那更在先者(Frühere),即笛卡儿和康德意义上的先天(a priori)"。② 因而,也

① 马里翁:《还原与给予——胡塞尔、海德格尔与现象学研究》,方向红译,上海:上海译文出版社,2009,第 107 页;出自海德格尔:《海德格尔文集. 现象学之基本问题》,丁耘译,北京:商务印书馆,2018,第 27 页。

② Heidegger, *History of the Concept of Time*, trans by Theodore Kisiel, Bloomington: Indiana University Press, 1985, p. 105.

就可以说,海德格尔也清楚地知道,胡塞尔的还原也是向在先的根据或基础的引回。

　　然而,就存在问题而言,海德格尔对胡塞尔的先验还原是不满意的。在海德格尔看来,胡塞尔还原到纯粹意识并不能够为探究存在问题提供正当的根据或基础,而是又错过了存在问题。这是因为,在先验还原所引回到的纯粹意识领域,被探究的是意向性或意向性之存在特征,但具有意向性结构的存在者(此在)的存在却被忽略了。①由于"对存在的领会本身就是此在的存在的规定"②,因而,对此在的存在的忽略,便会导致真正的存在意义所源出之地被忽略。为了寻求存在之真正意义,存在论现象学就必须放弃先验还原,首先实施生存论还原即去真正领会或理解此在这种存在者的存在,在领会或理解此在的存在和对存在的领会中,才可能真确地赢得存在之意义。

　　但问题是,此在之存在并不是已然得到了真正的领会或理解,而是一直处在被误解中。这是因为,沉沦着的我们总已把包括我们自身在内的存在者单纯理解为实在的现成之物而忽略其存在,相应地,"存在的基本规定性变成了实体性。同存在之领会的这种错置相应,对此在的存在论领会也退回到这种存在概念的视野上。此在也像别的存在者一样乃是实在现成的"③。由于此在被单纯理解为实在现成之物,其存在被忽略,因而,其对存在之领会也被忽略,由于存在之领会是存在之意义之源出之地,这便会导致存在之意义无法得到。

　　这就要求排除那些把此在单纯作为现成之物来理解的方式,比如生物学的、人类学的、心理学的、神学的理解方式(见《存在与时

---

①　Heidegger,*History of the Concept of Time*,trans by Theodore Kisiel,Bloomington:Indiana University Press,1985,p.106.

②　海德格尔:《存在与时间》(2版),陈嘉映、王庆节译,北京:商务印书馆,2016,第18页。

③　海德格尔:《存在与时间》(2版),陈嘉映、王庆节译,北京:商务印书馆,2016,第281页。

间》§10），从"对作为总是已经得到规定的存在者的把握"即总已被规定为单纯现成之物的把握方式，回返到"对该存在者之存在的领会"（das Verstehen des Seins），即真正去领会或理解此在之存在。

这正类似于胡塞尔的先验还原。在先验还原之前，纯粹意识被实证地理解为实在之物、世间之物，因而需要还原来排除这些先入之见并揭示纯粹意识，以便回答世界之被构造的问题。在海德格尔这里，此在被理解为现成之物，因而需要生存论还原排除掉这些先入之见并揭示此在之存在，来回答存在之意义问题。因而，生存论还原最终要回溯到的地方，并不单纯只是此在之种种存在方式，而主要是此在对存在的领会。海德格尔明确地表达了这一点。他说，要"追问存在的意义与根据……我们就必须在方法上紧紧抓住那使我们得以通达存在之侍的东西：抓住属于此在的存在领会。只要存在领会属于此在之生存，那么，此在自身之存在建制以及存在领悟之可能性越是得到本源与全面的阐明，则该领会以及在其中被领会与意谓的存在便越是可被切合、本源地通达"①。

那么，此在之存在领会与存在之意义或存在具体是什么关系呢？用海德格尔本人的例子来说，"对于小孩子对某个东西是什么（was ein bestimmtes Ding sei）的发问，人们可以通过指出这个东西用于什么（wozu es gebraucht wird）来予以回答，在此人们是通过用其所做的事情（was man damit macht）来规定所面对的东西的"②。换句话说，在—世界—之中—存在的此在，以"为了作"（Um-zu）的方式，依照领会的"作为结构"（Als-struktur），把物（Ding）领会为上手的用具，比如用来写字的笔或用来坐的椅子等等。在此，世内存在者便"具有

①　海德格尔：《海德格尔文集. 现象学之基本问题》，丁耘译，北京：商务印书馆，2018，第 325 页。

②　Heidegger，*History of the Concept of Time*，trans by Theodore Kisiel，Bloomington：Indiana University Press，1985，pp. 260-261.

意义",而且,更严格地说,"我们领会的不是意义,而是存在者和存在"①。因而,海德格尔是在说,存在之意义或存在是在此在之存在领会中被给予的。

对于此在之领会的这种功能,John D. Caputo 在讨论海德格尔的根据律时说,"'基础'或'根据'"是"在可能条件的意义上"的,"通过此在对世界的超越(它的存在领会),此在为一切存在者的显现提供根基。仅只在此在的存在领会的基础上,存在者才显现出来"。②由于此在之领会是存在之意义的根据或基础,此在之领会又是通过还原引回的,因而可以说,还原是根据律在存在论中的具体体现。如果就海德格尔所引用的莱布尼茨对根据律的表达"*principium reddendae rationis*"(给回根据原则)③来说,正是还原回溯到了根据,给回了根据。

这里还需要说明的是,这种回溯到主体或主体性(广义的)的研究方法并不是海德格尔的新发明。海德格尔说,"在哲学的整个历程中……都实行了一种向……意识、自我、精神的回溯,——在某种意义上,所有对存在的阐明都以此类存在者为指针","哲学或许必须始于'主体',且以其最终追问回溯而终于'主体'"。④ 这其实是对哲学在根据律上的表达。在现象学上,为了寻找根据或基础,胡塞尔的还原回溯至纯粹直观,海德格尔的还原在具体内容上虽然有所不同,但依然是向主体性的回溯。

---

① 海德格尔:《存在与时间》(2 版),陈嘉映、王庆节译,北京:商务印书馆,2016,第 216 页。

② John D. Caputo, "The Principle of Sufficient Reason: A Study of Heideggerian Self-Criticism," in *Southern Journal of Philosophy* 13 (1975), 419-26, esp, p. 422.

③ 海德格尔:《海德格尔文集. 根据律》,张柯译,北京:商务印书馆,2016,第 45 页。

④ 海德格尔:《海德格尔文集. 现象学之基本问题》,丁耘译,北京:商务印书馆,2018,第 325 页、第 223 页。

总括地说,在胡塞尔和海德格尔那里,依照根据律,现象学还原最终都引向了原初的点,即纯粹直观或此在之领会。它们之所以能够作为起点,是因为它们是终点(最终要解决的问题)的根据或基础,而且它们自身也是原初的、确定的,从而可以担保终点即所要解决的问题(如世界构造或存在意义)的确定性。

第三节　马里翁第三个还原的转向

在马里翁看来,胡塞尔和海德格尔现象学虽然不再以演证作为方法,但二者却都回溯到了主体性这种基础或根据,因而依然未摆脱为现象奠基这种形而上学式的做法。为了彻底展示现象,让现象真正显示自身,就需要在前两个"现象学试验"之后再跨出一步。马里翁的这一步的完成依然是诉诸于现象学基本方法即还原。但马里翁的第三个还原不再囿于根据律,而是要排除根据律。这是第三个还原与前两个还原最根本的差异。下面我们具体来讨论这一点。

上文说过,在胡塞尔那里,现象学的核心问题是认识论问题,相应于此,先验还原就引回到了纯粹意识领域并最终引回到纯粹直观。在海德格尔那里,现象学的核心问题是认识论问题,相应于此,生存论还原就引回到了此在这种存在者上并最终引回到此在之存在领会上。直观和领会,是对象性现象和存在性现象的最终根据或基础。唯有诉诸这种根据或基础,才能得到现象学所要之物的确定性。

但在马里翁看来,这种为了确定性而回溯到根据或基础的做法,会对现象之显现或展示造成限制。相应地,这里便有三个问题:①马里翁所说的现象是什么? ②胡塞尔和海德格尔现象学是如何对现象造成限制的呢? ③如何解除这些限制呢?

关于第一个问题即现象的定义，马里翁认为，现象等同于被给予物、被给予或给予性（donation）[1]，但这种被给予物本身既不是对象之物（胡塞尔）也不是存在之物（海德格尔）。马里翁提出了"更为宽泛、更为根本的……现象的新定义：不再是对象或存在，而是被给予"[2]；以及，"在任何情况下都我将坚持现象的一般定义，即：在其自身且由其自身显示自身（海德格尔），这只在此条件下才会实现：它仅只在其自身且由其自身给出自身"[3]。这意味着，首先，现象本身是单纯的被给予物，而非首先必须是对象之物（胡塞尔）或存在之物（海德格尔）；其次，如 Shane Mackinlay 所认为的，海德格尔对现象的界定主要是在强调显现的是现象自身（与假象相对），马里翁则超出了海德格尔的界定，主要强调现象的自主性或原发性（the initiative）[4]；再次，马里翁强调了现象的无条件性，即现象仅只是由其自身显示自身，而非首先必须借由非己的东西给出自身。对于这种无条件性，早在《还原与给予性》时期，马里翁便引用了胡塞尔《哲学作为严格的科学》中的话"我们必须如同现象它自身给出的那样来接受现象"，并将这句

---

① 马里翁使用的法语词 donation 最初是对胡塞尔的 Gegebenheiten（被给予性）的法文翻译。后来马里翁对 donation 一词做了分析并提出，donation 本身是多义的，既可以指被动或既成意义上的被给予或被给予物（the given），也可以指主动意义上的给出着的行为以及给出方式。鉴于这个词最初来自对胡塞尔的被给予性的翻译，马里翁则往往是在主动意义上使用它的，我们将在主要涉及胡塞尔现象学时将其译为被给予性，主要涉及马里翁本人的现象学时，将其译为给予性。

② Jean-Luc Marion, *Being Given*, trans by Jeffrey L. Kosky, Stanford：Stanford University Press, 2002, p. 3.

③ Jean-Luc Marion, *Being Given*, trans by Jeffrey L. Kosky, Stanford：Stanford University Press, 2002, pp. 309－310. "Nous y maintiendrons dans tous les cas sa définition générique d'abord comme ce qui se montre en et à partir de soi（Heidegger）et n'y parvient qu'autant qu'il se donne en soi et à partir de soi seul."

④ Shane Mackinlay, *Interpreting Excess*, New York：Fordham University Press, 2010, p. 18.

话解释为,这"包含了对现象之绝对给予性的定义,因而它指向了现象之现象性,并展现出现象性的无条件性"①;或者说,"唯有被给予性(la donation)是绝对的、自由的和无条件的,这恰恰是因为它给予(elle donne)"②。

接下来我们讨论第二个问题即现象之限制的问题。首先,在胡塞尔那里,被给予物或现象处在对象性(Objectité)视域③的限制之下,或者说,胡塞尔"使给予性屈从于未经质疑的对象性范式之下","用对象性的尺度来测度给予性";但实际上,"对象性只是提供了给予性的一种样式",它并不能"把给予性的所有样式都同一化为对象性样式",相反,"给予性提供了现象性的最终标准"。④ 类似地,在海德格尔那里,被给予物或现象处在存在性(Étantité)视域的限制之下,这些视域作为条件,预先限定了现象之显示方式。因而,作为阻碍现象之无条件的现象性的障碍,对象性和存在性这两种视域必须通过还原所具有的悬置的力量排除掉。但排除这些视域"并不意味着全然免掉视域",因为其结果将是"禁止任何的显现";悬置这些视域只是"意味着以另外方式来使用视域,以便摆脱其在先的限制",因为"视域先行等待"着现象所导致的在先的限制"与现象所主张的绝

---

① 马里翁:《还原与给予——胡塞尔、海德格尔与现象学研究》,方向红译,上海:上海译文出版社,2009,第81页;胡塞尔原文见胡塞尔:《文章与讲演》,倪梁康译,北京:人民出版社,2009,第33页。"Man muß, hieß es, die Phänomene so nehmen, wie sie sich geben."

② 马里翁:《还原与给予——胡塞尔、海德格尔与现象学研究》,方向红译,上海:上海译文出版社,2009,第51页。

③ 马里翁是在限制、划界(délimitation)的意义上使用视域(horizon)一词的,见 Jean-Luc Marion, *Being Given*, trans by Jeffrey L. Kosky, Stanford: Stanford University Press, 2002, p. 186.

④ Jean-Luc Marion, *Being Given*, trans by Jeffrey L. Kosky, Stanford: Stanford University Press, 2002, p. 32.

对显现是冲突的"。①

　　我们首先来看胡塞尔现象学。马里翁认为,基于胡塞尔认识论上的意向性结构,现象必须作为对象性才能显示,而且必须对意识或为意识才能显示。马里翁说,"对象性(L'objectivité)……来自意识的意向行为……只有在通过意识暗中加于现象的样式而显现的条件下……这些现象才能如其显现的那样给出自身",而且,"显现之物被如其所是地接受下来,这不是因为它显现,而是因为它面向一个从一开始就被确立为原初性的权威而显现;……这个权威……拥有一个名字叫直观"。② 也就是说,现象之显示并非是无条件的,而是有条件的,即必须作为对象性(而非别的东西)且借由高于其上的权威即直观才能显示。而这种直观是胡塞尔通过还原所回溯到的最终的根据或基础,正是它最终成了现象之显示的条件。其次,类似地,在海德格尔现象学中,现象被直接规定为存在:"现象学的现象概念意指这样的显现者:存在者的存在和这种存在的意义、变式和衍化物。"③ 而且,由于存在者之存在(作为现象)又是在此在用具性的打交道中被领会的,因而,现象便以此在之领会为条件。

　　下面我们来看第三个问题即如何解除掉加给现象的这些限制或条件,从而恢复其无条件性或绝对性的问题。对此,马里翁用的是还原这种方法,即以还原来保障现象(给予性)的无条件性或绝对性。

　　马里翁认为,现象学离不开方法,尤其是还原,还原是现象学必

---

　　① Jean-Luc Marion, *Being Given*, trans by Jeffrey L. Kosky, Stanford:Stanford University Press, 2002, p. 32.

　　② 马里翁:《还原与给予——胡塞尔、海德格尔与现象学研究》,方向红译,上海:上海译文出版社,2009,第84页。译文略有修改。

　　③ 海德格尔:《存在与时间》(2版),陈嘉映、王庆节译,北京:商务印书馆,2016,第51页。

需的核心操作方法:还原是"现象学的基本操作"①,"没有还原,一切便崩塌了"②。而且,还原不是为了别的,正是为了保障给予性。马里翁强调说:"如果还原没有把现象引回到它的最终的被给予性,那么它就没有履行它的最高的权力。"③还原与给予性之间的这种关联,可以表达为一个原则:"有多少还原,就有多少给予性(Autant de réduction, autant de donation)。"④

在海德格尔《〈形而上学是什么〉后记》中的存在之呼唤之后,马里翁提出了"深度无聊"(l'ennui des profondeurs)以及纯粹形式的呼唤,来使现象摆脱存在的限制。这种深度无聊厌恶着,它对什么也不感兴趣,因而悬置了一切激情与惊异,其中也包括对"奇迹中的奇迹即存在者存在"的惊异,并且对存在之呼唤也充耳不闻,从而悬置了存在之呼唤。其结果是,人便摆脱了被束缚于存在的此在的地位,并且可以向一切可能的呼唤(包括非存在论的呼唤)敞开。最终,人听到单纯的呼声:"听着!"这种呼声要求人把自身曝露并交付给呼唤本身。这是超越了存在之呼唤以及伦理之呼唤(列维纳斯)的纯粹形式的呼唤或呼唤本身。

这便是马里翁提出的第三个还原,"在经过先验还原和生存论的还原之后,出现了向呼声的还原和呼声的还原(la réduction à et de l'appel)"⑤。关于第三个还原,首先,第三个还原是"呼声的还原",也

----

① Jean-Luc Marion, *Being Given*, trans by Jeffrey L. Kosky, Stanford:Stanford University Press,2002,pp. 17–18.

② Marion, *The Rigor of Things*, trans by Christina M. Gschwandtner, New York:Fordham University Press,2017,p. 73.

③ 马里翁:《还原与给予——胡塞尔、海德格尔与现象学研究》,方向红译,上海:上海译文出版社,2009,第 51 页。

④ Jean-Luc Marion, *Being Given*, trans by Jeffrey L. Kosky, Stanford:Stanford University Press,2002,p. 3;以及马里翁:《还原与给予——胡塞尔、海德格尔与现象学研究》,方向红译,上海:上海译文出版社,2009,第 348 页。

⑤ 马里翁:《还原与给予——胡塞尔、海德格尔与现象学研究》,方向红译,上海:上海译文出版社,2009,第 338 页。译文略有修改。

就是说,是由呼声发出的或实行的(而非先验自我或此在);其次,这个还原的方向是向着呼声的(而非向着先验自我或此在)。呼声"要求我们把我们自己交付给正在发送的呼声本身——要求我们在放弃自身和转向呼声的双重意义上向呼声走去"[①]。向着呼声的还原,要求放弃自我,即放弃主体性地位(先验自我或此在),把自己交付给或奉献给呼声。这样便与胡塞尔和海德格尔的还原区别开了。

此外,第三个还原与前两个还原还有一个重要的区别:第三个还原即呼唤本身的还原"作为纯粹的还原——因为它是彻底的引回到……"(parfaite reconduction à…),这个呼唤本身是"无条件的","没有任何限制,——它既不局限于对象化之物,也不局限于非对象化之物;既不局限于不必存在的东西,也不局限于必须存在的东西"。[②] 也就是说,第三个还原是纯粹形式的,它并不局限于认识论(胡塞尔),也不局限于存在论(海德格尔)。它仅只引向那并非对象性和存在性的呼唤本身。

但在《还原与给予性》中,马里翁的还原并未完全摆脱前两个还原的影响。比如,他提出这样的问题:"把所讨论的实事回溯到哪一个还原者(回溯到谁)?"他对此问题的回答是,第一个还原还原到了先验自我,第二个还原还原到了此在,第三个还原则"还原到被吁请者,其方式是把任何自我,甚至任何此在回溯到单纯的听者的形象"。[③] 也就是说,如同前两个还原引回到主体性即确定性的根据或基础那样,第三个还原也引回到主体;不同之处在于,这个主体不是主动的或构造性角色,而是被呼声所呼唤的单纯接受性角色。但一

---

①　马里翁:《还原与给予——胡塞尔、海德格尔与现象学研究》,方向红译,上海:上海译文出版社,2009,第 339 页。

②　马里翁:《还原与给予——胡塞尔、海德格尔与现象学研究》,方向红译,上海:上海译文出版社,2009,第 339 页,第 349 页。译文略有修改。

③　马里翁:《还原与给予——胡塞尔、海德格尔与现象学研究》,方向红译,上海:上海译文出版社,2009,第 348—349 页。

方面,如我们上文说过的,他又强调第三个还原是向纯粹呼唤本身的还原。于是,这里便出现了两极之间的冲突:一极是主体性(被吁请者/被呼唤者),另一极是现象(呼唤)。那么,还原到底向哪一极还原? 这种矛盾反映出,马里翁有了崭新的构想,即向呼唤一极还原,但又没有完全摆脱前两个还原的影响,依然有向主体极还原的残留。

在后来的《被给予》中,这种不彻底性则被消除了。马里翁说,"还原仅只还原到给予性,仅只引回到给予性并尤其为了给予性的利益";并且,由于这种给予性是绝对的,因而第三个还原"引回到绝对显现之物,绝对被给予之物"。①

现在,第三个还原就面临着它保障现象之无条件性的具体任务。比如,在胡塞尔那里,被给予物或现象处在对象性(Objectité)视域②的限制之下,或者说,胡塞尔"使给予性屈从于未经质疑的对象性范式之下","用对象性的尺度来测度给予性";但实际上,"对象性只是提供了给予性的一种样式",它并不能"把给予性的所有样式都同一化为对象性样式",相反,"给予性提供了现象性的最终标准"。③ 类似地,在海德格尔那里,被给予物或现象处在存在性(Étantité)视域的限制之下,这些视域作为条件,预先限定了现象之显示方式。因而,作为阻碍现象之无条件的现象性的障碍,对象性和存在性这两种视域必须通过还原所具有的悬置的力量排除掉。但排除这些视域"并不意味着全然免掉视域",因为其结果将是"禁止任何的显现";悬置这些视域只是"意味着以另外方式来使用视域,以便摆脱其在先

---

① Jean-Luc Marion, *Being Given*, trans by Jeffrey L. Kosky, Stanford: Stanford University Press, 2002, p. 15.

② 马里翁是在限制、划界(délimitation)的意义上使用视域(horizon)一词的,见 Jean-Luc Marion, *Being Given*, trans by Jeffrey L. Kosky, Stanford: Stanford University Press, 2002, p. 186.

③ Jean-Luc Marion, *Being Given*, trans by Jeffrey L. Kosky, Stanford: Stanford University Press, 2002, p. 32.

的限制",因为"视域先行等待"着现象所导致的在先的限制"与现象所主张的绝对显现是冲突的"。①

那么,要悬置的视域隐身于何处呢? 在主体—现象的关联体中,视域显然并不在现象本身之中,因而只能在主体性(广义的)中,具体说,在直观和领会中。在先验自我的直观的注视下,一切都是对象性或者说必须以对象性为基础;与此在之存在领会照面的,都是存在者之存在。

因而,根本的障碍在于主体性。在传统形而上学如笛卡儿那里,在康德那里,在胡塞尔以及海德格尔现象学中,它都是具体方法所引回到的根据或基础。主体性作为根据或基础,是作为起点的,因而是在先的。它以空泛的对象性或存在性视域来等待现象,或者现实地将其把握或领会为对象或存在,使其限于对象性和存在性等视域,从而限制了现象之现象性。因而,要使现象摆脱在先视域的限制,就必须使现象摆脱在先的主体性。由于主体性是由前两个现象学还原依照根据律所引至的,因而,第三个还原就必须摆脱根据律,或者说,悬置根据律。

马里翁说,给予性本来无须"在先验自我的法庭前为自己辩护",这是因为,"给予性先行于任何其他的要求(包括一切自我且处在一切自我之上)";但是,在先验哲学以及所有赋予主体性以首要地位的哲学中,"自我(Je)依然要求承担现象性之法官(构成者)的职能",即承担起"确立先天形式和概念的任务,由此依照经验条件预先规定现象性",因而,便需要还原"悬置这些先天"以便使"给予性没有任何保留或限制地完成"。② 也就是说,笛卡儿、康德、胡塞尔式的主体性,乃至海德格尔此在式的主体性,都在第三个还原的打击之下,失

---

①　Jean-Luc Marion, *Being Given*, trans by Jeffrey L. Kosky, Stanford: Stanford University Press, 2002, p. 32.

②　Jean-Luc Marion, *Being Given*, trans by Jeffrey L. Kosky, Stanford: Stanford University Press, 2002, p. 188.

掉其先天、在先者、根据或基础的地位，并且要实现角色转换，即主体"不再决定现象，而是接受它"，主体"成了接受者"。①

从根本上说，排除主体性作为在先的根据或基础还不够彻底。这是因为，主体性是还原依照于根据律而回溯到的，因而，还要排除根据律这种基本思维方式。或者说，根据或基础总是意味着在先条件，而只要现象之显示被束缚于在先条件上，它就不能是无条件的。因而，必须从根本上悬置或排除根据律这种寻找在先之根据或基础的思维方式。而这一点，正是第三个还原与前两个还原的根本差异之所在，或者说，正是作为方法的第三个还原的转向之所在。

然而，排除主体性这个在先的根据或基础，只是排除了"他因"（la raison hétéronome），即不同于现象本身的主体性这个根据或原因。这里的问题还在于，按照马里翁的说法，给予性（donation）意味着"给出自身"（se donner），从语词上看，这是否意味着它是自因（causa sui）的呢？雅尼考便持有类似观点，他批评马里翁现象学"把我们引回到了自足性（纯粹的给予性'给出自身'！），它恢复了特殊形而上学（metaphysica specialis），并把我们引回到了自身奠基"②。

马里翁这样来回应这种批评：给予性即"给出它自身"并不意味着自因，而是说，"'给出自身'（se donne[r]）等同于'让自身没有任何余留且亲身地显现'，等同于'把自身舍弃给观看'（s'abandonner au voir），简而言之，等同于现象之纯粹显现"。③ 也就是说，马里翁不仅反对把现象捆绑到现象之外的一切根据或基础上，而且也反对把

---

① Jean-Luc Marion, *Being Given*, trans by Jeffrey L. Kosky, Stanford: Stanford University Press, 2002, p. 188.

② Dominique Janicaud, Jean-François Courtine, Jean-Louis Chrétien, Michel Henry, Jean-Luc Marion, and Paul Ricoeur, *Phenomenology and the "Theological Turn": The French Debate*, New York: Fordham University Press, 2000, p. 65.

③ Jean-Luc Marion, *Being Given*, trans by Jeffrey L. Kosky, Stanford: Stanford University Press, 2002, pp. 73-74.

现象说成是自因的。还原所实施的悬置要排除根据律所寻找的根据或基础,无论他因还是自因,以求彻底归还现象以自由。

那么,这种无根据的单纯显现是可能的吗? 我们可以看下面这个例子。在早春山野的路上,拐弯过后,一大片盛开的桃花突然艳丽地呈现于眼前,向我们袭来。这一刻,我们会被其盛开的景象攫取、震撼。这便是桃花的单纯显现。这时,我们便被完全交付给了桃花之单纯显现,接受其单纯显现。稍后,我们才会问:这里为什么会有这样一大片桃花? 或者,它们为什么绽放得这样艳丽? 这时,我们便被根据律支配,寻问其显现的根据。而当我们去寻问其显现的根据时,桃花之单纯显现便淡掉或退却了,而在对象性中显示。在马里翁看来,现象之单纯显现并不是现象之显现的例外情况(exception),而是现象之显现或现象性的范例或范式(paradigm)。①

甚至,为了让现象完全显示自身,我们还要悬置海德格尔所提及的西里修斯的诗句"玫瑰是没有为何的;它绽放,因为它绽放"②的态度。原因在于,当我们说出了"因为它绽放"这种根据律式的表述时,我们便已处在根据律的支配之下,现象便不再处于单纯显现的状态了。

为了保障现象本身的绝对性或无条件性,就要保障现象本身的在先性,即除了它自身的显现之外,没有任何东西作为其显现条件先行于现象,因而马里翁强调"没有任何东西先行于现象"。③ 其中当然也包括根据律。根据律不能先于可能现象的显现,为现象之显现寻找在先的根据或基础。

---

① Jean-Luc Marion, *The Visible and the Revealed*. New York:Fordham University Press,2008,p. xvii.

② 海德格尔:《海德格尔文集. 根据律》,张柯译,北京:商务印书馆,2016,第75页。

③ Jean-Luc Marion, *Being Given*, trans by Jeffrey L. Kosky, Stanford:Stanford University Press,2002,p. 18.

因而,与前两个还原不同的是,前两个还原依然处在根据律的支配之下,但第三个还原不仅要"放弃为现象奠基"(renonce à fonder le phénomène)①的做法,不再为现象寻找根据或基础,而且,还要"与现象一起旅行,就像通过消除路障来保护它并为它清理道路"②,根据律也在要清除的路障之列。事实上,根据律不是别的什么东西,而是"伟大的形而上学原则"(grand principe métaphysique)③,第三个还原要悬置根据律,反映的其实是马里翁要使现象学"与形而上学完全决裂"④的努力,他要使现象学以及现象本身摆脱形而上学的种种限制,将其拯救出来,赋予其独立的地位。

---

① Jean-Luc Marion, *Being Given*, trans by Jeffrey L. Kosky, Stanford: Stanford University Press, 2002, p. 18.

② Jean-Luc Marion, *Being Given*, trans by Jeffrey L. Kosky, Stanford: Stanford University Press, 2002, p. 9.

③ Marion, "The Reason of the Gift," in *Givenness and God*, ed. Ian Leask and Eoin Cassidy, New York: Fordham University Press, 2005, p. 132.

④ Jean-Luc Marion, *Being Given*, trans by Jeffrey L. Kosky, Stanford: Stanford University Press, 2002, p. 320.

第八章

马里翁第三个还原对现象学的推进

现在,让我们来讨论第三个还原对于现象学的推进。在马里翁现象学中,被给予物和现象是等同的,而且马里翁也把现象性和给予性(它给出它自身)等同起来。由于第三个还原引向的是被给予物和作为现象性的给予性,因而第三个还原对于现象学来说有着直接的意义。接下来我们将从一般意义上的现象和卓越论上的现象来展开讨论。

第一节 一般现象学

马里翁现象学较为突出的特点是触及了一般现象学。马里翁说,"在任何情况下,我将坚持现象的一般(générique/generic)定义,即在其自身显示自身者(海德格尔),它仅只单独在其自身给出自身时才在其自身显示自身"①,并且"依照给予性来定义现象性"②。这样的话,我们便可以说,马里翁是在引向一般现象学。

关于一般现象学,郝长墀教授曾指出,"在胡塞尔著作中可以看到一般性现象学与特殊现象学之间的区分","绝对给予性……是一般现象学的概念"。③ 关于一般现象学,郝长墀教授强调,胡塞尔在1907年的《现象学的观念》中就已经明确提出了。比如,《现象学的观念》中,胡塞尔说,"一般现象学还必须解决评价和价值的相互关系的平行问题"④,认识论现象学只是"一般现象学首要和基础的部分"⑤。但由于认识论现象学是一般现象学的首要和基础部分,这就意味着,一切现象都必须以对象的方式或以对象为基础的方式显示⑥,因而现象和现象性便分别囿于对象和对象性。

海德格尔的做法也是类似的。海德格尔通过希腊词源上的追溯,把现象界定为"在其自身显示自身者"。这个"在其自身显示自身者"是一种形式上的规定。但海德格尔说,"形式的现象概念(formale Phänomenbegriff)要去形式化(entformalisiert)而成为现象学的现象概念"⑦。去形式化这一举动,在《存在与时间》中是一个小小的步骤,但却引起了一个重大的转变。因为形式的现象概念,即在其

---

① Jean-Luc Marion, *Being Given*, trans by Jeffrey L. Kosky, Stanford: Stanford University Press, 2002, p. 221, p. 320.

② Jean-Luc Marion, *Being Given*, trans by Jeffrey L. Kosky, Stanford: Stanford University Press, 2002, p. 61.

③ 郝长墀:《逆意向性与现象学》,《武汉大学学报(人文科学版)》2012年第5期。

④ Husserl, *The Idea of Phenomenology*, trans by Lee Hardy, Dordrecht: Kluwer Academic Publishers, 1999, p. 70.

⑤ Husserl, *The Idea of Phenomenology*, trans by Lee Hardy, Dordrecht: Kluwer Academic Publishers, 1999, p. 19.

⑥ 可参考胡塞尔《逻辑研究》中关于质性和质料的观点。

⑦ Heidegger, *Being and Time*, trans by John Stambaugh, Albany: State University of New York Press, 1996, p. 59.

自身显示自身者,变成了要被现象学所揭示的具体现象或"卓著意义上的'现象'"(in einem ausgezeichneten Sinne 》Phänomen《)①:存在。现象"这个在通常意义上隐藏不露的东西,或反过来又沦入遮蔽状态的东西,或仅只以'遮蔽方式'显现的东西,却不是这个那个存在者,而是像前面的考察所指出的,是存在者的存在"②。不同于形式的现象概念,现象学的现象概念(der phänomenologische Begriff von Phänomen)指的是这样的显现者,存在者的存在和这个存在的意义、变样和衍生物。③ 这样,现象,在其自身显示自身者,就被匆匆转换为存在,现象就被限定在了存在论上,相应地,现象性也被转换并限制在了存在者性或存在性上。

胡塞尔和海德格尔虽然强调说,对于现象学来说,可能性高于现实性,但事实上他们分别把现象和现象性限制在了对象性和存在性(作为现实性)的视域上,因而并未为可能性留足空间。在这两位现象学家之后,列维纳斯、M. 亨利等现象学家继续致力于为可能性拓展空间。然而,他们所讨论的现象(面孔和自我感发等),依然属于特殊现象领域,可能的空间并未完全拓展出来。

当马里翁坚持现象的一般定义时,他强调的便是一般现象、一般现象性,以及相应的一般现象学。比现实性更高的是可能性,但在同一类属下(genus),本质高于可能性。拓展到本质便为可能性留足了空间。由于现象学以可能性为其宗旨之一,因而,我们或可以套用胡塞尔的话说,在马里翁的给予性那里,现象学实现了其关于可能性的

① Heidegger, *Being and Time*, trans by John Stambaugh, Albany: State University of New York Press, 1996, p. 59.

② Heidegger, *Being and Time*, trans by John Stambaugh, Albany: State University of New York Press, 1996, p. 59.

③ Heidegger, *Being and Time*, trans by John Stambaugh, Albany: State University of New York Press, 1996, p. 60.

"隐秘憧憬"①。而这个憧憬的实现,恰恰是借由第三个还原来实现的。

　　而且,对于还原本身、还原与给予性的关系,马里翁也有深入的反思和推进。他认为,由于经典现象学中的现象分别囿于对象视域(胡塞尔)和存在视域(海德格尔),这是由于还原也被限制于特殊性上。为了引向给予性本身,就要对还原进行还原,从而引向给予性本身。对于还原的还原,也便实现了对"还原与给予性"之关系的还原。

第二节　卓越论现象学

　　如果我们追溯词源的话会发现,在哥特语中,给出(give)意味着充裕、充溢、充沛(rich)。而在第三个还原之后,马里翁着力揭示或描述的正是溢满现象,即其给予性不仅充满而且超出了主体侧的意向。相比于贫乏现象和普通现象,这种溢满现象是卓越的。

　　马里翁通过排除我们对庸常现象性(对象性和存在者性等)的着迷,引向卓越的现象性,并揭示了大量的溢满现象的实例,比如事件(event)、偶像(idol)、身体(flesh)、肖像(idol)、启示(revelation)等。②这种卓越论还原,突破了胡塞尔那里的相合性,把给予性扩展至溢满的领域,拓展了现象及现象性的领域。马里翁现象学后两部曲重点都是在讨论溢满现象的领域,这个领域我们也可以称之为卓越论现

---

① Husserl, *Ideas I*, trans by F. Kerste, The Hajue: Martinus Nijhoff Publishers, 1982, p. 142.

② Jean-Luc Marion, *Being Given*, trans by Jeffrey L. Kosky, Stanford: Stanford University Press, 2002, pp. 225–241.

象学的领域。这是有别于认识现象(胡塞尔)和存在现象(海德格尔)的特殊现象领域。

对这个特殊现象领域的揭示,也是通过还原来实现的。郝长墀教授曾指出,萨特、列维纳斯、马里翁等法国现象学家,"悬置了胡塞尔的先验现象学,但是继承了胡塞尔的现象学还原原则和'回到事物本身'的根本精神……不是彻底抛弃了意向性概念,而是把胡塞尔的意向性概念中两端之间的关系颠倒了"①。马里翁在给予性概念的指引下,通过还原,排除了我们对对象性和存在者性的着迷,把起点和重点从显现反转到显现者(逆意向性),赋予显现者以原初的和绝对的地位,从而引回到了卓越的现象领域。此外,在这个特殊现象领域,马里翁也帮我们认识到,溢满现象(比如绘画)也可以有实施还原的效力,从而拓展了我们对还原的理解。

除了上述几个方面之外,还有另外一点需要强调的是,马里翁力图通过还原来使现象学彻底告别形而上学。在经典现象学中,还原总是要引回到根据或基础,还原是根据律在现象学中的表达。因而,还原依然是形而上学式的,相应地,现象学也就没有真正摆脱形而上学。但马里翁力图改造还原,使其不再引回到根据或基础,相反是要排除根据或基础,从而告别形而上学。

---

① 郝长墀:《超越意向性》,《武汉大学学报(人文科学版)》2012 年第 5 期。

结　语

马里翁第三个还原拯救出了被胡塞尔和海德格尔现象学遮蔽的一般意义上的现象及溢满现象。此外,马里翁认为,胡塞尔和海德格尔的现象学依然属于根据律式的思维方式,即为了某种确定性而为现象奠基,因而依然囿于形而上学,从而使现象基于主体性显示自身,而不能实现其由其自身显示自身的现象性。相应地,第三个还原便要悬置根据律,不仅不再去寻找现象之外的根据,而且也要悬置自因,从而专心来服务于现象性。这意味着,马里翁现象学力图彻底告别形而上学。

但问题在于,马里翁真的能使现象学彻底摆脱形而上学吗? 我们或许可以从以下几个方面来讨论这个问题。

一、还原、给予性与直观

马里翁认为,为了展示现象和现象性,为了让现象在其自身显示自身,就必须悬置根据律。根据律在于给回根据,给回根据的意义在于确保某物的确定性或真实性。给予性是否也要面对它的确定性或真实性的问题呢?

为了证明还原与给予性的关联,马里翁曾列举了胡塞尔本人的文本:(a)"我思的给予性(donation)";(b)"在新鲜回忆中的我思的给予性";(c)"在现象之流中持续的现象统一体的给予性";(d)"这个统一体的变化的给予性";(e)"'外'知觉中的事物的给予性";(f)

"想象和记忆的不同样式的给予性";(g)"逻辑之物的给予性",比如共相、谓词等;(h)"悖谬、矛盾、非存在等的给予性等等"。① 问题在于,我们如何知道某些东西的被给予性是属于悖谬的或矛盾的或者假象?

在胡塞尔现象学中,虽然有诸多种类和程度的被给予性,但唯有那些具有真确性(apodicticity)的被给予性才是认识论上可接受的正当之物。这就需要直观(或明见)来为被给予性的真确性提供担保或确证。因而,为了确保显现者之真确性就必须引回到为之担保的显现(直观)上来。

马里翁把胡塞尔的这种做法称为形而上学的:"在一切科学中,因而在形而上学中,问题在于证明(démontrer/proving)。证明,在于为了确定地认识从而为现象奠基,为了把它们引回到确定性而把它们引回到基础。"但马里翁认为,与形而上学不同,"在现象学中……问题在于展示(montrer/showing)。展示意味着以这样一种方式来让现象显示,即它们完成它们自己的显现,以便如其给出自身的那样严格被接受";而"展示、让显现,完成显现,并不意味着观视(vision)拥有特权"(或优先地位),并不意味着观视可以预先审视或过滤给予性,而是说,"只有在现象自身受到知觉的最终审判时……知觉(观视以及其他知觉)才是重要的",也就是说,只有当需要依靠知觉对现象进行过滤、解释之时,知觉才是重要的;但事实上,观看、倾听、感觉、味觉等之间的区分是无关紧要的,因为无论如何,"总是事物它每次亲身抵及我;至于它是部分地或轮廓性地抵及我,并不能阻挡这一点即它在其显现中的亲身性中抵及我"。②

马里翁的意图在于,既然现象学是要展示现象,那就要首先保障

① Jean-Luc Marion, *Being Given*, trans by Jeffrey L. Kosky, Stanford: Stanford University Press, 2002, p. 28.

② Jean-Luc Marion, *Being Given*, trans by Jeffrey L. Kosky, Stanford: Stanford University Press, 2002, pp. 7-8.

现象之自身给出和显示的优先权,为此,就必须排除掉形而上学赋予知觉(比如直观)以预先审查和过滤的优先权。而且,事实上,无论主体以何种方式与现象照面,现象总是已然抵及了我。由于排除是专属于还原的职能,因而这种排除要诉诸还原来进行。也就是说,还原在实施时,就要排除掉主体侧的警惕性与过滤性,让现象显示自身。

但马里翁的另外一些说法似乎与上述说法并不一致。比如,马里翁在谈及他所认为的还原与给予性之间的关联时说,"还原绝不还原,除非是向给予性还原——还原仅只引回到给予性且尤其为着给予性的利益"①,这意味着,还原"像中间人(middleman)那样运作,它把可见物引向给予性;它把散乱的、潜在的、混淆的和不确定的可见物(如显象、轮廓、印象、模糊的直观、假定的事实、观念、'荒谬'理论等等)引回到给予性"②;以及,"还原……悬置了一切并不成功地给出自身的东西,或者那只是作为寄生物而被外加给被给予物的东西。还原从显现者那里剥离了不显现的东西,剥离了使它的显现成为欺骗性的那些东西,剥离了那把十分含糊的东西欺骗性地附加于显现者的那些东西"③。我们知道,还原的功能在于排除,排除预设了识别,也就是说,只有先识别出那些寄生物、虚假物、欺骗物和含混物,然后才能排除这些东西。问题在于,还原本身只有悬置和引回的功能而不具有识别功能。还原应当从哪里借来这种识别功能?

这种识别功能是属于直观或知觉的。作为笛卡儿专家,马里翁应该很熟悉笛卡儿的观点:"'直观'不是指……由把事物补缀在一起的想象所产生的欺骗性的判断,而是清楚且注意着的心灵的构想,

<hr/>

① Jean-Luc Marion, *Being Given*, trans by Jeffrey L. Kosky, Stanford: Stanford University Press, 2002, p. 15.

② Jean-Luc Marion, *Being Given*, trans by Jeffrey L. Kosky, Stanford: Stanford University Press, 2002, p. 15.

③ Jean-Luc Marion, *Being Given*, trans by Jeffrey L. Kosky, Stanford: Stanford University Press, 2002, p. 16.

这种构想如此清楚与分明,以至于对于我们所理解的事物没有任何可怀疑的空间。"①胡塞尔也说,在"直观意识"中,"事物成为被给予性……以它们自身之所是显示自身"。② 在直观中事物自身以自身之所是显示自身,以自身之所是显示自身,也就意味着与自身之所不是之物(比如欺骗物)区别开来了,因而,直观也就把事物自身与非其自身所是之物区分了开来。诉诸直观可以得到确定之物,同时直观也是识别欺骗物或虚假物的尺度。如果要识别出虚假物、欺骗物和含混物,就必须诉诸直观或知觉。这也就是说,还原不仅不能排除直观,相反,为了实现其排除功能,还原还需要直观的合作。这一点,与胡塞尔现象学要求还原与直观的合作并无根本不同。

从上述引文可以看出,马里翁显然认为,在被给予物给出之际,有伴随着寄生物、虚假物、欺骗物和含混物的可能性。问题在于,是否可以达到马里翁所想望的这一点:为了实现现象之给出的优先性,就要排除直观的优先性;而在需要对现象自身进行审查时,才诉诸直观?

这种想法是诱人的。但也有着难以克服的困难。这里的困难在于,如果没有直观的伺服,我们便无法得到确定的现象自身,也无法识别出那些伴随着的寄生物、虚假物、欺骗物和含混物。

这里不妨举一个例子。我忽然听到来自朋友的一声呼唤。这种呼唤不期而至,作为事实性已然抵及于我。甚至说,即便这种呼唤是一种错觉,它也作为错觉的呼唤而亲身抵及我。我们并不否认这一点。但问题在于,马里翁要求还原去剥离那些可能的寄生物、虚假物、欺骗物和含混物。如果不是在注意着的心灵或直观中我听到了这声呼唤,那么,我又如何断定它是来自我朋友本人的,而不是他人

---

① Descartes, *The Philosophical Writings of Descartes*, vol. 1, p. 14.

② Husserl, *The Idea of Phenomenology*, trans by Lee Hardy, Dordrecht: Kluwer Academic Publishers, 1999, p. 52.

的模仿？那又如何剥离可能的虚假物或含混物呢？

在胡塞尔那里，现象（显现者）自身与直观是必然关联着的。直观直观到现象自身，现象在直观中展示自身。直观是现象自身的担保，是其基础或根据。诉诸直观便是要通过回溯到现象之根据而为现象提供担保。这种回溯到根据的做法依然是诉诸根据律因而是形而上学式的做法。

关于马里翁的说法，我们完全可以理解他为了现象自身的优先性而排除直观的优先性的主张，但正如上述分析所表明的，排除了直观，我们便无法为现象自身的真确性提供保障。虽然我们可以将其降低到伺服的地位，但由于它依然是提供担保性的东西，因而，当马里翁要求还原去排除寄生物、虚假物、欺骗物和含混物的时候，直观便作为担保和根据而被要求在场了。在这个意义上，第三个还原似乎依然无法彻底摆脱形而上学。

二、还原、给予性与价值

给予性意味着它事实般地已然抵及或发生于我们。我们并不否认这一点。但问题还在于，接受给予性不意味着仅只去接受碎片化的、无根据的被给予物。

马里翁说，还原"像中间人（middleman）那样运作，它把可见物引向给予性；它把散乱的、潜在的、混淆的和不确定的可见物（如显象、轮廓、印象、模糊的直观、假定的事实、观念，'荒谬'理论等等）引回到给予性"①。从这里的"散乱的"与"给予性"的关系可以看出，马里翁像是在强调，给予性不是"散乱的"东西，或者说，给予性是已整理过且有了秩序的东西。如果还原只是排除和引回到，那它凭借什么来整理？依照什么来赋予秩序？

---

① Jean-Luc Marion, *Being Given*, trans by Jeffrey L. Kosky, Stanford：Stanford University Press, 2002, p. 15.

散乱的东西只有凭借某种使其能够有序结合起来的根据才能够良好地结合在一起。这样的话，马里翁依然需要求助于根据律。尤其在生命的意义和价值方面，人更需要秩序、根据，而不是散乱。

我们不妨回顾一下胡塞尔的诘问：如果一切理念和规范像流动的波浪一样形成又消散，如果理性总是变成瞎胡闹、善行总是变成灾祸，如果历史事件无非是由虚幻的进步和痛苦的失望所组成的无尽链条，那么，我们会满意吗？① 如果以马里翁式的术语来说，便是：如果一切给予性都是忽生忽灭的、偶然的、任意的，善与恶总是可以随时翻盘的，那么，生活于这样的给予性中，我们会满意吗？

萨特谈到了类似的境况，在这种境况中，萨特说：“最主要的就是偶然性。我的意思是说，从定义上说来，存在不是必然。存在，只不过是在这里……一切都是没有根据的，这所公园，这座城市和我自己，都是。等到我们发觉这一点以后，它就使你感到恶心。”②用现象式的话语来说，“我难道不是一个单纯的现象吗？（une simple apparence）”，“事物就是完全像它们所出现的那样——而在事物的后面……什么也没有”。③ 萨特还说：“存在，只不过是在这里；存在物出现了，让人遇见了，可是我们永远不能把它们推论出来。我相信有人懂得了这一点。只不过他们尝试创造一个必然的自在之物来克服这种偶然性……因为偶然性不是一种假象，不是一种可以被人消除的外表（apparence），它就是绝对，因而也是完全没有根据（la gratuité）的。

---

① Husserl, *The Crisis of European Sciences and Transcendental Phenomenology*, trans by David Carr, Evanston: Northwestern University Press, 1970, p. 7.

② 萨特：《厌恶》，载《萨特小说选》，郑永慧译，西安：西安交通大学出版社，2015，第 212 页。

③ 萨特：《厌恶》，载《萨特小说选》，郑永慧译，西安：西安交通大学出版社，2015，第 173 页。此处的译文原为“单纯的表象”，依照法文修改为“单纯的现象”。

一切都是没有根据的。"①

在这种境况中,由于"全体都没有理由",每个存在物包括我自己都"是多余的",甚至"连我的死亡都是多余的",因而,"'荒谬'这个词儿现在在我的笔下产生了","我紧接着能够理解的一切,都可以归纳到这种根本的荒谬里去",②这甚至导致了,"可是人们在一天早上打开百叶窗的时候,会被一种可怕的感觉突然侵袭,这种感觉沉重地停在事物身上,似乎在等待着。只有这样一点点变化;可是只要这一点点点变化继续存在一段时期,就会有成千的人自杀。的确是这样!"③

荒谬的根源在于,一切都是无根据的,包括我的存在也是没有理由或根据的,甚至我的死亡也没有理由或根据;或者说,一切都是单纯的现象,单纯发生、单纯显现,其背后没有任何根据。世界是散乱现象的单纯集合,在这里无法找到意义,因为一切都没有根据,意义便也没有源出之处。

胡塞尔的诘问或将我们引回到一种根据的领域。这个领域不仅仅是单纯"如何"的领域,也是"为什么"的领域。这会是一个理性的领域。这里的理性,意味着 ratio,即根据。

马里翁认为,现象学的任务在海德格尔那里出现了转向,它不再服务于科学之基础,而是要去展示现象性(给予性)。第三个还原则力图去排除根据或基础,服务于展示现象性(给予性)。它似乎通过

---

① 萨特:《厌恶》,载《萨特小说选》,郑永慧译,西安:西安交通大学出版社,2015,第 212 页。从字面上看,这里的"la gratuité"既可译为"无根据",也可以译为"免费的礼物"(英译者将其译为 free gift,见 Sartre, *Nausea*, trans by Lloyd Alexander, New York: New Directions, 2013, p. 131)。但从上下文来看,译为"无根据"更符合语境。

② 萨特:《厌恶》,载《萨特小说选》,郑永慧译,西安:西安交通大学出版社,2015,第 209 页,第 210 页。

③ 萨特:《厌恶》,载《萨特小说选》,郑永慧译,西安:西安交通大学出版社,2015,第 243 页。

最终排除自因而最终排除根据律和形而上学，但正如我们上文讨论过的，它依然要求直观作为基础或根据，因而并未彻底摆脱根据律和形而上学，而且，在价值方面，人性也要求基础和根据。

邓晓芒教授在评价海德格尔克服形而上学的企图时指出："任何一个还想进行一种哲学思考的人，包括海德格尔在内，如果不想沉入东方式的'无言'和沉默的话，最终也都不得不走上形而上学之途。"①马里翁试图通过还原告别形而上学，但似乎也面临同样的境况。

---

① 邓晓芒：《西方形而上学的命运——对海德格尔的亚里士多德批评的批评》，《中国社会科学》2002 年第 6 期。

参考资料

一、原著

1. 胡塞尔（来自《胡塞尔全集》或其他著述）

——Husserl, Edmund. *Logical Investigations*. 2 vols. Trans. J. N. Findlay. New York：Humanities Press,1970

德文本：*Logische Untersuchungen*. Erster Band：*Prolegomena zur reinen Logik*. Hrsg. von E. Holenstein,1975

Logische Untersuchungen. Zweiter Band：*Untersuchungen zur Phänomenologie und Theorie der Erkenntnis*. In Zwei Bänden. Hrsg. Ursula Panzer. 1984

中译本：《逻辑研究》（第一卷），倪梁康译，上海：上海译文出版社,1994

《逻辑研究》（第二卷），倪梁康译，上海：上海译文出版社,2006

——*The Idea of Phenomenology*. Trans. Lee Hardy. Dordrecht：Kluwer Academic Publishers,1999

德文本：*Die Idee der Phänomenologie*. Edited by Walter Biemel. The Hague：Martinus Nijhoff,1950

中译本：《现象学的观念》，倪梁康译，北京：人民出版社,2007

——*Cartesian Meditations*. Trans. D. Carins. The Hague：Nijhoff, 1967

德文本:*Cartesianische Meditationen und Pariser Vorträge*. Hrsg. Stephan Strasser,1991

中译本:《笛卡儿式的沉思》,张廷国译,北京:中国城市出版社,2002

《笛卡尔沉思与巴黎讲演》,张宪译,北京:人民出版社,2008

——*Ideas Pertaining to a Pure Phenomenology and to a Phenomenological Philosophy*, *First Book*. Trans. F. Kersten. The Hajue: Martinus Nijhoff Publishers,1982

德文本:*Ideen zu einer reinen Phänomenologie und phänomenologischen Philosophie*. Erstes Buch: *Allgemeine Einführung in die reine Phänomenologie*. Text der 1. –3. Auflage. Neu hrsg. Von K. Schuhmann,1976

中译本:《纯粹现象学通论》,李幼蒸译,北京:中国人民大学出版社,2004

——*Ideas Pertaining to a Pure Phenomenology and to a Phenomenological Philosophy*,*Second Book*. Trans. R. Rojcewicz and A. Schuwer. Dorrecht:Kluwer Academic Publishers,1989

德文本:*Ideen zu einer reinen Phänomenologie und phänome-nologischen Philosophie*. Zweites Buch: *Phänomenologische Untersuchung zur Konstitution*. Hrsg. von M. Biemel,1953

——*The Crisis of European Sciences and Transcendental Phenomenology. An Introduction to Phenomenological Philosophy*. Trans. David Carr. Evanston:Northwestern University Press,1970

德文本:*Die Krisis der europäischen Wissenschaften und die transzendentale Phänomenologie: Eine Einleitung in die phänomenologische Philosophie*. Hrsg. von W. Biemel,1954

中译本:《欧洲科学的危机与超越论的现象学》,王炳文译,北京:商务印书馆,2009

——*Erste Philosophie*（1923/24）. Erste Teil: *Kritische Ideenge-*

schichte. Hrsg. R. Boehm. 1965

中译本:《第一哲学》(上),王炳文译,北京:商务印书馆,2006

——*Erste Philosophie* (1923/24). Zweiter Teil: *Theorie der phänomenologischen Reduktion*. Hrsg. R. Boehm. 1965

中译本:《第一哲学》(下),王炳文译,北京:商务印书馆,2006

——*The Basic Problem of Phenomenology*. Ed. Tr. Ingo Farin & James G. Hart. Dordtrecht:Spinger

德文本: *Zur Phänomenologie der Intersubjektivität. Texte aus dem Nachlaß*. Erste Teil. 1905–1920. Hrsg. I. Kern. 1973

——*Formal and Transcendental Logic*. Trans. Dorion Cairns. The Hague:Martinus Nijhoff,1969

德文本:*Formale und Transzendentale Logik. Versuch einer Kritik der logischen Vernunft. Mit ergänzenden Texten*. Hrsg. Paul Janssen. 1974

——*Thing and Space:Lectures of* 1907. Trans. Richard Rojcewicz, Dordrecht:Kluwer Academic Publishers,1997

德文本:*Ding und Raum. Vorlesungen* 1907. Hrsg. U. Claesges. The Hague:Nijhoff,1973

——*Aufsätze und Vorträge* 1911 – 1921. Hrsg. H. R. Sepp, Thomas Nenon. Dordrecht:Kluwer Academic Publishers,1986

中译本:《文章与讲演(1911—1921 年)》,托马斯·奈农、汉斯·莱纳·塞普编,倪梁康译,北京:人民出版社,2009

——*Experience and Judgment:Investigation in a Genealogy of Logic*. Trans. James S. Churchill and Karl Ameriks. London:Routledge & Kegan Paul,1973

德文版:*Erfahrung und Urteil:Untersuchungen zur Genealogie der Logik*. Ed. L. Landgrebe. Prag:Academia,1939

中译本:《经验与判断——逻辑谱系学研究》,邓晓芒、张廷国译,北京:生活·读书·新知三联书店,2009

——*Analyses Concerning Passive and Active Synthesis*: *Lectures on Transcendental Logic*. Trans. Anthony J. Steinbock. London: Kluwer Academic Publishers, 2001

德文本: *Analysen zur passiven Synthesis*. Hrsg. von M. Fleischer, 1966

——*On the Phenomenology of the Consciousness of Internal Time*. Trans. John Barnett Brough. Dordrecht: Kluwer Academic Publishers, 1991

德文本: *Zur Phänomenologie des inneren Zeitbewußtseins*. Hrsg. von R. Boehm, 1966

中译本:《内时间意识现象学》, 倪梁康译, 北京: 商务印书馆, 2009

——《逻辑学与认识论导论(1906—1997 年讲座)》, 郑辟瑞译, 北京: 商务印书馆, 2016

2. 海德格尔

Heidegger, Martin. *Being and Time*. Trans. John Macquarrie & Edward Robinson. London: SCM Press, 1962

德文本: *Sein und Zeit*. Tübingen: Niemeyer, 1953

中译本:《存在与时间》(2 版), 陈嘉映、王庆节译, 北京: 生活·读书·新知三联书店, 2016

——*The Basic Problems of Phenomenology*. Trans. Albert Hofstadter. Bloomington: Indiana University Press, 1982

德文本: *Die Grundprobleme der Phänomenologie*. Edited by F. –W. von Hermann. Frankfurt: Klostermann, 1975

中译本:《现象学之基本问题》, 丁耘译, 上海: 上海译文出版社, 2008

——*Ontology*: *The Hermeneutics of Facticity*. Trans. John van Buren. Bloomington: Indiana University Press, 1999

德文本：*Ontologie：Hermeneutik der Faktizität*. Frankfurt am Main：Vittorio Klostemann,1988

中译本：《存在论：实际性的解释学》,何卫平译,北京：人民出版社,2009

——*History of Concept of Time*. Trans. Theodore Kisiel. Bloomington：Indiana University Press,1985

德文本：*Prolegomena zur Geschichte des Zeitbegriffs*. Hrsg. Petra Jaeger. Frankfurt：Klostermann,1994

中译本：《时间概念史导论》,欧东明译,北京：商务印书馆,2009

——*Pathmarks*. Edited. William McNeill. New York：Cambrideg University Press,1998

德文本：*Wegmarken*. Frankfurt：Klostermann,1978

中译本：《路标》,孙周兴译,北京：商务印书馆,2009

——*The Phenomenology of Religious Life*. Trans. Matthias Frisch and Jennifer Anna Gosetti – Ferencei. Bloomington：Indiana University Press,2010

德文本：*Phänomenologie des religiösen Lebens*. Frankfurt am Main：Vittorio Klostemann,1995

——*The Fundamental Concepts of Metaphysics*. Trans. William McNeill & Nicholas Walker. Bloomington：Indiana University Press,1995

——*Basic Concepts*. Trans. Gary E. Aylesworth. Bloomington：Indiana University Press,1993

德文本：*Grundbegriffe*. Edited. Petra Jaeger. Frankfurt：Klostermann,1981

——*Introduction to Metaphysics*. Trans. Gregory Fried and Richard Polt. New Haven：Yale University Press,2000

德文本：*Einführung in die Metaphysik*. Tübingen：Niemeyer,1976

中译本：《形而上学导论》,熊伟、王庆节译,北京：商务印书馆,

2009

——*Kant and the Problem of Metaphysics*. Trans. James S. Churchill. Bloomington：Indiana University Press，1962

德文本：*Kant und das Problem der Metaphysik*. Frankfurt am Main：Vittorio Klostemann，1998

中译本：《康德与形而上学疑难》，王庆节译，上海：上海译文出版社，2011

——*Zur Sache des Denkens*. Tuebingen：Max Niemeyer，1976

中译本：《面向思的事情》，陈小文、孙周兴译，北京：商务印书馆，2011

——*Aus der Erfahrung des Denkens*. Frankfurt am Main：Vittorio Klostemann，1983

中译本：《思的经验（1910—1976）》，陈春文译，北京：人民出版社，2008

——Heidegger. *Grundprobleme der Phänomenologie* （1919/20）. Frankfurt am Main：Vittorio Klostermann，1993

3. 马里翁

① 专著

Marion，Jean - Luc. *God without Being*. Trans. Thomas A. Carlson. Chicago：University of Chicago Press，1991

法文版：*Dieu sans l'être*. Paris：Librarie Arthème Fayard，1982

——*Reduction and Givenness：Investigation of Husserl，Heidegger，and Phenomenology*. Trans. Thomas A. Carlson. Evanston：Northwestern University Press，1998

法文版：*Réduction et donation：Recherches sur Husserl，Heidegger et la phénoménologie*. Paris：Presses Universitaires de France，1989

中译本：《还原与给予——胡塞尔、海德格尔与现象学研究》，方向红译，上海：上海译文出版社，2009

——*Cartiesian Questions*: *Method and Metaphysics*. Chicago: University of Chicago Press, 1999

——*The Idol and Distance*: *Five Studies*. Trans. Thomas A. Carlson. New York: Fordham University Press, 2001

——*Prolegomena to Charity*. Trans. Stephen Lewis. New York: Fordham University Press, 2002

——*Being Given*: *Toward a Phenomenology of Givenness*. Trans. Jeffrey L. Kosky. Stanford: Stanford University Press, 2002

法文版: *Étant donné*: *Essai d'une phénoménologie de la donation*. Paris: Presses Universitaires de France, 1997; 2nd. ed. 1998

——*In Excess*: *Studies of Saturated Phenomena*. Trans. Robyn Horner and Vincent Berraud. New York: Fordham University Press, 2002

法文版: *De surcroît*: *Études sur les phénomènes saturés*. Paris: Presses Universitaires de France, 2001

——*The Erotic Phenomenon*. Trans. Stephen Lewis. Chicago: University of Chicago Press, 2007

——*The Crossing of the Visible*. Trans. James K. A. Smith. Standard: Stanford University Press, 2004

中译本:《可见者的交错》,张建华译,桂林:漓江出版社,2015

② 文章

——"Phenomenon and Event." *Graduate Faculty Philosophy Journal* 26. 1 (2005):147-159

——"The Other First Philosophy and the Question of Givenness." *Critical Inquiry* 25. 4(1999):784-800

——"The Saturated Phenomenon." *The Visible and the Revealed*. New York: Fordham University Press, 2008, pp. 18-48

——"Metaphysics and Phenomenology: A Relief for Theology." *Critical Inquiry* 20. 4(1994):572-591

——"The End of the End of Metaphysics."*Epoche* 2. 2(1994):1–22

——"On Descartes' Constitution of Metaphysics."*Graduate Faculty Philosophy Journal* 11(1986):21–33

——"Sketch of a Phenomenological Concept of Gift"."*Postmodern Philosophy and Christian Thought*. Ed. John D. Caputo and Michael Scanlon. Bloomington:Indiana University Press,1999

——"Metaphysical and Phenomenology:A Summary for Theologians."*The Postmodern God:A Theological Reader*. Ed. Graham Ward. London:Blackwell,1997

——"Nothing and Nothing Else."*The Ancients and the Moderns*. Ed. Reginald Lilly. Bloomington:Indiana University Press,1996

4. 其他原著

Descartes,René. *The Philosophical Writings of Descartes*. Ed. And. Trans. John Cottingham, Robert Stoothof, and Dugald Murdoch. Cambridge:Cambridge University Press,1985

Pascal,Blaise. *Pensées*. Trans. W. F. Trotter. London:Dent,1910

Mill,J. S. *Collected Works*, vol. 8. Toronto:University of Toronto Press,1974

Jevons,W. S. *The Principle of Science:A Treatise on Logic and Scientific Method*. 2nd ed. London & New York:Macmillan and co. ,1877

Levinas,Emmanuel. *Totality and Inifinity*. Trans. Alphonso Lingis. Pittsburch:Duquesne University Press,1969

Merleau–Ponty,Maurice. *The Phenomenology of Perception*. Trans. Colin Smith. Taylor and Francis e–Library,2005

Henry,Michel. *Material Phenomenology*. Trans. Scott Davidson. New York:Fordham University Press,2008

Derrida,Jacques. *Speech and Phenomena*. Trans. David B. Allison.

Evanston：Northwestern University Press，1973

——*Given Time I，Counterfeit Money*. Trans. Peggy Kamuf. Chicago：University of Chicago Press，1992

达芬奇：《芬奇论绘画》，戴勉编译、朱龙华校，北京：人民美术出版社，1980

康德：《纯粹理性批判》，邓晓芒译、杨祖陶校，北京：人民出版社，2004

——《判断力批判》，邓晓芒译、杨祖陶校，北京：人民出版社，2002

萨特：《萨特小说选》，郑永慧译，西安：西安交通大学出版社，2015

Sartre，*Nausea*. Trans. Lloyd Alexander. New York：New Directions，2013

二、相关研究论著

Cadava，Eduardo. ed. *Who Comes after the Subject*? New York：Routledge，1991

Caputo，John D. ，"The Erotic Phenomenon by Jean-Luc Marion，" in *Ethics* (Book review)118. 1(2007)：164-168

Caputo，John D. and Michael J. Scanlon，ed. *God，the Gift，and Postmodernism*. Bloomington：Indiana University Press，1999

Dodd，James. "Marion and Phenomenology. " Review of Jean-Luc Marion，*Being Given*. *Graduate Faculty Philosophy Journal* 25. 1(2004)：161-184

Drabinski，John E. "Sense and Icon：The Problem of Sinngebung in Levinas and Marion，" *Emmanuel Levinas：Critical Assessment of Leading Philosophers*，ed. Claire Katz with Lara Trout，vol. II，London：Routledge，2005，p. 106-122

Gschwandtner, Christina M. *Reading Marion*, Bloomington: Indiana University Press, 2007

Hart, Kevin. ed. *Counter - Experience: Reading Jean - Luc Marion*. Notre Dame, Ind. : University of Notre Dame Press, 2007

Hao, Changchi. "On the 'Theological Turn' in French Phenomenology. "*Frontiers of Philosophy in China*, Vol 8 (2013)

Horner, Robyn. *Rethinking God as Gift*, New York: Fordham University Press, 2001

——*Jean—Luc Marion: A Theo—logical Introduction*, Hants: Ashgate, 2005

Janicaud, Dominique, Jean—François Courtine, Jean—Louis Chrétien, Michel Henry, Jean—Luc Marion, and Paul Ricoeur. *Phenomenology and the "theological turn": The French debate*. New York: Fordham University Press, 2000

Leask, Ian, & Eoin Cassidy, eds. *Givenness and God: Questions of Jean—Luc Marion*. New York: Fordham University Press, 2005

——"The Dative Subject (and the 'Principle of Principles')," *Givenness and God: Questions of Jean—Luc Marion*, ed, Ian Leask & Eoin Cassidy, New York: Forhdam University Press, 2005, pp. 187–188

Llewelyn, John. "Meanings Reserved, Re - served, and Reduced. " *Southern Journal of Philosophy* 32 Suppl. (1994): 27–54

Mackinlay, Shane. *Interpreting Excess*, New York: Fordham University Press, 2010

Manoussakis, John P. "The Phenomenon of God: From Husserl to Marion. "*American Catholic Philosophical Quarterly* 78. 1 (2004): 53–68

Milbank, John. "Can a Gift be Given? Prolegomena to a Future Trinitarian Metaphysic. "*Modern Theology* 11. 1 (1995): 119–158

Rawnsley, Andrew C. "Practice and Givenness: The Problem of ' Re-

duction' in the work of Jean-Luc Marion," in *New Blackfriars*,2007,88
(1018):690-708

Rogers,Brian. "Traces of Reduction: Marion and Heidegger on the
Phenomenon of Religion," in *The Southern Journal of Philosophy*,Volume
52,Issue 2 (2014),184-205

Ward,Graham. "Introducing Jean-Luc Marion," *New Blackfriars*,
76,No. 895 (July/August,1995),pp. 317-324

Webb,Stephen H. *The Gifting God:A Trinitarian Ethics of Excess*.
New York:Oxford University Press,1996

Welten,Ruud. "Saturation and Disappointment: Marion according to
Husserl. "*International Journal in Philosophy and Theology* 65. 1(2004):
79-96

Westphal, Merold, ed. *Postmodern Philosophy and Christian
Thought*. Bloomington:Indiana University Press,1999

——*Overcoming Onto-Theology: Toward a Postmodern Christian
Faith*,New York:Fordham University Press,2001

——"Transfiguration as Saturated Phenomenon. " *Philosophy and
Scripture* 1. 1(2003):1-10

——"Vision and Voice:Phenomenology and Theology in the Work
of Jean-Luc Marion. "*Int J Philos Relig*(2006) 60:117-137

——"The Prereflective Cogito as Contaminated Opacity," *The
Southern Journal of Philosophy* (2007) Vol. XLX,pp. 152-177

Wild,John. "The Concept of the Given in Contemporary Philoso-
phy—Its Origin and Limitations. "*International Phenomenological Socie-
ty*,Vol. 1,No. 1 (Sep. ,1940)

Zarader, Marlène. "Phenomenality and Transcendence," in *Tran-
scendence in Philosophy and Religion*. Ed. James E. Faulconer. Blooming-
ton:Indiana University Press,2003

Bernet, Rudolf, Iso Kern and Eduard Marbach, *An Introduction to Husserlian Phenomenology*. Evanston: Northwestern University Press, 1993

Bednarski, Jules. "The Eidetic Reduction," in *Philosophy Today*, 1962, 6 (1): 14-24

Biceaga, Victor. *The Concept of Passivity in Husserl's Phenomenology*. London: Springer, 2010

de Bore, Theodore. *The Development of Husserl's Thought*. Trans. Theodore Plantinga. The Hague: Martinus Nijhoff, 1978

Drummond, John J. *Historical Dictionary of Husserl*. Lanham, Md.: Scarecrow Press, 2008

Henry, Michel. "The Four Principles of Phenomenology," in *Continental Philosophy Review*. Mar 2015, Vol. 48 Issue 1, pp. 1-21

"Quatre principes de la phénoménologie: A propos de réduction et donation de Jean-Luc Marion," *Revue de Métaphysique et de Morale*, 96. 1 (1991): 3-26

Kockelmans, Joseph J. *Edmund Husserl's Phenomenology*. Indiana: Purdue University Press, 1994

Levinas, Emmanuel. *The Theory of Intuition in Husserl's Phenomenology*. Trans. André Orianne. Evanston: Northwestern University Press, 1963

——*Discovering Existence with Husserl*. Trans. Richard A. Cohen & Michael B. Smith. Evanston: Northwestern University Press, 1998

Jean-François Lyotard, *Phenomenology*. Trans. Brian Beakley. Albany: State University of New York Press, 1991

Miller, Izchak. "Husserl on the Ego," *Topoi* 5 (1986)

Ricceur, Paul. *A Key To Husserl's Ideas I*. Trans. by Bond Harris & Acqueline Bouchard Spurlock. Milwaukee: Marquette University Press, 1996

Smith, David Woodruff and Ronald McIntyre. *Husserl and Intention-*

ality : *A Study of Mind, Meaning, and Language*. Dordrecht : Reidel, 1982

Sokolowski, Robert. *The Formation of Husserl's Concept of Constitution*. The Hague : Martinus Nijhoff, 1970

Steinbock, Anthony J. "Husserl's Static and Genetic Phenomenology : Translator's Introduction to Two Essays. " *Continental Philosophy Review* 31, 1998

Welton, Donn. *The Origins of Meaning : A Critical Study of the Thresholds of Husserlian Phenomenology*. The Hague : Martinus Nijhoff Publishers, 1983

——"The Systematicity of Husserl's Transcendental Philosophy : From Static to Genetic Method. " *The New Husserl : A Critical Reader*. Edited. Donn Welton. Bloomington : Indiana University Press, 2003

Carman, Taylor. "Heidegger's Concept of Presence. " *Heidegger Reexamined*, vol. 3. Edited. Hubert Dreyfus & Mark Wrathall. London : Routledge, 2002

Dahlstrom, Daniel O. *Heidegger's Concept of Truth*. Cambridge : Cambridge University Press, 2001

Gelven, Michael. *A Commentary on Heidegger's Being and Time*. Illinois : Northern Illinois University Press, 1989

Guignon, Charles. "Truth As Disclosure : Art, Language, History. " *Heidegger Reexamined*, vol. 3. Edited. Hubert Dreyfus & Mark Wrathall. London : Routledge, 2002

Kisiel, Theodore. *The Genesis of Heidegger's Being and Time*. Berkeley, CA : University of California Press, 1993

Kisiel, Theodore and Thomas Sheehan. *Becoming Heidegger : On the Trail of His Early Occasional Writings*, 1910 – 1927. Evanston : Northwestern University Press, 2007

Kockelmans, Joseph J. *On the Truth of Being : Reflections on Heideg-*

ger's Later Philosophy. Bloomington：Indiana University Press，1984

McGuirk，James N. "Husserl and Heidegger on Reduction and the Question of the Existential Foundations of Rational Life," *International Journal of Philosophical Studies*，18：1，31–56

Philipse，Herman. *Heidegger's Philosophy of Being：A Critical Interpretation*. Princeton：Princeton University Press，1998

Pöggeler，Otto. *Martin Heidegger's Path of Thinking*. Trans. Daniel Magurshak & Sigmund Barber. Atlantic Highlands：Humanities Press，1987

Raffoul，François. *Heidegger and the Subject*. Trans. David Pettigrew & Gregory Recco. New Jersey：Humanities Press，1998

Richardson，William J. *Heidegger：Through Phenomenology to Thought*，4th edition. New York：Fordham University Press，2003

Spiegelberg，Herbert. *The Phenomenological Movement*，3rd edition. Dordrecht：Kluwer Academic Publishers，1981

Zimmerman，Michael E. *Eclipse of the Self：The Development of Heidegger's Concept of Authenticity*. London：Ohio University Press，1982

邓晓芒：《康德〈纯粹理性批判〉句读》，北京：人民出版社，2010

——《康德〈判断力批判〉释义》，北京：生活·读书·新知三联书店，2008

——《论作为"成己"的 Ereignis》，《世界哲学》2008 年第 3 期

——《海德格尔"存在的末世论"的解释学意义——〈阿那克西曼德的箴言〉再解读》，《哲学研究》2006 年第 7 期

——《胡塞尔现象学导引》，《中州学刊》1996 年第 6 期

——《论中国传统文化的现象学还原》，《哲学研究》2016 年第 9 期

方向红：《幽灵之舞：德里达与现象学》，南京：江苏人民出版社，2010

——《通向虚无的现象学道路》，《哲学研究》2007 年第 6 期

——《生成与解构——德里达早期现象学批判疏论》,南京:南京大学出版社,2006

——《直观与被给予——兼述马里翁对德里达和海德格尔的评论》,载倪梁康等编著《发生现象学研究 第 8 辑 中国现象学与哲学评论》,上海:上海译文出版社,2006

——《还原越多,给予越多?——试论马里翁第三次现象学还原的局限和突破》,《世界哲学》2017 年第 3 期

高宣扬:《当代法国哲学导论》,上海:同济大学出版社,2004

郝长墀:《政治与人:先秦政治哲学的三个维度》,北京:中国政法大学出版社,2012

——《宗教现象学的基本问题》,《现代哲学》2006 年第 1 期

——《论现象学中的"神学转向"》,《现代哲学》2012 年第 4 期

——《超越意向性》,《武汉大学学报(人文科学版)》2012 年第 5 期

——《逆意向性与现象学》,《武汉大学学报(人文科学版)》2012 年第 5 期

何卫平:《解释学之维——问题与研究》,北京:人民出版社,2009

——《通向解释学辩证法之途——伽达默尔哲学思想研究》,上海:上海三联书店,2001

——《海德格尔 1923 年夏季学期讲座的要义及其他》,《世界哲学》2010 年第 2 期

默罗阿德·韦斯特法尔:《解释学、现象学与宗教哲学——世俗哲学与宗教信仰的对话》,郝长墀选编,郝长墀、何卫平、张建华译,郝长墀校对,北京:中国社会科学出版社,2005

靳希平:《海德格尔早期思想研究》,上海:上海人民出版社,1995

倪梁康:《胡塞尔现象学概念通释(修订版)》,北京:生活·读书·新知三联书店,2007

——《自识与反思——近现代西方哲学的基本问题》,北京:商务印书馆,2002

——《意识的向度:以胡塞尔为轴心的现象学问题研究》,北京:北京大学出版社,2007

尚杰:《马里翁与现象学》,《哲学研究》2007 年第 6 期

孙周兴:《后哲学的哲学问题》,北京:商务印书馆,2009

徐晟:《现象的被给予性与主体的转化——马里翁现象学初探》,浙江大学博士学位论文,2008

——《L'adonné:取主体而代之?——马里翁哲学管窥》,《哲学动态》2007 年第 2 期

杨大春:《20 世纪法国哲学的现象学之旅》,《哲学动态》2005 年第 6 期

——《物质性:从马里翁的事件概念谈起》,《社会科学》2014 年第 11 期

杨祖陶、邓晓芒:《康德〈纯粹理性批判〉指要》,北京:人民出版社,2001

曾晓平:《康德"崇高"概念疏析》,《武汉大学学报(人文社会科学版)》2000 年第 3 期

张廷国:《重建经验世界(胡塞尔晚期思想研究)》,武汉:华中科技大学出版社,2003

——《胡塞尔现象学的方法论及其意义》,《武汉大学学报(人文社会科学版)》2000 年第 1 期

——《胡塞尔通向先验现象学的道路》,《西北师大学报(社会科学版)》2001 年第 1 期

张祥龙、杜小真、黄应全:《现象学思潮在中国》,北京:首都师范大学出版社,2002

http://www.cnphenomenology.com/

http://www.etymonline.com/